全国一级造价工程师职业资格考试红宝书

建设工程造价案例分析

经典真题解析及 2020 预测

主　编　左红军
副主编　杨润东　孙　琦
主　审　冯馨萍　赵　飞

机械工业出版社

本书亮点——以一级造价工程师职业资格考试大纲为依据，以现行法律法规、标准规范为根基，在突出24个定式题型的同时，强化前期财务分析、招标投标和识图算量套定额的实操题型，以便与工程建设全过程的造价对接。

本书特色——以体系为纲领，以定式为程序，通过经典真题与定式的呼应，使考生能够极为便利地抓住体系框架，并通过经典题目将考点激活，从源头上解决造价的逻辑问题。

主要内容——财务分析：投资估算是前提，财务评价是核心；方案优选与招标投标：资金时间价值是基础，价值工程和寿命成本是基本方法，招标投标的重点在程序；合同管理：实操的难点在法条，文本的重点在条款，考试的焦点在网络索赔；工程量清单计价规范和计量规范：五类清单是造价纲领，四类表格是造价程序，识图算量是造价基础。

本书适用于2020年参加一级造价工程师职业资格考试的考生，同时可作为二级造价工程师、监理工程师考试的重要参考资料。

图书在版编目(CIP)数据

建设工程造价案例分析：经典真题解析及2020预测/左红军主编.—北京：机械工业出版社，2020.1（2020.3重印）
（全国一级造价工程师职业资格考试红宝书）
ISBN 978-7-111-64593-1

Ⅰ.①建… Ⅱ.①左… Ⅲ.①建筑造价管理-案例-资格考试-题解 Ⅳ.①TU723.31-44

中国版本图书馆CIP数据核字（2020）第000928号

机械工业出版社（北京市百万庄大街22号 邮政编码100037）
策划编辑：何月秋 王春雨 责任编辑：何月秋 王春雨
责任校对：宋逍兰 封面设计：马精明
责任印制：邓 敏
盛通（廊坊）出版物印刷有限公司印刷
2020年3月第1版第2次印刷
184mm×260mm・15印张・367千字
5001—10000册
标准书号：ISBN 978-7-111-64593-1
定价：59.00元

电话服务 网络服务
客服电话：010-88361066 机 工 官 网：www.cmpbook.com
010-88379833 机 工 官 博：weibo.com/cmp1952
010-68326294 金 书 网：www.golden-book.com
封底无防伪标均为盗版 机工教育服务网：www.cmpedu.com

本书编审委员会

主　　编	左红军				
副 主 编	杨润东	孙　琦			
主　　审	冯馨萍	赵　飞			
编写人员	左红军	杨润东	孙　琦	李琴梅	江志华
	张庆伟	张惠君	相福荣	刘剑锋	李军杰
	曹亚峰	汤秋江	李建斌	周龙飞	王继乾
	万佳佳	庄杯源	段森涛	马青文	李凌君
	伍晓铃	马会策	徐锡磊	曾红燕	张姣君
	马仕梅	关贻海	曹凌云	方丽华	代红梅
	李年波	陈正晖	蒋丽美	陈秀莹	孙佳乐
	陈万银	韩佳慧	王晓伟	李珍	曾杉
	龙奎	徐瑞	吴燕斌	王凯波	孟冉豪
	刘杨	徐维康	张杨端	朱	丁
	李琴	邢			

前 言
——应试纲要

历年真题中的经典题目是案例分析考试科目命题的风向标,也是考生顺利通过72分的生命线,在搭建框架、锁定题型、实操细节三部曲之后,对历年真题中的经典题目反复精练5遍,72分就会指日可待,所以,经典真题解析无疑是考生必备的应试宝典。

本书严格按照最新的法律、法规、部门规章和标准规范的要求,对2004—2019年真题中的经典题目进行了体系上的改编和精解,从根源上解决了考生"会干不会考,考场得分少"的应试通病。

本书的主要内容概括如下。

一、以工程造价为主线

一级造价工程师的主打业务是进行工程建设全过程五大阶段的多层次、全方位的造价,但是,总投资构成中不同层次的造价深度和细度是不尽相同的。

1. 决策阶段的估算造价

投资估算是按照建设项目总投资构成图,对拟建项目在决策阶段进行的估算造价,位居全过程十大造价之首。

2. 设计阶段的三个造价

初步设计阶段的概算造价、扩初设计阶段的修正概算造价和施工图设计阶段的预算造价是设计阶段依次完成的三个造价。

3. 招标投标阶段的三个造价

招标人编制的招标工程最高投标限价;投标人根据招标文件的要求,结合本企业的实际情况编制的投标报价;中标后,招标人与中标人签订合同时共同确认的签约合同价。

4. 施工阶段的两个造价

施工过程中发承包双方共同确认的月结算造价;竣工验收合格后承包人提交并经发包人确认的竣工结算造价。

5. 竣工后的决算造价

这是业主方财务部门依据会计准则和财务制度进行的汇总,并建立财务账簿的过程。

二、以造价控制为辅线

五大阶段的工程造价对应着四大阶段的造价控制。

1. 决策阶段的财务分析

财务分析是在投资估算的基础上进行的造价控制,财务分析的过程就是依次进行项目的确定性评价和不确定性分析。

2. 设计阶段的方案优选

方案优选属于造价控制的内容,方案优选不局限于设计阶段,但主要发生在设计阶段。

3. 招标投标阶段的方案优选

投标人要根据招标项目的特点、招标文件的要求，结合本企业的实际管理水平，优选投标方案；招标人则通过评标优选各投标人的投标方案，并最终确定中标人。

4. 施工阶段的挣值分析

施工阶段造价控制的内容是真正的管理学意义上的"控制"，即偏差分析。

三、以五大体系为框架

案例考试题目依托于以下五大知识体系：

1. 方法与参数

方法与参数对于造价人员而言属于天书范畴，"方法与参数"规范与调整着试题一中的三个定式。

2. 方案优选

方案优选的理论基础来源于"方法与参数""招标与投标"和"项目管理学"，这个知识体系规范和调整着试题二中的六个定式题型。

3. 计价计量

包括计价规范和各个专业的计量规范，这是一级造价工程师案例分析考试的重心，是真正造价实操的内容，试卷中的分值不低于 65 分，占整个分值的 50% 以上，是一级造价工程师案例分析考试的聚焦点。

4. 网络计划

网络计划作为各类职业资格考试共性的知识体系，要求考生要精益求精，真正做到秒定总时差。本体系规范和调整着试题三中的八个定式。

5. 招标投标

以三大阶段为框架、以招标投标程序为主线，通过六个考点系统研究三个定式题型。

四、以答题定式为模板

定式是指在知识体系支撑下典型案例的答题步骤，定式是对知识体系的精准定量和定位，只有全面掌握答题定式，才能在答题过程中提速，速度是案例分析考试的命脉！

1. 方法与参数定式

定式一：投资估算；　　　　　　定式二：不确定性分析；

定式三：财务评价。

2. 方案优选定式

定式一：时间价值；　　　　　　定式二：综合评分；

定式三：寿命成本；　　　　　　定式四：期望值；

定式五：价值工程；　　　　　　定式六：评标价。

3. 清单计价规范

定式一：清单与三价；　　　　　定式二：清单与两算；

定式三：清单与计量；　　　　　定式四：清单与定额。

4. 网络计划

定式一：图形绘制；　　　　　　定式二：进度检查；

定式三：工期优化； 定式四：方案优选；
定式五：网络流水； 定式六：网络索赔；
定式七：网络结算； 定式八：偏差分析。

5. 招标投标

定式一：找错纠正； 定式二：如何处理；
定式三：相关简答。

五、分值分布

1. 财务分析（20分）

本题历年考试的重点是财务评价。在投资估算的基础上，进行财务评价与分析，三年左右出现一问4~5分的不确定性分析。

要求考生掌握总投资的构成及计算方法，财务评价表格运用及计算，评价指标的计算及判断，不确定分析的方程求解与几何绘图。

2. 优选优化与招标投标（20分）

本题重点在方案优选，优选方法有寿命周期成本法、价值工程比较法、网络计划优化法、概率问题决策法等。

同时，应掌握《中华人民共和国招标投标法》《中华人民共和国招标投标法实施条例》《工程建设项目施工招标投标办法》《评标委员会和评标方法暂行规定》等相关的规范性文件。

3. 合同管理（20分）

主要考点：合同计价方式，索赔是否成立，不可抗力处理原则，网络计划应用，工期索赔与费用索赔的计算。

4. 竣工结算（20分）

本题重点在结算，从签约合同价到竣工结算的整个造价过程中，涉及偏差分析、调值公式、价差调价、量差调价、增值税等18个问题。

5. 图量计价（40分）

在计量和计价两部分分值中，计价部分的价值指数较高，计量部分因人而异。但是强调一点：计量部分的得分是通过案例分析科目考试的有力保障。

2020年将各个专业的识图算量套定额应作为一级造价工程师职业资格考试的关键内容之一。

六、超值服务

凡使用机械工业出版社出版的正版《建设工程造价案例分析 经典真题解析及2020预测》的考生，扫描封面二维码即可加入左红军老师专业团队授课群，专享一对一的学习顾问服务，并免费获取包括36节视频课程在内的配套资料包。QQ群号：587731121。

本书在编写过程中得到了业内五大名师的大量启发和帮助，在此一并表示感谢！由于时间和水平有限，书中难免有疏漏和不当之处，敬请广大读者批评指正。

愿我们的努力能够帮助广大考生一次性通关取证！

编　者

目 录

前言——应试纲要

第一部分 投资估算与财务分析 / 1
案例一（2008年试题一） / 1
  参考答案 / 2
案例二（2006年试题一改编） / 2
  参考答案 / 3
案例三（2009年试题一改编） / 5
  参考答案 / 6
案例四（2010年试题一改编） / 7
  参考答案 / 8
案例五（2011年试题一改编） / 9
  参考答案 / 10
案例六（2013年试题一改编） / 11
  参考答案 / 12
案例七（2014年试题一改编） / 13
  参考答案 / 14
案例八（2015年试题一改编） / 15
  参考答案 / 16
案例九（2016年试题一改编） / 17
  参考答案 / 18
案例十（2017年试题一改编） / 19
  参考答案 / 20
案例十一（2018年试题一改编） / 21
  参考答案 / 22
案例十二（2019年试题一） / 24
  参考答案 / 25

第二部分 方案优选与招标投标 / 27
案例一（2004年试题四改编） / 27
  参考答案 / 28
案例二（2007年试题三） / 28
  参考答案 / 29

案例三（2008年试题三改编） / 30
  参考答案 / 31
案例四（2010年试题二改编） / 31
  参考答案 / 32
案例五（2011年试题二） / 33
  参考答案 / 33
案例六（2012年试题二） / 34
  参考答案 / 35
案例七（2013年试题二） / 36
  参考答案 / 37
案例八（2014年试题二） / 38
  参考答案 / 39
案例九（2015年试题二改编） / 39
  参考答案 / 40
案例十（2017年试题二改编） / 41
  参考答案 / 43
案例十一（2018年试题二） / 44
  参考答案 / 45
案例十二（2006年试题三） / 46
  参考答案 / 47
案例十三（2016年试题二） / 48
  参考答案 / 49
案例十四（2019年试题二） / 50
  参考答案 / 51
案例十五（2005年试题三改编） / 52
  参考答案 / 52
案例十六（2009年试题三） / 53
  参考答案 / 54
案例十七（2011年试题三） / 55
  参考答案 / 56
案例十八（2012年试题三） / 57
  参考答案 / 58

案例十九（2013年试题三） / 59
　　参考答案 / 59
案例二十（2014年试题三） / 60
　　参考答案 / 61
案例二十一（2015年试题三） / 62
　　参考答案 / 63
案例二十二（2016年试题三） / 64
　　参考答案 / 64
案例二十三（2017年试题三） / 65
　　参考答案 / 66
案例二十四（2018年试题三改编） / 67
　　参考答案 / 68

第三部分　合同管理与工程索赔 / 69
案例一（2005年试题四改编） / 69
　　参考答案 / 70
案例二（2008年试题四改编） / 71
　　参考答案 / 72
案例三（2014年试题四改编） / 73
　　参考答案 / 74
案例四（2009年试题四改编） / 76
　　参考答案 / 77
案例五（2010年试题四改编） / 78
　　参考答案 / 78
案例六（2011年试题四改编） / 79
　　参考答案 / 80
案例七（2012年试题四改编） / 81
　　参考答案 / 82
案例八（2013年试题四改编） / 83
　　参考答案 / 84
案例九（2015年试题四改编） / 85
　　参考答案 / 86
案例十（2016年试题四改编） / 88
　　参考答案 / 89
案例十一（2018年试题四改编） / 90
　　参考答案 / 91
案例十二（2019年试题三） / 92
　　参考答案 / 94

第四部分　竣工结算与偏差分析 / 96
案例一（2012年试题五改编） / 96
　　参考答案 / 97
案例二（2013年试题五改编） / 97
　　参考答案 / 98
案例三（2014年试题五改编） / 99
　　参考答案 / 100
案例四（2015年试题五改编） / 101
　　参考答案 / 102
案例五（2016年试题五改编） / 103
　　参考答案 / 104
案例六（2017年试题五改编） / 105
　　参考答案 / 106
案例七（2018年试题五改编） / 107
　　参考答案 / 108
案例八（2019年试题四） / 109
　　参考答案 / 110

第五部分　土建工程计量与计价 / 112
案例一（2004年试题六改编） / 112
　　参考答案 / 113
案例二（2007年试题六改编） / 114
　　参考答案 / 115
案例三（2008年试题六改编） / 117
　　参考答案 / 118
案例四（2010年试题六改编） / 120
　　参考答案 / 121
案例五（2012年试题六改编） / 124
　　参考答案 / 125
案例六（2013年试题六改编） / 126
　　参考答案 / 128
案例七（2014年试题六改编） / 130
　　参考答案 / 131
案例八（2015年试题六改编） / 133
　　参考答案 / 134
案例九（2016年试题六改编） / 136
　　参考答案 / 137
案例十（2017年试题六改编） / 139
　　参考答案 / 140
案例十一（2018年试题六改编） / 143
　　参考答案 / 145
案例十二（2019年试题五） / 147

参考答案 / 148

第六部分 管道工程计量与计价 / 150

案例一（2012年试题六改编）/ 150
　　参考答案 / 151
案例二（2013年试题六改编）/ 152
　　参考答案 / 153
案例三（2014年试题六）/ 155
　　参考答案 / 156
案例四（2015年试题六）/ 158
　　参考答案 / 160
案例五（2016年试题六）/ 161
　　参考答案 / 163
案例六（2017年试题六）/ 165
　　参考答案 / 166
案例七（2018年试题六改编）/ 169
　　参考答案 / 170

第七部分 电气工程计量与计价 / 172

案例一（2014年试题六）/ 172
　　参考答案 / 173
案例二（2012年试题六改编）/ 175
　　参考答案 / 176
案例三（2015年试题六）/ 178
　　参考答案 / 179
案例四（2016年试题六）/ 181
　　参考答案 / 182
案例五（2017年试题六）/ 184
　　参考答案 / 185
案例六（2018年试题六）/ 187
　　参考答案 / 189
案例七（2019年试题五）/ 191
　　参考答案 / 193

附录 2020年全国一级造价工程师职业资格考试《建设工程造价案例分析》预测模拟试卷 / 195

附录A　预测模拟试卷（一）/ 195
　试题一（20分）/ 195
　　参考答案 / 195
　试题二（20分）/ 197
　　参考答案 / 197
　试题三（20分）/ 198
　　参考答案 / 200
　试题四（20分）/ 200
　　参考答案 / 201
　试题五（土建40分）/ 203
　　参考答案 / 206
　试题六（管道40分）/ 207
　　参考答案 / 209
　试题七（电气40分）/ 210
　　参考答案 / 211
附录B　预测模拟试卷（二）/ 214
　试题一（20分）/ 214
　　参考答案 / 214
　试题二（20分）/ 215
　　参考答案 / 216
　试题三（20分）/ 217
　　参考答案 / 218
　试题四（20分）/ 218
　　参考答案 / 220
　试题五（土建40分）/ 221
　　参考答案 / 222
　试题六（管道40分）/ 223
　　参考答案 / 225
　试题七（电气40分）/ 226
　　参考答案 / 227

100# 第一部分　投资估算与财务分析

案例一（2008年试题一）

某企业拟兴建一项工业生产项目。同行业同规模的已建类似项目工程造价结算资料见表1。

表　1

序号	工程和费用名称	工程结算费用/万元				
		建筑工程	设备购置	安装工程	其他费用	合计
一	主要生产项目	11664.00	26050.00	7166.00		44880.00
1	A生产车间	5050.00	17500.00	4500.00		27050.00
2	B生产车间	3520.00	4800.00	1880.00		10200.00
3	C生产车间	3094.00	3750.00	786.00		7630.00
二	辅助生产项目	5600.00	5680.00	470.00		11750.00
三	附属工程	4470.00	600.00	280.00		5350.00
	工程费用合计	21734.00	32330.00	7916.00		61980.00

表中，A生产车间的进口设备购置费为16430万元人民币，其余为国内配套设备费；在进口设备购置费中，设备货价（离岸价）为1200万美元（1美元=8.3元人民币），其余为其他从属费用和国内运杂费。

问题：

1. 类似项目建筑工程费用所含的人工费、材料费、机械费和综合税费占建筑工程造价的比例分别为13.5%、61.7%、9.3%、15.5%。因建设时间、地点、标准等不同，相应的价格调整系数分别为1.36、1.28、1.23、1.18。拟建项目建筑工程中附属工程的工程量与类似项目附属工程的工程量相比减少了20%，其余工程内容不变。

试计算建筑工程造价综合差异系数和拟建项目建筑工程总费用。

2. 试计算进口设备其他从属费用和国内运杂费占进口设备购置费的比例。

3. 拟建项目A生产车间的主要生产设备仍为进口设备，但设备货价（离岸价）为1100万美元（1美元=7.2元人民币）；进口设备其他从属费用和国内运杂费按已建类似项目相应比例不变；国内配套采购的设备购置费综合上调25%。A生产车间以外的其他主要生产项目、辅助生产项目和附属工程的设备购置费均上调10%。

试计算拟建项目A生产车间的设备购置费、主要生产项目设备购置费和拟建项目设备购置总费用。

4. 假设拟建项目的建筑工程总费用为30000万元，设备购置总费用为40000万元；安装工程总费用按表1中数据综合上调15%；工程建设其他费费率为20%，基本预备费费率为5%，拟建项目的建设期涨价预备费为静态投资的3%。

试确定拟建项目全部建设投资。

（计算过程和结果均保留2位小数）

参 考 答 案

1．（本小题2.5分）

（1） 13.5%×1.36+61.7%×1.28+9.3%×1.23+15.5%×1.18=1.27 （1.5分）

（2） （21734.00−4470.00×20%）×1.27=26466.80（万元） (1.0分)

2．（本小题1.5分）

(16430.00−1200×8.30)/16430.00=39.38% (1.5分)

3．（本小题4.0分）

（1） A项目

① 进口设备购置费：$(x-1100\times7.2)/x=39.38\%$，$x=13065.00$（万元） (1.5分)

② （17500.00−16430）×（1+25%）=1337.50（万元） (1.0分)

合计：13065.00+1337.50=14402.50（万元） (0.5分)

（2） 主要项目

14402.50+（4800.00+3750.00）×（1+10%）=23807.50（万元） (0.5分)

（3） 拟建项目

23807.50+（5680.00+600.00）×（1+10%）=30715.50（万元） (0.5分)

4．（本小题3.0分）

（1） 工程费

① 30000万元

② 40000万元

③ 7916.00×（1+15%）=9103.40（万元）

小计：30000+40000+9103.40=79103.40（万元） (1.0分)

（2） 其他费

79103.40×20%=15820.68（万元） (0.5分)

（3） 基本预备费

（79103.40+15820.68）×5%=4746.20（万元） (0.5分)

（4） 涨价预备费

（79103.40+15820.68+4746.20）×3%=2990.11（万元） (0.5分)

建设投资：79103.40+15820.68+4746.20+2990.11＝102660.39（万元） (0.5分)

案例二（2006年试题一改编）

某工业建设项目计算期为10年，建设期2年，第3年投产，第4年即可达到设计生产能力。

建设投资2800万元，第1年投入1000万元，第2年投入1800万元。投资方自有资金

第一部分 投资估算与财务分析

2500万元，根据筹资情况建设期分两年各投入1000万元，余下的500万元在投产年初作为流动资金投入。

建设投资不足部分向银行贷款，贷款年利率为6%，从第3年起，以年初的本息和为基准开始还贷，每年付清利息，并分5年等额还本。

该项目固定资产投资总额（不考虑可抵扣进项税）中，预计85%形成固定资产，15%形成无形资产。固定资产综合折旧年限为10年，采用直线法折旧，固定资产残值率为5%，无形资产按5年平均摊销。

该项目计算期第3年的经营成本为1500万元（含进项税）、第4年至第10年的经营成本为1800万元（含进项税）。设计生产能力为50万件，含税销售价格为56.5元/件。增值税税率为13%，增值税附加综合税率为10%。产品固定成本占含税年总成本的40%（固定成本不包含可抵扣进项税，可变成本中包含的进项税占不含税可变成本的10%）。

问题：

1. 列式计算固定资产年折旧费及无形资产摊销费，并按表1所列项目填写相应数字。

表1 项目建设投资还本付息及固定资产折旧、摊销费用表

序号	项目	计算期							
		1	2	3	4	5	6	7	8~10
1	年初累计借款余额								
2	当年借款								
3	当年应计利息								
4	当年应还本金								
5	当年应付利息								
6	当年折旧费								
7	当年摊销费								

2. 列式计算计算期末固定资产余值。

3. 列式计算计算期第3年、第4年、第8年的含税总成本费用。

4. 列式计算运营期第2年的产量盈亏平衡点，并据此进行盈亏平衡分析。

（除问题4计算结果保留2位小数外，其余各题计算结果均保留3位小数）

参 考 答 案

1.（本小题6.0分）

（1）折旧费

① 800/2×6%=24.000（万元） (0.5分)

② 2800+24=2824.000（万元） (0.5分)

③ 2824×85%=2400.400（万元） (0.5分)

2400.4×(1−5%)/10=228.038（万元） (0.5分)

（2）摊销费

2824×15%/5＝84.720（万元） (0.5分)

(3) 填写答表1 (3.5分)

答表1 项目建设投资还本付息及固定资产折旧、摊销费用表

序号	项目	计算期							
		1	2	3	4	5	6	7	8~10
1	年初累计借款余额			824.000	659.200	494.400	329.600	164.800	
2	当年借款		800.000						
3	当年应计利息		24.000	49.440	39.552	29.664	19.776	9.888	
4	当年应还本金			164.800	164.800	164.800	164.800	164.800	
5	当年应付利息			49.440	39.552	29.664	19.776	9.888	
6	当年折旧费			228.038	228.038	228.038	228.038	228.038	228.038
7	当年摊销费			84.720	84.720	84.720	84.720	84.720	

【评分说明：表中数据每行0.5分】

2.（本小题1.0分）

228.038×2+2400.4×5%＝576.096（万元） (1.0分)

3.（本小题3.0分）

（1）第3年：1500+228.038+84.720+49.440＝1862.198（万元） (1.0分)

（2）第4年：1800+228.038+84.720+39.552＝2152.310（万元） (1.0分)

（3）第8年：1800+228.038＝2028.038（万元） (1.0分)

4.（本小题5.5分）

（1）设运营期第2年（计算期第4年）的产量盈亏平衡点为 x 万件

① 年固定成本：2152.31×40%＝860.924（万元）

② 年可变成本：2152.31×60%＝1291.386（万元）

③ 单件产品含税可变成本：1291.386/50＝25.828（元/件）

方法之一：含税计算

$56.5x - (56.5x/1.13 \times 13\% - 25.828x/1.1 \times 10\%) \times 1.1 - 860.924 - 25.828x = 0$ (2.0分)

则：$x = 32.98$（万件） (0.5分)

方法之二：不含税计算

$56.5x/1.13 - (56.5x/1.13 \times 13\% - 25.828x/1.1 \times 10\%) \times 0.1 - 860.924 - 25.828x/1.1 = 0$

 (2.0分)

则：$x = 32.98$（万件） (0.5分)

（2）盈亏平衡分析

① 当项目产量等于32.98万件时，项目盈亏平衡； (0.5分)

② 当项目产量小于32.98万件时，项目亏损； (0.5分)

③ 当项目产量大于32.98万件时，项目盈利； (0.5分)

④ 生产能力利用率达到32.98/50＝65.96%时，项目达到盈亏平衡；(0.5分)

说明该项目适应市场能力和抗风险能力较强。 (1.0分)

案例三（2009年试题一改编）

2009年初，某业主拟建一年产15万t产品的工业项目。已知2006年已建成投产的年产12万t产品的类似项目，投资额为500万元。自2006年至2009年每年平均造价指数递增3%。拟建项目有关数据资料如下：

1. 项目建设期为1年，运营期为6年。项目全部建设投资为700万元，预计全部形成固定资产，残值率为4%，固定资产残值在项目运营期末收回。
2. 运营期第1年投入流动资金150万元，流动资金在计算期末全部收回。
3. 运营期间，正常年份每年的不含税营业收入为1000万元，经营成本为350万元（其中：进项税为20万元），增值税为13%、增值税及附加税率为10%，所得税率为25%，行业基准投资回收期为6年，行业基准收益率为10%。
4. 投产第1年生产能力达到设计能力的60%，假设经营成本也为正常年份的60%。投产第2年及以后各年均达到设计生产能力。

问题：

1. 试用生产能力指数法列式计算拟建项目的静态投资额。

2. 编制项目投资现金流量表，将数据填入表1中。计算项目静态投资回收期和投资财务净现值，并评价该项目是否可行。

（计算结果及表中数据均保留2位小数）

表1 项目融资前的投资现金流量表　　　　　　　　（单位：万元）

序号	项目名称	计算期						
		1	2	3	4	5	6	7
1	现金流入							
1.1	营业收入							
1.2	销项税							
1.3	回收余值							
1.4	回收流动资金							
2	现金流出							
2.1	建设投资							
2.2	流动资金							
2.3	经营成本							
2.4	进项税							
2.5	增值税							
2.6	附加税							
2.7	调整所得税							
3	净现金流							
4	累计净现金流							
5	10%折现系数	0.909	0.826	0.751	0.683	0.621	0.564	0.513
6	净现金流现值							
7	累计净流现值							

参考答案

1. (本小题2.0分)

$C_2 = C_1(Q_1/Q_2)^n \times f = 500 \times (15/12)^1 \times (1+3\%)^3 = 682.95$（万元） (2.0分)

2. (本小题18.0分)

(1) 折旧费：$700 \times (1-4\%)/6 = 112.00$（万元） (1.0分)

(2) 残值：$700 \times 4\% = 28.00$（万元） (0.5分)

(3) 填写答表1 (14.0分)

答表1 项目融资前的投资现金流量表 （单位：万元）

序号	项目名称	计算期						
		1	2	3	4	5	6	7
1	现金流入		678.00	1130.00	1130.00	1130.00	1130.00	1308.00
1.1	营业收入		600.00	1000.00	1000.00	1000.00	1000.00	1000.00
1.2	销项税		78.00	130.00	130.00	130.00	130.00	130.00
1.3	回收余值							28.00
1.4	回收流动资金							150.00
2	现金流出	700.00	503.45	607.75	607.75	607.75	607.75	607.75
2.1	建设投资	700.00						
2.2	流动资金		150.00					
2.3	经营成本		198.00	330.00	330.00	330.00	330.00	330.00
2.4	进项税		12.00	20.00	20.00	20.00	20.00	20.00
2.5	增值税		66.00	110.00	110.00	110.00	110.00	110.00
2.6	附加税		6.60	11.00	11.00	11.00	11.00	11.00
2.7	调整所得税		70.85	136.75	136.75	136.75	136.75	136.75
3	净现金流	-700.00	174.55	522.25	522.25	522.25	522.25	700.25
4	累计净现金流	-700.00	-525.45	-3.20	519.05	1041.30	1563.55	2263.80
5	10%折现系数	0.909	0.826	0.751	0.683	0.621	0.564	0.513
6	净现金流现值	-636.30	144.18	392.21	356.70	324.32	294.55	359.23
7	累计净现流现值	-636.30	-492.12	-99.91	256.79	581.11	875.66	1234.89

(4) 指标计算

① 静态投资回收期：$4-1+|-3.2|/519.05 = 3.01$（年）< 6 年 (1.0分)

② 财务净现值：1234.89 万元 (0.5分)

(5) 分析评价

该项目静态投资回收期小于行业基准投资回收期6年，说明投资回收较快；该项目财务净现值大于0，说明盈利能力较强。所以该项目具有财务可行性。 (1.0分)

案例四 (2010年试题一改编)

1. 某建设工程项目,项目建设期2年,运营期6年,建设投资2000万元,预计全部形成固定资产。

2. 项目资金来源为自有资金和贷款。建设期内,每年均衡投入自有资金和贷款各500万元,贷款年利率为6%(按年计息)。流动资金300万元,全部用项目资本金支付,于运营期第一年年初投入。

3. 固定资产使用年限为8年,采用直线法折旧,残值为100万元。

4. 项目贷款在运营期的6年间,按照等额还本、利息照付的方法偿还。

5. 项目投产第1年不含税的营业收入和经营成本分别为700万元和250万元,第2年不含税的营业收入和经营成本分别为900万元和300万元,以后各年不含税的营业收入和经营成本分别为1000万元和320万元。

6. 企业所得税率为25%,假设增值税的附加税为营业收入的1%。

不考虑固定资产可抵扣进项税。

问题:

1. 列式计算建设期贷款利息、固定资产年折旧费和计算期第8年的固定资产余值。

2. 计算各年还本、付息额及总成本费用,并将数据填入表1和表2中。

表1 还本付息计划表

项目名称	计算期							
	1	2	3	4	5	6	7	8
年初借款余额								
当年借款								
当年计息								
当年付息								
当年还本								
年末借款余额								

表2 总成本费用估算表

序号	项目名称	计算期					
		3	4	5	6	7	8
1	经营成本						
2	折旧费						
3	利息						
4	总成本						

3. 列式计算计算期第3年的所得税。

4. 从资本金出资者的角度,列式计算计算期第3年的净现金流量。

7

5. 从资本金出资者的角度,列式计算计算期第 8 年的净现金流量。

(计算结果均保留 2 位小数)

参 考 答 案

1. (本小题 3.5 分)

(1) 建设期利息

① 500/2×6% = 15.00 (万元)　　　　　　　　　　　　　　　　　(0.5 分)

② (500+15+500/2)×6% = 45.90 (万元)　　　　　　　　　　　　(0.5 分)

合计:15+45.9 = 60.90 (万元)　　　　　　　　　　　　　　　　(0.5 分)

(2) 固定资产折旧费 [(2000+60.9)−100]/8 = 245.11 (万元)　　(1.0 分)

(3) 计算期第 8 年的固定资产余值 245.11×2+100 = 590.22 (万元)　(1.0 分)

或:2060.9−245.11×6 = 590.24 (万元)

2. (本小题 5.0 分)

答表 1　还本付息计划表　　　　　　　　　　　　　　　　　　(3.0 分)

项目名称	计算期							
	1	2	3	4	5	6	7	8
年初借款余额		515.00	1060.90	884.08	707.26	530.44	353.62	176.80
当年借款	500.00	500.00						
当年计息	15.00	45.90	63.65	53.04	42.44	31.83	21.22	10.61
当年付息			63.65	53.04	42.44	31.83	21.22	10.61
当年还本			176.82	176.82	176.82	176.82	176.82	176.80
年末借款余额	515.00	1060.90	884.08	707.26	530.44	353.62	176.80	0.00

答表 2　总成本费用估算表　　　　　　　　　　　　　　　　　(2.0 分)

序号	项目名称	计算期					
		3	4	5	6	7	8
1	经营成本	250.00	300.00	320.00	320.00	320.00	320.00
2	折旧费	245.11	245.11	245.11	245.11	245.11	245.11
3	利息	63.65	53.04	42.44	31.83	21.22	10.61
4	总成本	558.76	598.15	607.55	596.94	586.33	575.72

3. (本小题 1.0 分)

(700−700×1%−558.76)×25% = 33.56 (万元)　　　　　　　　　(1.0 分)

4. (本小题 2.5 分)

① 流入:700 万元　　　　　　　　　　　　　　　　　　　　　(0.5 分)

② 流出:300+176.82+63.65+250+700×1%+33.56 = 831.03 (万元)　(1.0 分)

③ 净流量:700−831.03 = −131.03 (万元)　　　　　　　　　　　(1.0 分)

5.（本小题 4.0 分）

① 流入：1000+300+590.22（或 590.24）=1890.22（或 1890.24）（万元）　　（1.0 分）

② 流出：

所得税：（1000-1000×1%-575.72）×25%=103.57（万元）　　（1.0 分）

176.8+10.61+320+1000×1%+103.57=620.98（万元）　　（1.0 分）

③ 净流量：1890.22-620.98=1269.24（万元）　　（1.0 分）

案例五（2011 年试题一改编）

1. 某生产性建设项目的工程费由以下内容构成：

（1）主要生产项目 1500 万元：建筑工程费 300 万元，设备购置费 1050 万元，安装工程费 150 万元。

（2）辅助生产项目 300 万元：建筑工程费 150 万元，设备购置费 110 万元，安装工程费 40 万元。

（3）厂区内公用工程 150 万元：建筑工程费 100 万元，设备购置费 40 万元，安装工程费 10 万元。

2. 项目建设前期年限为 1 年，项目建设期第 1 年完成投资 40%，第 2 年完成投资 60%。工程建设其他费为 250 万元，基本预备费率为 10%，年均投资价格上涨为 6%。

3. 项目建设期 2 年，运营期 8 年。建设期贷款 1200 万元，贷款年利率为 6%，在建设期第 1 年投入 40%，第 2 年投入 60%。贷款在运营期前 4 年按照等额还本、利息照付。

4. 项目固定资产投资预计全部形成固定资产，使用年限为 8 年，残值率为 5%，采用直线法折旧。运营期第 1 年投入资本金 200 万元作为流动资金。

5. 项目运营期正常年份的含税营业收入为 1300 万元，含税经营成本为 500 万元（进项税 50 万元）。运营期第 1 年的含税营业收入和含税经营成本均为正常年份的 70%，自运营期第 2 年起进入正常年份。

6. 所得税税率为 25%，增值税为 13%，增值税附加为 10%。

问题：

1. 列式计算项目的基本预备费和涨价预备费。

2. 列式计算项目的建设期贷款利息，并完成表 1 建设项目固定资产投资估算表。

表 1　建设项目固定资产投资估算表　　　　　　（单位：万元）

项目名称	建筑工程费	设备购置费	安装工程费	其他费	合计
1. 工程费					
2. 工程建设其他费					
3. 预备费					
4. 建设期利息					
5. 固定资产投资					

3. 计算项目各年还本付息额，填入表2还本付息计划表。

表2 还本付息计划表 （单位：万元）

序号	项目名称	1	2	3	4	5	6
1	年初借款余额						
2	当年计息						
3	当年还本						

4. 列式计算项目运营期第1年的总成本费用。
5. 列式计算项目资本金现金流量分析中运营期第1年的净现金流量。
（填表及计算结果均保留2位小数）

参 考 答 案

1.（本小题4.0分）

（1）工程费：1500+300+150＝1950.00（万元） （0.5分）

（2）工程建设其他费：250万元

（3）基本预备费：（1950+250）×10%＝220.00（万元） （1.0分）

（4）涨价预备费

静态投资：1950+250+220＝2420（万元）

① $2420×40\%×(1.06^{1.5}-1)=88.41$（万元） （1.0分）

② $2420×60\%×(1.06^{2.5}-1)=227.70$（万元） （1.0分）

小计：316.11万元 （0.5分）

2.（本小题5.5分）

（1）建设期利息

1200×40%＝480（万元），1200×60%＝720（万元）

① 480/2×6%＝14.40（万元） （1.0分）

② （480+14.40+720/2）×6%＝51.26（万元） （1.0分）

小计：65.66万元 （0.5分）

（2）填写估算表 （3.0分）

答表1 建设项目固定资产投资估算表 （单位：万元）

项目名称	建筑工程费	设备购置费	安装工程费	其他费	合计
1. 工程费	550.00	1200.00	200.00		1950.00
2. 工程建设其他费				250.00	250.00
3. 预备费				536.11	536.11
4. 建设期利息				65.66	65.66
5. 固定资产投资	550.00	1200.00	200.00	851.77	2801.77

3. (本小题2.0分)

答表2　还本付息计划表　　　　　　　　　　　　（单位：万元）

序号	项目名称	1	2	3	4	5	6
1	年初借款余额		494.40	1265.66	949.24	632.82	316.40
2	当年计息	14.40	51.26	75.94	56.95	37.97	18.98
3	当年还本			316.42	316.42	316.42	316.40

4. (本小题2.5分)

折旧费 2801.77×(1-5%)/8＝332.71（万元）　　　　　　　　　　　　（1.0分）

（1）不含税总成本：450×70%+332.71+75.94＝723.65（万元）　　　　（1.0分）

（2）含税总成本：723.65+50×70%＝758.65（万元）　　　　　　　　（0.5分）

5. (本小题5.0分)

（1）现金流入

① 1300×70%/1.13＝805.31（万元）　　　　　　　　　　　　　　　（0.5分）

② 805.31×13%＝104.69（万元）　　　　　　　　　　　　　　　　（0.5分）

小计：910.00万元　　　　　　　　　　　　　　　　　　　　　　（0.5分）

（2）现金流出

① 资本金：200.00万元

② 还本：316.42万元

③ 付息：75.94万元

④ 经营成本：315.00万元

⑤ 进项税：35.00万元

⑥ 增值税：104.69-35＝69.69（万元）　　　　　　　　　　　　　（0.5分）

⑦ 附加税：69.69×10%＝6.97（万元）　　　　　　　　　　　　　（0.5分）

⑧ 所得税：（805.31-6.97-723.65）×25%＝18.67（万元）　　　　（1.0分）

小计：1037.69万元　　　　　　　　　　　　　　　　　　　　　　（0.5分）

（3）净现金流量

910-1037.69＝-127.69（万元）　　　　　　　　　　　　　　　　（1.0分）

案例六（2013年试题一改编）

某建设项目的相关基础数据如下：

1. 按当地现行价格计算，项目的设备购置费为2800万元，已建类似项目的建筑工程费、安装工程费占设备购置费的比例分别为45%、25%，由于时间、地点等因素引起的上述两项费用变化的综合调整系数均为1.1。项目的工程建设其他费按800万元估算。

2. 项目投资计算时，不考虑预备费；项目建设期1年，运营期10年。

3. 建设投资的资金来源为资本金和贷款。其中贷款为2000万元，贷款年利率为6%（按年计息），贷款合同约定的还款方式为运营期前5年等额还本、利息照付。

4. 建设投资预计全部形成固定资产（不考虑进项税的影响），固定资产使用年限为 10 年，残值率为 5%，采用直线法折旧。

5. 运营期第 1 年投入资本金 500 万元作为流动资金。

6. 运营期第 1 年含税营业收入和含税经营成本分别为 1582 万元、880 万元。

7. 项目所得税税率为 25%，增值税为 13%，增值税附加为 10%，假设运营期各年进项税占不含税经营成本的 10%。

问题：

1. 列式计算项目年固定资产折旧费。

2. 列式计算项目运营期第 1 年应偿还银行的本息额。

3. 列式计算项目运营期第 1 年的总成本费用、税前利润和所得税。

4. 项目运营期第 1 年的资金来源能否满足偿还债务的要求，通过列式计算说明理由。

5. 如果运营期第 2 年达到设计生产能力，相应的年不含税营业收入和不含税经营成本分别为 2000 万元和 1000 万元。

通过列项和列式的方式计算运营期最后一年的净现金流量。

（计算结果均保留 2 位小数）

参 考 答 案

1.（本小题 3.5 分）

（1）建设投资

工程费：2800×(1+45%×1.1+25%×1.1)=4956（万元）   （1.0 分）

其他费：800 万元

合计：4956+800=5756.00（万元）   （0.5 分）

（2）建设期利息：2000/2×6%=60（万元）   （1.0 分）

（3）固定资产原值：5756+60=5816（万元）

年折旧费：5816×(1−5%)/10=552.52（万元）   （1.0 分）

2.（本小题 2.0 分）

年初借款余额：2000+60=2060（万元）   （0.5 分）

（1）还本：2060/5=412.00（万元）   （0.5 分）

（2）付息：2060×6%=123.60（万元）   （0.5 分）

（3）还本付息合计：535.60 万元   （0.5 分）

3.（本小题 5.5 分）

（1）总成本费用

① 含税 880+552.52+123.6=1556.12（万元）   （1.0 分）

② 不含税：1556.12−880/1.1×0.1=1476.12（万元）   （1.0 分）

（2）税前利润

① 营业收入：1582/1.13=1400（万元）   （0.5 分）

② 附加税：(1400×13%−880/1.1×10%)×10%=10.20（万元）   （1.0 分）

税前利润 1400−10.2−1476.12=−86.32（万元）   （1.0 分）

或：1582−(1582/1.13×0.13−880/1.1×0.1)×1.1−1556.12=−86.32（万元）

[**评分说明：合并计算结果正确的，合并计 2.5 分**]

（3）应纳税所得额为 0，所以，所得税为 0。 (1.0 分)

4.（本小题 3.0 分）

能够满足偿还债务要求，理由： (1.0 分)

（1）息税折摊前利润：-86.32+123.6+552.52=589.80（万元） (1.0 分)

或：1400-10.2-880/1.1=589.80（万元）

（2）还本付息额：535.60 万元

偿债备付率：589.8/535.6=1.10>1 (1.0 分)

5.（本小题 6.5 分）

（1）现金流入

① 营业收入：2000 万元 (0.5 分)

② 销项税：2000×13%=260.00（万元） (0.5 分)

③ 回收流动资金：500 万元 (0.5 分)

④ 回收固定资产残值：5816×5%=290.80（万元） (0.5 分)

合计：2000+260+500+290.8=3050.80（万元） (0.5 分)

（2）现金流出

① 经营成本：1000.00 万元 (0.5 分)

② 进项税：

1000×10%=100.00（万元） (0.5 分)

③ 增值税：

260-100=160.00（万元） (0.5 分)

④ 附加税：

160×10%=16.00（万元） (0.5 分)

⑤ 所得税：

（2000-16-1000-552.52）×25%=107.87（万元） (1.0 分)

合计：1000+100+160+16+107.87=1383.87（万元） (0.5 分)

（3）净现金流量

3050.8-1383.87=1666.93（万元） (0.5 分)

案例七（2014 年试题一改编）

某企业投资建设一个工业项目，该项目可行性研究报告中相关资料和基础数据如下：

（1）项目工程费用为 2000 万元，工程建设其他费为 500 万元（其中形成无形资产费为 200 万元），基本预备费 8%，预计未来 3 年的年均投资价格上涨率为 5%。

（2）项目建设前期年限为 1 年，建设期为 2 年，生产运营期为 8 年。

（3）项目建设期第 1 年完成项目静态投资的 40%，第 2 年完成静态投资的 60%，项目生产运营期第 1 年投入流动资金 240 万元。

（4）项目建设投资、流动资金均由资本金投入。

（5）除形成无形资产外，项目建设投资全部形成固定资产，无形资产按生产运营期平均摊销；固定资产使用年限为 8 年，残值率为 5%，采用直线法折旧。

（6）形成的各类资产中均不考虑进项税的影响。

（7）项目正常年份的产品设计生产能力为 10000 件/年，正常年份含税年总成本费用为 950 万元，其中项目单位产品含税可变成本为 550 元（其中进项税为 50 元），其余为固定成本（不考虑进项税）。项目产品预计含税售价为 1400 元/件，企业适用所得税税率为 25%，增值税为 13%，增值税附加税率为 10%。

（8）项目生产运营期第一年的生产能力为正常年份设计生产能力的 70%，第二年及以后各年的生产能力达到设计生产能力的 100%。

问题：

1. 分别列式计算项目建设期第 1 年、第 2 年价差预备费和项目建设投资。

2. 分别列式计算项目生产运营期的正常年份的可变成本、固定成本和经营成本。

3. 分别列式计算项目生产运营期正常年份的所得税和项目资本金净利润率。

4. 分别列式计算项目正常年份产量盈亏平衡点和单价盈亏平衡点。

（除资本金净利润率之外，前 3 个问题计算结果以万元为单位，产量盈亏平衡点计算结果取整，其他计算结果保留两位小数）

<h2 style="text-align:center">参 考 答 案</h2>

1. （本小题 4.0 分）

静态投资额：(2000+500)×1.08＝2700（万元） (1.0 分)

（1）价差预备费

① $2700×40\%×[(1+5\%)^{1.5}-1]=82.00$（万元） (1.0 分)

② $2700×60\%×[(1+5\%)^{2.5}-1]=210.16$（万元） (1.0 分)

合计：82+210.16＝292.16（万元） (0.5 分)

（2）项目建设投资 2700+292.16＝2992.16（万元） (0.5 分)

2. （本小题 4.0 分）

（1）可变成本

① 含税 550×10000＝550.00（万元） (0.5 分)

② 不含税：500×10000＝500.00（万元） (0.5 分)

（2）固定成本：950-550＝400.00（万元） (0.5 分)

（3）经营成本

折旧费：(2992.16-200)×(1-5%)/8＝331.57（万元） (1.0 分)

摊销费：200/8＝25.00（万元） (0.5 分)

① 经营成本（含税）：950-331.57-25＝593.43（万元） (0.5 分)

② 经营成本（不含税）：593.43-50＝543.43（万元） (0.5 分)

3. （本小题 4.5 分）

（1）所得税

① 营业收入：10000×1400/1.13＝1238.94（万元） (0.5 分)

② 附加税

销项税：1238.94×13%＝161.06（万元） (0.5 分)

进项税：50 万元
增值税：161.06-50=111.06（万元） (0.5 分)
附加税：111.06×10%=11.11（万元） (0.5 分)
③ 总成本：900 万元
④ 利润总额：1238.94-11.11-900=327.83（万元） (0.5 分)
所得税：327.83×25%=81.96（万元） (0.5 分)
（2）资本金净利润率
① 净利润：327.83×75%=245.87（万元） (0.5 分)
② 资本金：2992.16+240=3232.16（万元） (0.5 分)
净利润率 245.87/3232.16=7.61% (0.5 分)

4.（本小题 4.0 分）
（1）设产量盈亏平衡点为 x 件
$1400x-(1400x/1.13×0.13-50x)×1.1-4000000-550x=0$，$x=5496$ 件 (2.0 分)
（2）设含税单价盈亏平衡点为 y 元/件，单件含税成本费用为 950 元/件
$1×y-(1×y/1.13×0.13-1×50)×1.1-950=0$，$y=1024.67$ 元/件 (2.0 分)

案例八（2015 年试题一改编）

某新建建设项目的基础数据如下：

（1）项目建设期 2 年，运营期 10 年，建设投资 3600 万元（不考虑进项税），预计全部形成固定资产。

（2）项目建设投资的资金来源为自有资金和贷款，贷款为 2000 万元，贷款年利率为 6%，贷款合同约定运营期第 1 年按照项目的最大偿还能力还款，运营期 2~5 年将未偿还款项按等额本息偿还。自有资金和贷款在建设期内均衡投入。

（3）项目固定资产使用年限为 10 年，残值率为 5%，采用直线法折旧。

（4）流动资金 250 万元由项目自有资金在运营期第 1 年投入（流动资金不用于项目建设期贷款的偿还）。

（5）运营期正常年份不含税营业收入为 900 万元，不含税经营成本为 280 万元（可抵扣进项税为 20 万元），所得税税率为 25%，增值税为 13%，增值税附加为 12%。

（6）运营期第 1 年达到设计产能的 80%，该年营业收入、经营成本均为正常年份的 80%，以后各年均达到设计产能。

（7）在建设期贷款偿还完成之前，不计提盈余公积金，不分配投资者股利。

问题：
1. 列式计算项目建设期的贷款利息。
2. 列式计算项目运营期第 1 年偿还的贷款本金和利息。
3. 列式计算项目运营期第 2 年应偿还的本息额，并通过计算说明能否满足还款要求。
4. 在项目资本金现金流量表中，列项计算运营期第 1 年的净现金流量。

（计算结果保留 2 位小数）

参考答案

1. (本小题 2.5 分)

每年贷款：2000/2＝1000（万元）。

(1) 第 1 年利息：1000/2×6%＝30.00（万元） (1.0 分)

(2) 第 2 年利息：（1000+30+1000/2）×6%＝91.80（万元） (1.0 分)

合计：30+91.8＝121.80（万元） (0.5 分)

2. (本小题 8.0 分)

(1) 营业收入：900×80%＝720（万元） (0.5 分)

(2) 附加税

① 销项税：720×13%＝93.60（万元） (0.5 分)

② 进项税：20×80%＝16.00（万元） (0.5 分)

③ 增值税：93.6-16＝77.60（万元） (0.5 分)

附加税 77.6×12%＝9.31（万元） (0.5 分)

(3) 总成本

① 经营成本：280×80%＝224.00（万元） (0.5 分)

② 折旧费：（3600+121.8）×95%/10＝353.57（万元） (1.0 分)

③ 付息：2121.8×6%＝127.31（万元） (0.5 分)

合计：704.88 万元 (0.5 分)

(4) 利润总额：720-9.31-704.88＝5.81（万元） (0.5 分)

(5) 所得税：5.81×25%＝1.45（万元） (0.5 分)

(6) 净利润：5.81-1.45＝4.36（万元） (0.5 分)

应偿还本金：353.57+4.36＝357.93 万元 (0.5 分)

应支付利息：2121.8×6%＝127.31（万元） (0.5 分)

应偿还本息额：357.93+127.31＝485.24（万元） (0.5 分)

或：偿债备付率＝1 时，即为最大偿还能力：

[（5.81+127.31+353.57)-1.45]/(还本金额+127.31)＝1，还本金额＝357.93 万元

3. (本小题 5.0 分)

运营期第 2 年初的贷款余额：2121.8-357.93＝1763.87（万元） (0.5 分)

本息额：$1763.87×6\%×1.06^4/(1.06^4-1)$＝509.04（万元） (1.0 分)

① 利息：1763.87×6%＝105.83（万元）

② 本金：509.04-105.99＝403.21（万元）

能否满足还款要求的计算过程：

(1) 营业收入：900 万元

(2) 附加税：（900×13%-20）×12%＝11.64（万元） (0.5 分)

(3) 总成本：280+353.57+105.83＝739.40（万元） (0.5 分)

(4) 利润总额：900-11.64-739.40＝148.96（万元） (0.5 分)

(5) 所得税：148.96×25%＝37.24（万元） (0.5 分)

偿债备付率＝[（148.96+105.83+353.57)-37.24]/509.04＝1.12>1 (1.0 分)

所以，运营期第 2 年的资金来源能够满足还款要求。 (0.5 分)

4.（本小题 7.0 分）

（1）现金流入

① 营业收入：900×80%＝720.00（万元） (0.5 分)

② 销项税：720×13%＝93.60（万元） (0.5 分)

合计：813.60 万元 (0.5 分)

（2）现金流出

① 资本金：250 万元 (0.5 分)

② 还本付息：485.24 万元 (0.5 分)

③ 经营成本：224 万元 (0.5 分)

④ 进项税：16.00 万元 (0.5 分)

⑤ 增值税：77.60 万元 (0.5 分)

⑥ 附加税：9.31 万元 (0.5 分)

⑦ 所得税：1.45 万元 (0.5 分)

合计：250+485.24+224+16+77.6+9.31+1.45＝1063.60（万元） (1.0 分)

（3）净现金流量：813.6−1063.6＝−250.00（万元） (1.0 分)

案例九（2016 年试题一改编）

某企业拟于某城市新建一个工业项目，该项目可行性研究相关基础数据如下：

1. 拟建项目占地面积 30 亩（1 亩＝666.67m^2），建筑面积 11000m^2，其项目设计标准、规模与该企业 2 年前在另一城市修建的同类项目相同，已建同类项目的单位建筑工程费用为 1600 元/m^2，建筑工程的综合用工量为 4.5 工日/m^2，综合工日单价为 80 元/工日，建筑工程费用中的材料费占比为 50%，机械使用费占比为 8%。考虑地区和交易时间差异，拟建项目的综合工日单价为 100 元/工日，材料费修正系数为 1.1，机械使用费的修正系数为 1.05，人材机以外的其他费用修正系数为 1.08。

根据市场询价，该拟建项目设备投资估算为 2000 万元。设备安装工程费用为设备投资的 15%，项目土地相关费用按 20 万元/亩计算，除土地外的工程建设其他费用为项目建安工程费的 15%，项目的基本预备费为 5%，不考虑价差预备费。

2. 项目建设期 1 年，运营期 10 年，建设投资全部形成固定资产，固定资产折旧年限为 10 年，残值率为 5%，按直线法折旧。

3. 项目运营期第 1 年投入自有资金 200 万元作为运营期的流动资金。

4. 项目正常年份含税销售收入为 1800 万元、含税经营成本为 430 万元（其中可抵扣进项税为 30 万元），项目运营期第 1 年产量为设计产量的 85%，运营期第 2 年及以后各年均达到设计产量，运营期第 1 年的销售收入、经营成本均为正常年份的 85%，企业所得税税率为 25%，增值税为 13%，增值税附加为 12%。

5. 不考虑企业的公积金、公益金计取及投资者股利分配。

问题：

1. 列式计算拟建项目建设投资。

2. 若该项目的建设投资为 5500 万元（包含可抵扣进项税 100 万元），建设投资来源为自有资金和贷款，贷款为 3000 万元，贷款年利率为 7.2%（按月计息），约定的还款方式为运营期前 5 年等额还本、利息照付。

分别列式计算项目运营期第 1 年、第 2 年的不含税总成本费用和净利润以及运营期第 2 年年末的项目累计盈余资金。

（计算结果保留 2 位小数）

参 考 答 案

1. （本小题 6.0 分）

（1）建筑工程费

已建：$11000 \times 1600 = 17600000$（元）$= 1760.00$（万元）

① 人工费占比：$4.5 \times 80/1600 = 22.5\%$ (0.5 分)

② 其他费占比：$1 - 22.5\% - 50\% - 8\% = 19.5\%$ (0.5 分)

建设工程费

$1760 \times (22.5\% \times 100/80 + 50\% \times 1.1 + 8\% \times 1.05 + 19.5\% \times 1.08) = 1981.50$（万元）

(2.0 分)

（2）设备购置费：2000 万元

（3）安装工程费：$2000 \times 15\% = 300.00$（万元） (0.5 分)

以上合计为工程费：$1981.50 + 2000 + 300 = 4281.50$（万元）

（4）工程建设其他费：

$20 \times 30 + (1981.5 + 300) \times 15\% = 942.23$（万元） (1.0 分)

（5）基本预备费：

$(4281.5 + 942.23) \times 5\% = 261.19$（万元） (1.0 分)

建设投资：$4281.5 + 942.23 + 261.19 = 5484.92$（万元） (0.5 分)

2. （本小题 14.0 分）

（1）运营期第 1 年总成本

① 经营成本：$400 \times 85\% = 340.00$（万元） (0.5 分)

② 折旧费

有效利率：$(1 + 7.2\% \div 12)^{12} - 1 = 7.44\%$ (0.5 分)

建设期利息：$3000/2 \times 7.44\% = 111.60$（万元） (0.5 分)

折旧费：$(5500 - 100 + 111.6) \times 95\% / 10 = 523.60$（万元） (0.5 分)

③ 付息：$3111.6 \times 7.44\% = 231.50$（万元） (0.5 分)

总成本：$340 + 523.6 + 231.5 = 1095.10$（万元） (0.5 分)

（2）运营期第 1 年净利润

① 营业收入：$1800/1.13 \times 85\% = 1353.98$（万元） (0.5 分)

② 附加税

销项税：$1353.98 \times 13\% = 176.02$（万元） (0.5 分)

进项税：$30 \times 85\% + 100 = 125.50$（万元） (0.5 分)

增值税：$176.02 - 125.5 = 50.52$（万元） (0.5 分)

附加税：50.52×12%＝6.06（万元） (0.5分)
③ 总成本：1095.10 万元
④ 税前利润：1353.98－6.06－1095.1＝252.82（万元） (0.5分)
⑤ 所得税：252.82×25%＝63.21（万元） (0.5分)
⑥ 净利润：252.82－63.21＝189.61（万元） (0.5分)
（3）运营期第 2 年总成本
① 经营成本：400 万元
② 折旧费：523.60 万元
③ 付息
还本：3111.6/5＝622.32（万元） (0.5分)
年初：3111.6－622.32＝2489.28（万元）
付息：2489.28×7.44%＝185.20（万元） (0.5分)
总成本：400＋523.60＋185.20＝1108.80（万元） (0.5分)
（4）运营期第 2 年净利润
① 营业收入：1800/1.13＝1592.92（万元） (0.5分)
② 附加税：(1592.92×13%－30)×12%＝21.25（万元） (0.5分)
③ 总成本：1108.80 万元
④ 税前利润：1592.92－21.25－1108.8＝462.87（万元） (0.5分)
⑤ 所得税：462.87×25%＝115.72（万元） (0.5分)
⑥ 净利润：462.87－115.72＝347.15（万元） (0.5分)

【评分说明：上述（1）（2）（3）（4）在计算过程中，合并计算结果正确的，合并计分】

（5）累计盈余资金
① 运营期第 1 年：523.6＋189.61－622.32＝90.89（万元） (1.0分)
② 运营期第 2 年：523.6＋347.15－622.32＝248.43（万元） (1.0分)
综上，第 2 年年末累计盈余资金：90.89＋248.43＝339.32（万元） (1.0分)

案例十（2017 年试题一改编）

某城市拟建设一条免费通行的道路工程，与项目相关的信息如下：

1. 根据项目的设计方案及投资估算，该项目建设投资为 100000 万元，建设期 2 年，建设投资全部形成固定资产。

2. 该项目拟采用 PPP 模式投资建设，政府与社会资本出资人合作成立了项目公司。项目资本金为项目建设投资的 30%，其中社会资本出资人出资 90%，占项目公司股权 90%；政府出资 10%，占项目公司股权 10%。政府不承担项目公司亏损，不参与项目公司利润分配。

3. 除项目资本金外的项目建设投资由项目公司贷款，贷款年利率 6%（按年计息），贷款合同约定的还款方式为项目投入使用后 10 年内等额还本付息。项目资本金和贷款均在建设期内均衡投入。

4. 该项目投入使用（通车）后，前 10 年年均支出费用 2500 万元，后 10 年年均支出费用 4000 万元，用于项目公司经营、项目维护和修理。道路两侧的广告收益权归项目公司所有，预计广告业务收入为每年 800 万元。

5. 固定资产采用直线法折旧；项目公司适用的企业所得税税率为 25%；为简化计算不考虑销售环节相关税费。

6. PPP 项目合同约定，项目投入使用（通车）后连续 20 年内，在达到项目运营绩效的前提下，政府每年给项目公司等额支付一定的金额作为项目公司的投资回报，项目通车 20 年后，项目公司需将该道路无偿移交给政府。

问题：

1. 列式计算项目建设期贷款利息和固定资产投资额。
2. 列式计算项目投入使用第 1 年项目公司应偿还银行的本金和利息。
3. 列式计算项目投入使用第 1 年的总成本费用。
4. 项目投入使用第 1 年，政府给予项目公司的款项至少达到多少万元时，项目公司才能除广告收益外不依赖其他资金来源，仍能满足项目运营和还款要求？
5. 若社会资本出资人对社会资本的资本金净利润率的最低要求为：以贷款偿还完成后的正常年份的数据计算不低于 12%，则社会资本出资人能接受的政府在贷款偿还完成后各年应支付给项目公司的资金额最少应为多少万元？

（计算结果保留 2 位小数）

参 考 答 案

1.（本小题 3.0 分）

（1）贷款利息

100000×70%＝70000.00（万元） (0.5 分)

① 35000/2×6%＝1050.00（万元） (0.5 分)

②（35000+1050+35000/2）×6%＝3213.00（万元） (0.5 分)

合计：4263.00 万元 (0.5 分)

（2）固定资产投资额：100000+4263＝104263.00（万元） (1.0 分)

2.（本小题 3.0 分）

还款总额：74263×(1.06^{10}×6%)/(1.06^{10}−1)＝10089.96（万元） (1.0 分)

（1）付息：74263×6%＝4455.78（万元） (1.0 分)

（2）还本：10089.96−4455.78＝5634.18（万元） (1.0 分)

3.（本小题 2.0 分）

（1）经营成本：2500.00 万元 (0.5 分)

（2）折旧费：104263/20＝5213.15（万元） (1.0 分)

（3）利息：4455.78 万元

总成本费用：12168.93 万元 (0.5 分)

4.（本小题 3.0 分）

设政府给予款项为 x 时可满足要求。

（1）营业收入：$x+800$ (0.5 分)

(2) 附加税：0

(3) 总成本：12168.93 万元

(4) 利润总额：$x+800-12168.93=x-11368.93$ (0.5 分)

(5) 所得税：$(x-11368.93)\times 25\%$

(6) 净利润：$(x-11368.93)\times 75\%$ (0.5 分)

$5213.15+(x-11368.93)\times 75\%=5634.18$ (1.0 分)

$x=11930.30$（万元） (0.5 分)

或：偿债备付率=1 时，不依赖其他资金来源：

$x-11368.93+4455.78+5213.15-(x-11368.93)\times 25\%=5634.18+4455.78$

$x=11930.30$（万元）

5.（本小题 4.0 分）

设支付给项目公司的资金额最少为 y。

(1) 营业收入：$y+800$ (0.5 分)

(2) 附加税：0

(3) 总成本：$4000+5213.15=9213.15$（万元） (0.5 分)

(4) 利润总额：$y+800-9213.15=y-8413.15$ (0.5 分)

(5) 所得税：$(y-8413.15)\times 25\%$

(6) 净利润：$(y-8413.15)\times 75\%$ (0.5 分)

$[(y-8413.15)\times 75\%]/(30000\times 90\%)=12\%$ (1.0 分)

$y=12733.15$（万元） (0.5 分)

所以，社会资本出资人能接受资金额最少为 12733.15 万元。 (0.5 分)

案例十一（2018 年试题一改编）

某企业拟新建一条生产线，采用同等生产规模的标准化设计资料，相关基础数据如下：

1. 按现行价格计算的该项目生产线设备购置费为 720 万元。当地已建同类同等生产规模生产线项目的建筑工程费用、生产线设备安装工程费用、其他辅助设备购置及安装费用占生产线设备购置费的比重分别为 70%、20%、15%。根据市场调查，现行生产线设备购置费较已建项目有 10% 的下降，建筑工程费用、生产线设备安装工程费用较已建项目有 20% 的上涨，其他辅助设备购置及安装费用无变化。拟建项目的其他相关费用为 500 万元（含预备费）。

2. 项目建设期 1 年，运营期 10 年，建设投资（不含可抵扣进项税）全部形成固定资产。固定资产使用年限为 10 年，残值率为 5%，按直线法折旧。

3. 项目投产当年需要投入运营期流动资金 200 万元。

4. 项目运营期达产年份不含税销售收入为 1350 万元，适用的增值税税率为 13%，增值税附加按增值税的 10% 计取。项目达产年份的经营成本为 760 万元（含进项税 60 万元）。

5. 运营期第 1 年达到产能的 80%，销售收入、经营成本（含进项税）均按达产年份的 80% 计。第 2 年及以后年份为达产年份。

6. 企业适用的所得税税率为25%，行业平均投资收益率为8%。

问题：

1. 列式计算拟建项目的建设投资。

2. 若该项目的建设投资为2200万元（包含可抵扣进项税200万元）。

（1）列式计算运营期第1年、第2年的应纳增值税额。

（2）列式计算运营期第1年、第2年的调整所得税。

（3）进行项目投资现金流量表（第1~4年）的编制。并填入表1中。

表1 项目投资现金流量表

序号	项目名称	建设期	运营期		
		1	2	3	4
1	现金流入				
1.1	营业收入（含销项税额）				
1.2	回收固定资产余值				
1.3	回收流动资金				
2	现金流出				
2.1	建设投资				
2.2	流动资金				
2.3	经营成本（含进项税额）				
2.4	应纳增值税				
2.5	增值税附加				
2.6	调整所得税				
3	税后净现金流量				
4	累计税后净现金流量				

（4）计算项目的总投资收益率，并判断项目的可行性。

（计算结果保留两位小数）

参 考 答 案

1.（本小题4.0分）

（1）工程费：

① 设备购置费：720万元，已建同类同等项目：720/0.9 = 800（万元）

② 建筑工程费：800×70%×(1+20%) = 672（万元） (1.0分)

③ 安装工程费：800×20%×(1+20%) = 192（万元） (1.0分)

④ 其他相关费：800×15% = 120（万元） (0.5分)

合计为工程费：720+672+192+120 = 1704（万元） (0.5分)

第一部分 投资估算与财务分析

(2) 工程建设其他费：500 万元
建设投资 1704+500=2204.00（万元） (1.0 分)

2.（本小题 16.0 分）

(1) 增值税
1) 运营期第 1 年：
1350×80%×13%−60×80%−200=−107.60（万元） (1.0 分)
应纳增值税：0 (0.5 分)
2) 运营期第 2 年：
1350×13%−60−107.6=7.90（万元） (1.0 分)

(2) 调整所得税
折旧费：(2200−200)×(1−5%)/10=190.00（万元） (1.0 分)
1) 运营期第 1 年
① 营业收入：1350×80%=1080.00（万元） (0.5 分)
② 附加税：0
③ 总成本：700×80%+190=750.00（万元） (0.5 分)
④ 税前利润：1080−750=330.00（万元） (0.5 分)
⑤ 调整所得税：330×25%=82.50（万元） (1.0 分)
2) 运营期第 2 年
① 营业收入：1350 万元
② 附加税：7.9×10%=0.79（万元） (0.5 分)
③ 总成本：700+190=890.00（万元） (0.5 分)
④ 税前利润：1350−0.79−890=459.21（万元） (0.5 分)
⑤ 调整所得税：459.21×25%=114.80（万元） (1.0 分)

【上述调整所得税合并计算结果正确的，合并计分】

(3) 填写答表 1
① 运营期第 3 年销项税：1350×13%=175.50（万元）
② 运营期第 3 年进项税：60 万元
③ 运营期第 3 年增值税：175.5−60=115.50（万元）
④ 运营期第 3 年附加税：115.5×10%=11.55（万元）
⑤ 运营期第 3 年调整所得税：(1350−11.55−700−190)×25%=112.11（万元）

答表 1 项目投资现金流量表 (5.5 分)

序号	项目名称	建设期	运营期		
		1	2	3	4
1	现金流入		1220.40	1525.50	1525.50
1.1	营业收入（含销项税额）		1220.40	1525.50	1525.50
1.2	回收固定资产余值				
1.3	回收流动资金				
2	现金流出	2200.00	890.50	883.49	999.16

23

(续)

序号	项目名称	建设期	运营期		
		1	2	3	4
2.1	建设投资	2200.00			
2.2	流动资金		200.00		
2.3	经营成本（含进项税额）		608.00	760.00	760.00
2.4	应纳增值税		0	7.90	115.50
2.5	增值税附加		0	0.79	11.55
2.6	调整所得税		82.50	114.80	112.11
3	税后净现金流量	-2200.00	329.90	642.01	526.34
4	累计税后净现金流程	-2200.00	-1870.10	-1228.09	-701.75

（4）正常年份息税前利润

① 营业收入：1350 万元

② 附加税：（1350×13%-60）×10% = 11.55（万元）

③ 息前总成本：700+190 = 890.00（万元）

④ 息税前利润：1350-11.55-890 = 448.45（万元）

总投资 = 2200+200 = 2400（万元）

总投资收益率 = 448.45/2400 = 18.69% > 8%　　　　　　　　　　　　　　　（1.0 分）

即：总投资收益率大于行业平均收益率，所以项目可行。　　　　　　　　　　（1.0 分）

案例十二（2019 年试题一）

某企业投资新建一项目，生产一种市场需求较大的产品。项目的基础数据如下：

1. 该项目的建设投资估算为 1600 万元（含可抵扣进项税 112 万元），建设期 1 年，运营期 8 年，建设投资（不含可抵扣进项税）全部形成固定资产，固定资产使用年限 8 年，残值率 4%，按直线法折旧。

2. 项目流动资金估算为 200 万元，运营期第 1 年年初投入，在运营期末全部回收。

3. 项目资金来源为自有资金和贷款，建设投资贷款利率为 8%（按年计息），流动资金贷款利率为 5%（按年计息）。建设投资贷款的还款方式为运营期前 4 年等额还本、利息照付。

4. 项目正常年份的设计产能为 10 万件，运营期第 1 年的产能为正常年份产能的 70%。目前市场同类产品的不含税销售价格约为 65~75 元/件。

5. 项目资金投入、收益及成本等基础测算数据见表 1。

6. 该项目产品适用的增值税税率为 13%，增值税附加综合税率为 10%，适用的所得税税率为 25%。

表 1　项目资金投入、收益及成本表　　　　　　　　　　（单位：万元）

序号	项目	1	2	3	4	5	6~9
1	建设投资 其中：自有资金 贷款本金	1600 600 1000					
2	流动资金 其中：自有资金 贷款本金		200 100 100				
3	年产销量/万件		7	10	10	10	10
4	年经营成本 其中：可抵扣进项税		210 14	300 20	300 20	300 20	330 25

问题：

1. 列式计算项目的建设期贷款利息及年固定资产折旧费。
2. 若产品的不含税销售单价确定为 65 元/件，列式计算项目运营期第 1 年的增值税、税前利润、所得税、税后利润。
3. 若企业希望项目运营期第 1 年不借助其他资金来源能够满足建设投资贷款还款要求，产品的不含税销售单价至少应确定为多少？
4. 项目运营后期（建设期贷款偿还完成后），考虑到市场成熟后产品价格可能下降，产品单价拟在 65 元的基础上下调 10%，列式计算运营后期正常年份的资本金净利润率。

（计算过程和结果数据有小数的，保留两位小数）

参 考 答 案

1. （本小题 2.0 分）

（1）建设期利息

1000/2×8%＝40（万元）　　　　　　　　　　　　　　　　　　　　　　　（1.0 分）

（2）折旧费

(1600−112+40)×(1−4%)/8＝183.36（万元）　　　　　　　　　　　　　（1.0 分）

2. （本小题 7.0 分）

（1）增值税

① 营业收入：

10×70%×65＝455（万元）

② 增值税：

455×13%−14−112＝−66.85（万元）<0　　　　　　　　　　　　　　　（1.0 分）

所以，应纳增值税：0　　　　　　　　　　　　　　　　　　　　　　　　　（1.0 分）

③ 增值税附加：0

（2）税前利润

① 总成本：

210−14+183.36+1040×8%+100×5%＝467.56（万元）　　　　　　　　（2.0 分）

② 税前利润：

455-0-467.56=-12.56（万元） (1.0分)

（3）所得税

① 应纳税所得额：0

② 所得税：0 (1.0分)

（4）税后利润：-12.56万元 (1.0分)

3.（本小题6.0分）

设不含税单价为 x 元/件。

① 营业收入：$7x$ 万元

② 附加税：0

③ 总成本：467.56万元

④ 税前利润：$7x-467.56$ (1.0分)

⑤ 所得税：$(7x-467.56) \times 25\%$ (1.0分)

⑥ 税后利润：$(7x-467.56) \times 75\%$ (1.0分)

还本：1040/4=260（万元）

付息：1040×8%+100×5%=88.2（万元）

方法之一：$183.36+(7x-467.56) \times 75\%=260$ (2.0分)

$x=81.39$ 元/件 (1.0分)

方法之二：$[(7x-467.56)+88.2+183.36-(7x-467.56) \times 25\%]/(260+88.2)=1$

(2.0分)

$x=81.39$ 元/件 (1.0分)

【评分说明：上述过程合并计算结果正确的，本小题均得6分】

4.（本小题5.0分）

① 营业收入：10×65×(1-10%)＝585（万元） (0.5分)

② 附加税：(585×13%-25)×10%=5.11（万元） (0.5分)

③ 总成本：305+183.36+5=493.36（万元） (0.5分)

④ 税前利润：585-5.11-493.36=86.53（万元） (0.5分)

⑤ 所得税：86.53×25%=21.63（万元） (0.5分)

⑥ 税后利润：86.53-21.63=64.90（万元） (0.5分)

资本金：600+100=700（万元） (0.5分)

资本金净利润率：64.9/700=9.27% (1.5分)

【评分说明：上述过程合并计算结果正确的，本小题均得5分】

第二部分　方案优选与招标投标

案例一（2004年试题四改编）

某施工单位编制的某工程网络图，如图1所示，网络进度计划原始方案各工作的持续时间和估计费用以及各工作的可压缩时间及压缩单位时间增加的费用，见表1。

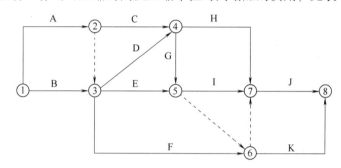

图1　网络计划

表1　各工作的持续时间和估计费用

工作	原始方案中的持续时间/天	原始方案中的费用/万元	可压缩时间/天	压缩单位时间增加的费用/(万元/天)
A	12	18	2	2
B	26	40	2	4
C	24	25	2	3.5
D	6	15	0	—
E	12	40	1	2
F	40	120	5	2
G	8	16	1	2
H	28	37	2	1.5
I	4	10	0	—
J	32	64	2	6
K	16	16	2	2

问题：

1. 写出网络进度计划原始方案的关键路线（工作字母表示）和计算工期。
2. 若施工合同规定：工程工期93天，工期每提前一天奖励施工单位3万元，每延期一天对施工单位罚款5万元。计算按网络进度计划原始方案实施时的综合费用。

3. 确定该网络进度计划的最低综合费用和相应的关键路线（工作字母表示），并计算调整优化后的总工期（要求写出调整优化过程）。

（计算结果取整数）

参 考 答 案

1.（本小题 3.0 分）

（1）关键路线：B→F→J （2.0 分）

（2）计算工期：26+40+32＝98（天） （1.0 分）

2.（本小题 2.5 分）

（1）费用：18+40+25+15+40+120+16+37+10+64+16＝401（万元） （1.0 分）

（2）罚款：(98−93)×5＝25（万元） （1.0 分）

综合费用：401+25＝426（万元） （0.5 分）

3.（本小题 8.0 分）

（1）优化过程

① 压缩 F 工作 2 天，工期能够缩短 2 天，增加费用 2×2＝4（万元），小于拖期罚款 5×2＝10（万元）； （1.5 分）

② 同时压缩 H 和 F 工作 2 天，工期能够缩短 2 天，增加费用（1.5+2)×2＝7（万元），小于拖期罚款 5×2＝10（万元）； （1.5 分）

③ 同时压缩 A 和 F 工作 1 天，工期能够缩短 1 天，增加费用 2+2＝4（万元），小于拖期罚款 5 万元。 （1.5 分）

优化方案：F 工作压缩 5 天、A 工作压缩 1 天、H 工作压缩 2 天，增加费用：4+7+4＝15（万元）。 （0.5 分）

（2）最低综合费用：401+15＝416（万元）； （1.0 分）

（3）优化后的关键线路为：A→C→H→J 和 B→F→J （1.0 分）

（4）总工期：98−5＝93（天）。 （1.0 分）

案例二（2007 年试题三）

某承包人参与一项工程的投标，在其投标文件中，基础工程的工期为 4 个月，报价为 1200 万元；主体结构工程的工期为 12 个月，报价为 3960 万元。该承包人中标并与发包人签订了施工合同。合同中规定，无工程预付款，每月工程款均于下月末支付，提前竣工奖为 30 万元/月，在最后 1 个月结算时支付。

签订施工合同后，该承包人拟定了以下两种加快施工进度的措施：

（1）开工前夕，采取一次性技术措施，可使基础工程的工期缩短 1 个月，需技术措施费用 60 万元；

（2）主体结构工程施工的前 6 个月，每月采取经常性技术措施，可使主体结构工程的工期缩短 1 个月，每月末需技术措施费用 8 万元。

假定贷款月利率 1%，各分部工程每月完成的工作量相同且能按合同规定收到工程款。现值系数表见表 1。

表 1　现值系数表

n	1	2	3	4	5	6	11	12	13	14	15	16	17
$(P/A, 1\%, n)$	0.990	1.970	2.941	3.902	4.853	5.795	10.368	11.255	—	—	—	—	—
$(P/F, 1\%, n)$	0.990	0.980	0.971	0.961	0.951	0.942	0.896	0.887	0.879	0.870	0.861	0.853	0.844

问题：

1. 若按原合同工期施工，该承包人基础工程款和主体结构工程款的现值分别为多少？

2. 该承包人应采取哪种加快施工进度的技术措施方案使其获得最大收益？

3. 画出在基础工程和主体结构工程均采取加快施工进度技术措施情况下的该承包人的现金流量图。

（计算结果均保留 2 位小数）

参 考 答 案

1.（本小题 3.0 分）

（1）基础工程款的现值：

$A = 1200/4 = 300$（万元/月）

$300 \times (P/A, 1\%, 4) \times (P/F, 1\%, 1)$　　　　　　　　　　　　　　　　　　　　（0.5 分）

$= 300 \times 3.902 \times 0.990$　　　　　　　　　　　　　　　　　　　　　　　　　　（0.5 分）

$= 1158.89$（万元）　　　　　　　　　　　　　　　　　　　　　　　　　　　　　（0.5 分）

（2）主体结构工程款的现值：

$(3960/12) \times (P/A, 1\%, 12) \times (P/F, 1\%, 5)$　　　　　　　　　　　　　　　　　（0.5 分）

$= 330 \times 11.255 \times 0.951$　　　　　　　　　　　　　　　　　　　　　　　　　（0.5 分）

$= 3532.16$（万元）　　　　　　　　　　　　　　　　　　　　　　　　　　　　　（0.5 分）

2.（本小题 8.5 分）

（1）只加快基础工程的现值：

$A_1 = 1200/3 = 400$（万元/月）

$A_2 = 3960/12 = 330$（万元/月）

$J = 30$ 万元

$C_1 = -60$ 万元

$400 \times (P/A, 1\%, 3) \times (P/F, 1\%, 1) + 330 \times (P/A, 1\%, 12) \times (P/F, 1\%, 4) + 30 \times (P/F, 1\%, 16) - 60$　　　　　　　　　　　　　　　　　　　　　　　　　　　　　　　（1.0 分）

$= 400 \times 2.941 \times 0.99 + 330 \times 11.255 \times 0.961 + 30 \times 0.853 - 60$　　　　　　　　（1.0 分）

$= 4699.52$（万元）　　　　　　　　　　　　　　　　　　　　　　　　　　　　　（0.5 分）

（2）只加快主体结构的现值

$A_1 = 1200/4 = 300$（万元/月）

$A_2 = 3960/11 = 360$（万元/月）

$J = 30$ 万元

$C_2 = -8$ 万元/月

$300 \times (P/A, 1\%, 4) \times (P/F, 1\%, 1) + 360 \times (P/A, 1\%, 11) \times (P/F, 1\%, 5)$
$+ 30 \times (P/F, 1\%, 16) - 8 \times (P/A, 1\%, 6) \times (P/F, 1\%, 4)$ （1.0 分）
$= 300 \times 3.902 \times 0.99 + 360 \times 10.368 \times 0.951 + 30 \times 0.853 - 8 \times 5.795 \times 0.961$ （1.0 分）
$= 4689.52$（万元） （0.5 分）

（3）既加快基础工程又加快主体结构的现值

$A_1 = 1200/3 = 400$（万元/月）

$A_2 = 3960/11 = 360$（万元/月）

$J = 60$ 万元

$C_1 = -60$ 万元

$C_2 = -8$ 万元/月

$400 \times (P/A, 1\%, 3) \times (P/F, 1\%, 1) + 360 \times (P/A, 1\%, 11) \times (P/F, 1\%, 4)$
$+ 60 \times (P/F, 1\%, 15) - 60 - 8 \times (P/A, 1\%, 6) \times (P/F, 1\%, 3)$ （1.0 分）
$= 400 \times 2.941 \times 0.99 + 360 \times 10.368 \times 0.961 + 60 \times 0.861 - 60 - 8 \times 5.795 \times 0.971$ （1.0 分）
$= 4698.19$（万元） （0.5 分）

应选择只加快基础工程施工的技术措施，因其工程款现值最大。 （1.0 分）

3. （本小题 2.5 分）

① $A_1 = 1200/3 = 400$（万元/月）

② $A_2 = 3960/11 = 360$（万元/月）

③ $J = 30 \times 2$ 万元

④ $C_1 = -60$ 万元

⑤ $C_2 = -8$ 万元/月

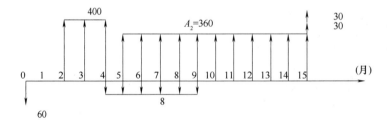

答图 1 现金流量图

案例三（2008 年试题三改编）

某工业项目厂房主体结构工程的招标文件中规定：采用固定总价合同，每月工程款在下月末支付；工期不得超过 12 个月，提前竣工奖为 30 万元/月，在竣工结算时支付。

承包商 C 准备参与该工程的投标。经造价工程师估算，总成本为 1000 万元，其中材料费占 60%。

预计在该工程施工过程中，建筑材料涨价 10% 的概率为 0.3，涨价 5% 的概率为 0.5，不涨价的概率为 0.2。

假定每月完成的工程量相等,月利率按1%计算。

问题:

1. 按预计发生的总成本计算,若希望中标后能实现3%的期望利润,不含税报价应为多少? 该报价按承包商原估算总成本计算的利润率为多少?

2. 若承包商C以1100万元的报价中标,合同工期为11个月,合同工程内不考虑物价变化,承包商C程款的现值为多少?

3. 若承包商C每月采取加速施工措施,可使工期缩短1个月,每月底需额外增加费用4万元,合同工期内不考虑物价变化,则承包商C工程款的现值为多少? 承包商C是否应采取加速施工措施?

(计算结果均保留2位小数)

参 考 答 案

1. (本小题4.0分)

(1) 设不含税报价为 x 万

$(x-1000-1000\times60\%\times10\%)\times0.3+(x-1000-1000\times60\%\times5\%)\times0.5+(x-1000)\times0.2=1000\times3\%$ (2.0分)

$x=1063$ (万元) (1.0分)

(2) 利润率为:$(1063-1000)/1000=6.30\%$ (1.0分)

2. (本小题2.5分)

$A=1100/11=100$ (万元/月)

$PV=100\times(P/A,1\%,11)\times(P/F,1\%,1)$ (1.0分)

$=100\times(1.01^{11}-1)/(1.01^{11}\times0.01)\times1.01^{-1}$ (1.0分)

$=1026.50$ (万元) (0.5分)

3. (本小题4.5分)

$A=1100/10=110$ (万元/月); $J=30$ 万元;

$C=-4$ 万元/月

$PV=110\times(P/A,1\%,10)\times(P/F,1\%,1)+30\times(P/F,1\%,11)$

$-4\times(P/A,1\%,10)$ (2.0分)

$=110\times[(1.01^{10}-1)/(0.01\times1.01^{10})]\times1.01^{-1}+30\times1.01^{-11}-4\times[(1.01^{10}-1)/(1.01^{10}\times0.01)]=1020.53$ (万元) (1.5分)

承包商不应采取加速施工措施,因其工程款的现值较小。 (1.0分)

案例四 (2010年试题二改编)

某工程有两个备选施工方案,采用方案一时,固定成本为160万元,与工期有关的费用为35万元/月; 采用方案二时,固定成本为200万元,与工期有关的费用为25万元/月。两方案除方案一机械台班消耗以外的直接工程费相关数据见表1。

表1 两个施工方案直接工程费的相关数据

项目	方案1	方案2
材料费/(元/m³)	700	700
人工消耗/(工日/m³)	1.8	1
机械台班消耗/(台班/m³)		0.375
工日单价/(元/工日)	100	100
台班费/(元/台班)	800	800

为了确定方案一的机械台班消耗,采用预算定额机械台班消耗量确定方法进行实测确定。测定的相关资料如下:

完成该工程所需机械的一次循环的正常延续时间为12min,一次循环生产的产量为 $0.3m^3$,该机械的正常利用系数为0.8,机械幅度差系数为25%。

问题:

1. 计算按照方案一完成每立方米工程量所需的机械台班消耗指标。
2. 方案一和方案二每 $1000m^3$ 工程量的直接工程费分别为多少万元?
3. 当工期为12个月时,试分析两方案适用的工程量范围。
4. 若本工程的工程量为 $9000m^3$,合同工期为10个月,计算确定应采用哪个方案?若方案二可缩短工期10%,应采用哪个方案?

(计算结果保留2位小数)

参 考 答 案

1. (本小题3.0分)

(1) 纯工作1h的产量:60/12×0.3=1.50(m^3) (1.0分)

(2) 先进水平下的产量定额:1.5×8×80%=9.60(m^3/台班) (1.0分)

(3) 预算定额台班消耗量:1/9.6×(1+25%)=0.13(台班/m^3) (1.0分)

2. (本小题2.0分)

(1) 方案一:(700+1.8×100+0.13×800)×1000/10000=98.40(万元) (1.0分)

(2) 方案二:(700+1×100+0.375×800)×1000/10000=110.00(万元) (1.0分)

3. (本小题7.0分)

设工程量为 $Q m^3$

方案一:C_1=160+12×35+(98.4/1000)Q=(98.4/1000)Q+580 (1.0分)

方案二:C_2=200+12×25+(110/1000)Q=(110/1000)Q+500 (1.0分)

令 $C_1=C_2$,(98.4/1000)Q+580=(110/1000)Q+500 (1.0分)

Q=6896.55(m^3) (1.0分)

(1) 当工程量<6896.55m^3时,选择方案二,因其费用较低; (1.0分)

(2) 当工程量=6896.55m^3时,两方案均可选择,因其费用相等; (1.0分)

(3) 当工程量>6896.55m^3时,选择方案一,因其费用较低; (1.0分)

4. (本小题5.0分)

(1) 方案优选

方案一：$C_1 = 160 + 10 \times 35 + 98.4 \times 9 = 1395.60$（万元） （1.0 分）

方案二：$C_2 = 200 + 10 \times 25 + 110 \times 9 = 1440.00$（万元） （1.0 分）

优选选方案一，因其费用较小。 （1.0 分）

（2）方案二工期缩短 10% 时

方案二：$C_2 = 200 + 10 \times (1-10\%) \times 25 + 110 \times 9 = 1415.00$（万元） （1.0 分）

仍应优选方案一，因其费用较小。 （1.0 分）

案例五（2011 年试题二）

某咨询公司受业主委托，对某设计院提出屋面工程的三个设计方案进行评价。相关信息见表 1。

表 1 设计方案信息表

序号	项目	方案一	方案二	方案三
1	防水层综合单价/(元/m²)	合计 260.00	90.00	80.00
2	保温层综合单价/(元/m²)		35.00	35.00
3	防水层寿命/年	30	15	10
4	保温层寿命/年		50	50
5	拆除费用/(元/m²)	按防水层、保温层费用的 10% 计	按防水层费用的 20% 计	按防水层费用的 20% 计

拟建工业厂房的使用寿命为 50 年，不考虑 50 年后其拆除费用及残值，不考虑物价变动因素。基准折现率为 8%。

问题：

1. 分别列式计算拟建工业厂房寿命期内屋面防水保温工程各方案的综合单价现值。用现值比较法确定屋面防水保温工程经济最优方案。（计算结果保留 2 位小数）

2. 为控制工程造价和降低费用，造价工程师对选定的方案，以 3 个功能层为对象进行价值工程分析。各功能项目得分及其目前成本见表 2。

表 2 功能项目得分及其目前成本表

功能项目	得分	目前成本/万元
找平层	14	16.8
保温层	20	14.5
防水层	40	37.4

计算各功能项目的价值指数，并确定各功能项目的改进顺序。（计算结果保留 3 位小数）

参 考 答 案

1.（本小题 7.0 分）

（1）方案一综合单价的现值：

$260+(260+260×10\%)×(P/F,8\%,30)$ (1.0分)
$=260+286×1.08^{-30}=288.42$（元$/m^2$） (1.0分)

(2) 方案二综合单价的现值：
$(90+35)+(90+90×20\%)×[(P/F,8\%,15)+(P/F,8\%,30)+(P/F,8\%,45)]$ (1.0分)
$=125+108×(1.08^{-15}+1.08^{-30}+1.08^{-45})=173.16$（元$/m^2$） (1.0分)

(3) 方案三综合单价的现值：
$(80+35)+(80+80×20\%)×[(P/F,8\%,10)+(P/F,8\%,20)+(P/F,8\%,30)+(P/F,8\%,40)]$
$=115+96×(1.08^{-10}+1.08^{-20}+1.08^{-30}+1.08^{-40})=194.02$（元$/m^2$） (2.0分)

优选方案二，因其综合单价的现值最低。 (1.0分)

2.（本小题5.5分）

(1) 功能指数

功能得分合计：14+20+40=74

① 找平层功能指数：14/74=0.189 (0.5分)
② 保温层功能指数：20/74=0.270 (0.5分)
③ 防水层功能指数：40/74=0.541 (0.5分)

(2) 成本指数

目前成本合计：16.8+14.5+37.4=68.7（万元）

① 找平层成本指数：16.8/68.7=0.245 (0.5分)
② 保温层成本指数：14.5/68.7=0.211 (0.5分)
③ 防水层成本指数：37.4/68.7=0.544 (0.5分)

(3) 价值指数

① 找平层价值指数：0.189/0.245=0.771 (0.5分)
② 保温层价值指数：0.270/0.211=1.280 (0.5分)
③ 防水层价值指数：0.541/0.544=0.994 (0.5分)

(4) 改进顺序：最优先的为找平层，其次是保温层，最后是防水层。 (1.0分)

案例六（2012年试题二）

某智能大厦的一套设备系统有A、B、C三个采购方案，其有关数据，见表1。现值系数见表2。

表1 设备系统各采购方案数据

项 目	A	B	C
购置费和安装费/(万元)	520	600	700
年度使用费/(万元/年)	65	60	55
使用年限/年	16	18	20
大修周期/年	8	10	10

(续)

项目	A	B	C
大修费/(万元/次)	100	100	110
残值/万元	17	20	25

表2　现值系数表

n	8	10	16	18	20
$(P/A, 8\%, n)$	5.747	6.710	8.851	9.372	9.818
$(P/F, 8\%, n)$	0.540	0.463	0.292	0.250	0.215

问题：

1. 拟采用加权评分法选择采购方案，对购置费和安装费、年度使用费、使用年限三个指标进行打分评价，打分规则为：购置费和安装费最低的方案得10分，每增加10万元扣0.1分；年度使用费最低的方案得10分，每增加1万元扣0.1分；使用年限最长的方案得10分，每减少1年扣0.5分；以上三指标的权重依次为0.5、0.4和0.1。应选择哪种采购方案较合理？（计算过程和结果直接填入答题卡的表3中）

表3　综合得分计算表

权重	A	B	C
0.5			
0.4			
0.1			
综合得分			

2. 若各方案年费用仅考虑年度使用费、购置费和安装费，且已知A方案和C方案相应的年费用分别为123.75万元和126.30万元，列式计算B方案的年费用，并按照年费用法做出采购方案比选。

3. 若各方案年费用需进一步考虑大修费和残值，且已知A方案和C方案相应的年费用分别为130.41万元和132.03万元，列式计算B方案的年费用，并按照年费用法做出采购方案比选。

（计算结果保留2位小数）

参 考 答 案

1. （本小题7.5分）

答表1　综合得分计算表

权重	A	B	C
0.5	10.00	10−(600−520)/10×0.1=9.20	10−(700−520)/10×0.1=8.20
0.4	10−(65−55)×0.1=9.00	10−(60−55)×0.1=9.50	10.00
0.1	10−(20−16)×0.5=8.00	10−(20−18)×0.5=9.00	10.00
综合得分	10×0.5+9×0.4+8×0.1=9.40	9.2×0.5+9.5×0.4+9×0.1=9.30	8.2×0.5+10×0.4+10×0.1=9.10

应选择 A 采购方案，因其综合得分最高。 (1.0 分)

2. （本小题 3.0 分）

B 方案的年费用：

$600 \times (A/P, 8\%, 18) + 60 = 600/9.372 + 60 = 124.02$（万元） (2.0 分)

A 方案的年费用最低，应选择 A 方案。 (1.0 分)

3. （本小题 3.0 分）

B 方案的年费用：

$[600 + 100 \times (P/F, 8\%, 10) - 20(P/F, 8\%, 18)] \times (A/P, 8\%, 18) + 60$ (1.0 分)

$= (600 + 100 \times 0.463 - 20 \times 0.250)/9.372 + 60 = 128.43$（万元） (1.0 分)

或：$124.02 + [100 \times (P/F, 8\%, 10) - 20(P/F, 8\%, 18)] \times (A/P, 8\%, 18)$

$= 124.02 + (100 \times 0.463 - 20 \times 0.250)/9.372 = 128.43$（万元）

因 B 方案年费用最低，应选择 B 采购方案。 (1.0 分)

案例七（2013 年试题二）

某工程有 A、B、C 三个设计方案，有关专家决定从四个方面（F1、F2、F3、F4）分别对设计方案进行评价，并得到以下结论，A、B、C 三个设计方案中：F1 的优劣顺序依次为 B、A、C；F2 的优劣顺序依次为 A、C、B；F3 的优劣顺序依次为 C、B、A；F4 的优劣顺序依次为 A、B、C。经进一步研究三个设计方案各功能项目得分的量化标准为最优者得 3 分、居中者得 2 分，最差者得 1 分。

三个方案的估算造价：A 方案为 8500 万元，B 方案为 7600 万元，C 方案为 6900 万元。

问题：

1. 将 A、B、C 三个方案的各功能项目得分填入表 1 中。

表 1

功能项目	方案 A	方案 B	方案 C
F1			
F2			
F3			
F4			

2. 若四个功能项目之间的重要性关系排序为 F2>F1>F4>F3。请采用 0-1 法确定各个功能项目的权重，并将计算结果填入表 2 中。

表 2

功能项目	F1	F2	F3	F4	得分	修正得分	权重
F1	×						
F2		×					

（续）

功能项目	F1	F2	F3	F4	得分	修正得分	权重
F3			×				
F4				×			
合计							

3. 已知 A、B 两个方案的价值指数分别为 1.127、0.961。在 0-1 法确定各个功能项目权重的基础上，计算 C 方案的价值指数，并根据价值指数的大小选择最佳设计方案。

4. 若四个功能项目之间的重要性关系为：F1 与 F2 同等重要，F1 相对 F4 较重要，F1 相对 F3 很重要。采用 0-4 法确定各个功能项目的权重，并将计算结果填入答题卡表 3 中。

表 3

功能项目	F1	F2	F3	F4	得分	权重
F1	×					
F2		×				
F3			×			
F4				×		
合计						

（计算结果保留 3 位小数）

参 考 答 案

1.（本小题 6.0 分）

答表 1　各功能项目得分表

功能项目	方案 A	方案 B	方案 C
F1	2	3	1
F2	3	1	2
F3	1	2	3
F4	3	2	1

2.（本小题 5.0 分）

答表 2　各功能项目权重表

功能项目	F1	F2	F3	F4	得分	修正得分	权重
F1	×	0	1	1	2	3	0.300
F2	1	×	1	1	3	4	0.400
F3	0	0	×	0	0	1	0.100
F4	0	0	1	×	1	2	0.200
合计						10	1.000

3. (本小题5.0分)

(1) 功能指数

① A：0.3×2+0.4×3+0.1×1+0.2×3 = 2.500 分 (0.5分)
② B：0.3×3+0.4×1+0.1×2+0.2×2 = 1.900 分 (0.5分)
③ C：0.3×1+0.4×2+0.1×3+0.2×1 = 1.600 分 (0.5分)
合计：6.000 分 (0.5分)
C方案的功能指数为：1.6/6 = 0.267 (0.5分)

(2) 成本指数

成本合计：8500+7600+6900 = 23000（万元） (0.5分)
C方案的成本指数为：6900/23000 = 0.300 (0.5分)

(3) 价值指数

C方案的价值指数为：0.267/0.3 = 0.890 (0.5分)
A方案为最佳设计方案，因其价值指数最大。 (1.0分)

4. (本小题5.0分)

答表3 各功能项目权重表

功能项目	F1	F2	F3	F4	得分	权重
F1	×	2	4	3	9	0.375
F2	2	×	4	3	9	0.375
F3	0	0	×	1	1	0.042
F4	1	1	3	×	5	0.208
合计					24	1.000

案例八（2014年试题二）

某施工单位制定了严格详细的成本管理制度，建立了规范长效的成本管理流程，并构建了科学实用的成本数据库。

该施工单位拟参加某一公开招标项目的投标，根据本单位成本数据库中类似工程项目的成本经验数据，测算出该工程项目不含规费和税金的报价为8100万元，其中，企业管理费费率为8%（以人材机费用之和为计算基数），利润率为3%（以人材机费用与管理费之和为计算机基数）。

造价工程师对拟投标工程项目的具体情况进一步分析后，发现该工程项目的材料费尚有降低成本的可能性，并提出了若干降低成本的措施。

该工程项目有A、B、C、D四个分部工程组成，经造价工程师定量分析，其功能指数分别为0.1、0.4、0.3、0.2。

问题：

1. 施工成本管理流程由哪几个环节构成？其中，成本管理最基础的工作是什么？

2. 在报价不变的前提下，若要实现利润率为 5% 的盈利目标，该工程项目的材料费需降低多少万元？（计算结果保留两位小数）

3. 假定 A、B、C、D 四个分部分项工程的目前成本分别为 864 万元、3048 万元、2512 万元和 1576 万元，目标成本降低总额为 320 万元。

试计算各分部工程的目标成本及其可能降低的额度，并确定各分部工程功能的改进顺序。（将计算结果填入答题卡的表 1 中，成本指数和价值指数的计算结果保留 3 位小数）

表 1 各分部工程的目标成本及成本降低额

分部工程	目前成本	成本指数	价值指数	目标成本	成本降低额
A					
B					
C					
D					
合计					

参考答案

1.（本小题 4.0 分）
（1）成本预测、成本计划、成本控制、成本核算、成本分析和成本考核。　　（3.0 分）
（2）施工单位成本管理最基础的工作为施工成本核算。　　（1.0 分）

2.（本小题 3.0 分）
（1）原人材机费用：$8100/[(1+3\%) \times (1+8\%)] = 7281.55$（万元）　　（1.0 分）
（2）新人材机费用：$8100/[(1+5\%) \times (1+8\%)] = 7142.86$（万元）　　（1.0 分）
材料费降低额：
$7281.55 - 7142.86 = 138.69$（万元）　　（1.0 分）

3.（本小题 10.0 分）

答表 1 各分部工程的目标成本及成本降低额

分部工程	目前成本	成本指数	价值指数	目标成本	成本降低额
A	864	0.108	0.926	768	96
B	3048	0.381	1.050	3072	−24
C	2512	0.314	0.955	2304	208
D	1576	0.197	1.015	1536	40
合计	8000	1.000		7680	320

改进顺序：C-A-D-B　　（1.0 分）

案例九（2015 年试题二改编）

某承包人在一多层厂房工程施工中，拟定了三个可供选择的施工方案，专家组为此进行了技术经济分析，对各方案的技术经济指标打分见表1，并一致认为各技术经济指标的重要程度为：F1 相对 F2 很重要、F1 相对 F3 较重要、F2 和 F4 同等重要、F3 和 F5 同等重要。

表 1 各方案技术经济指标得分

指标	方案 A	方案 B	方案 C
F1	10	9	9
F2	8	10	10
F3	9	10	9
F4	8	9	10
F5	9	9	8

问题：

1. 在答题卡中，编制 0-4 评分表，并计算各技术经济指标的权重。
2. 在答题卡中，编制功能指数计算表，并计算各方案的功能指数。
3. 已知 A、B、C 三个施工方案的成本指数分别为 0.3439、0.3167、0.3394，请采用价值指数法选择最佳施工方案。
4. 该工程合同工期为 20 个月，开工前，因承包人工作班组调整，图 1 中工作 A 和工作 E 需由同一工作班组分别施工，承包人应如何合理调整该网络计划（绘制调整后的网络计划）？新的施工网络进度计划的工期是否满足合同要求？关键工作有哪些？

（功能指数和价值指数的计算结果保留 4 位小数）

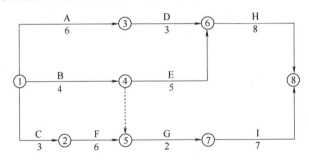

图 1 施工网络进度计划

参考答案

1.（本小题 3.0 分）

答表 1 各方案技术经济指标得分

项目	F1	F2	F3	F4	F5	得分	权重
F1	×	4	3	4	3	14	0.350
F2	0	×	1	2	1	4	0.100
F3	1	3	×	3	2	9	0.225
F4	0	2	1	×	1	4	0.100
F5	1	3	2	3	×	9	0.225
合计						40	1.000

2.（本小题 6.0 分）

答表 2　各方案的功能指数计算表

功能及权重	方案功能加权得分		
	A	B	C
F1　0.350	10×0.35=3.500	9×0.35=3.150	9×0.35=3.150
F2　0.100	8×0.1=0.800	10×0.1=1.000	10×0.1=1.000
F3　0.225	9×0.225=2.025	10×0.225=2.250	9×0.225=2.025
F4　0.100	8×0.1=0.800	9×0.1=0.900	10×0.1=1.000
F5　0.225	9×0.225=2.025	9×0.225=2.025	8×0.225=1.800
合计	9.150	9.325	8.975
功能指数	9.15/27.45=0.3333	9.325/27.45=0.3397	8.975/27.45=0.3270

3.（本小题 2.5 分）

(1) $V_A = 0.3333/0.3439 = 0.9692$ 　　　　　　　　　　　　　　　　（0.5 分）
(2) $V_B = 0.3397/0.3167 = 1.0726$ 　　　　　　　　　　　　　　　　（0.5 分）
(3) $V_C = 0.3270/0.3394 = 0.9635$ 　　　　　　　　　　　　　　　　（0.5 分）
选择 B 方案，因其价值指数最大。　　　　　　　　　　　　　　　　（1.0 分）

4.（本小题 5.5 分）

(1) 如图所示：按先 A 后 E 的顺序组织施工。　　　　　　　　　　　（2.0 分）

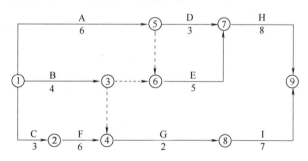

答图 1　施工网络进度计划

(2) 新的工期为 6+5+8=19 个月，合同工期为 20 个月，满足合同要求。　（2.0 分）
(3) 关键工作为 A、E、H。　　　　　　　　　　　　　　　　　　　（1.5 分）

案例十（2017 年试题二改编）

某企业拟建一座节能综合办公楼，建筑面积为 25000m²，其工程设计方案部分资料如下：

A 方案：采用装配式钢结构框架体系，预制钢筋混凝土叠合板楼板，装饰、保温、防水三合一复合外墙，双玻断桥铝合金外墙窗，叠合板上现浇珍珠保温屋面。

B 方案：采用装配式钢筋混凝土框架体系，预制钢筋混凝土叠合板楼板，轻质大板外墙体，双玻铝合金外墙窗，现浇钢筋混凝土屋面板上水泥蛭石保温屋面。

C方案：采用现浇钢筋混凝土框架体系，现浇钢筋混凝土楼板，加气混凝土砌块铝板装饰外墙体，外墙窗和屋面做法同B方案。

A方案造价为2020元/m²；B方案造价为1960元/m²；C方案造价为1880元/m²。

各方案功能权重及得分见表1。

表1 各方案功能权重及得分

功能项目		结构体系	外窗类型	墙体材料	屋面类型
功能权重		0.30	0.25	0.30	0.15
各方案功能得分	A方案	8	9	9	8
	B方案	8	7	9	7
	C方案	9	7	8	7

问题：

1. 简述价值工程中所述的"价值（V）"的含义。对于大型复杂的产品，应用价值工程的重点是在其寿命周期的哪些阶段？

2. 运用价值工程原理进行计算，将计算结果分别填入表2、表3、表4中，并优选设计方案。

表2

功能项目		结构体系	外窗类型	墙体材料	屋面类型	合计	功能指数
功能权重		**0.30**	**0.25**	**0.30**	**0.15**		
方案功能得分	A方案	2.4	2.25	2.7	1.20		
	B方案	2.4	1.75	2.7	1.05		
	C方案	2.7	1.75	2.4	1.05		

表3

方案	成本	成本指数
A方案		
B方案		
C方案		

表4

方案	功能指数	成本指数	价值指数
A方案			
B方案			
C方案			

3. 若三个方案设计使用寿命均按 50 年计，基准折现率为 10%，A 方案年运行和维修费用为 78 万元，每 10 年大修一次，费用为 900 万元。已知 B、C 方案年度寿命周期经济成本分别为 664.222 万元和 695.400 万元。其他有关数据资料见表 5 "年金和现值系数表"。列式计算 A 方案的年度寿命周期经济成本，并运用最小年费用法选择最佳设计方案。

表 5　年金和现值系数表

n	10	15	20	30	40	45	50
$(A/P, 10\%, n)$	0.1627	0.1315	0.1175	0.1061	0.1023	0.1014	0.1009
$(P/F, 10\%, n)$	0.3855	0.23994	0.1486	0.0573	0.0221	0.0137	0.0085

（计算过程保留 4 位小数，计算结果保留 3 位小数）

参 考 答 案

1.（本小题 2.0 分）

（1）含义：$V=F/C$，即功能与费用的比值，是一种技术与经济相结合的方案优选的方法，俗称"性价比"。　　　　　　　　　　　　　　　　　　　　　　　　（1.0 分）

（2）决策阶段和设计阶段。　　　　　　　　　　　　　　　　　　　　　（1.0 分）

2.（本小题 8.5 分）

计算结果分别见答表 1、答表 2 和答表 3。

答表 1　　　　　　　　　　　　　　　　　　　　　　　　　　　（3.0 分）

功能项目		结构体系	外窗类型	墙体材料	屋面类型	合计	功能指数
功能权重		0.30	0.25	0.30	0.15		
加权得分	A 方案	2.4	2.25	2.7	1.2	8.55	0.351
	B 方案	2.4	1.75	2.7	1.05	7.90	0.324
	C 方案	2.7	1.75	2.4	1.05	7.90	0.324

答表 2　　　　　　　　　　　　　　　　　　　　　　　　　　　（2.0 分）

方案	成本	成本指数
A 方案	2020	0.345
B 方案	1960	0.334
C 方案	1880	0.321
合计：	5860	1.000

答表 3　　　　　　　　　　　　　　　　　　　　　　　　　　　（2.5 分）

方案	功能指数	成本指数	价值指数
A 方案	0.351	0.345	1.017
B 方案	0.324	0.334	0.970
C 方案	0.324	0.321	1.009

优选 A 方案，因其价值指数最大。 (1.0 分)

3.（本小题 5.0 分）

A 方案：{2020×25000/10000+900 [(P/F，10%，10)+(P/F，10%，20)+(P/F，10%，30)+(P/F，10%，40)]}×(A/P，10%，50) +78 (2.0 分)

= [5050+900×(0.3855+0.1486+0.0573+0.0221)]×0.1009+78 (1.0 分)

= 643.257（万元） (1.0 分)

优选 A 方案，因其年费用最低。 (1.0 分)

案例十一（2018 年试题二）

某设计院承担了长约 1.8km 的高速公路隧道工程项目的设计任务。为控制工程成本，拟对选定的设计方案进行价值工程分析。专家组选取了四个主要功能项目，7 名专家进行了功能项目评价，其打分结果见表1。

表 1 功能项目评价得分

功能项目	专家 A	专家 B	专家 C	专家 D	专家 E	专家 F	专家 G
石质隧道挖掘工程	10	9	8	10	10	9	9
钢筋混凝土内衬工程	5	6	4	6	7	5	7
路基及路面工程	8	8	6	8	7	8	6
通风照明监控工程	6	5	4	6	4	4	5

经测算，该四个功能项目的目前成本见表 2，其目标总成本拟限定在 18700 万元。

表 2 各功能项目目前成本   （单位：万元）

功能项目	石质隧道挖掘工程	钢筋混凝土内衬工程	路基及路面工程	通风照明监控工程
目前成本	6500	3940	5280	3360

问题：

1. 根据价值工程基本原理，简述提高产品价值的途径。

2. 计算该设计方案中各功能项目得分，将计算结果填写在表 3 中。

表 3 各功能项目得分的计算结果

功能项目	专家 A	专家 B	专家 C	专家 D	专家 E	专家 F	专家 G	得分
石质隧道挖掘工程								
钢筋混凝土内衬工程								
路基及路面工程								
通风照明监控工程								

3. 计算该设计方案中各功能项目的价值指数、目标成本和目标成本降低额，将计算结果填写在表 4 中。

表 4　各功能项目的价值指数、目标成本计算结果

功能项目	功能评分	功能指数	目前成本/万元	成本指数	价值指数	目标成本/万元	成本降低额/万元
石质隧道挖掘工程							
钢筋混凝土内衬工程							
路基及路面工程							
通风照明监控工程							

4. 确定功能改进的前两项功能项目。

（计算过程保留 4 位小数，计算结果保留 3 位小数）

参 考 答 案

1.（本小题 2.5 分）

（1）功能提高，成本降低；（2）功能提高，成本不变；（3）功能不变，成本降低；（4）功能大幅度提高，成本小幅度提高；（5）功能小幅度降低，成本大幅度降低。

(2.5 分)

2.（本小题 4.0 分）

（1）方法之一见答表 1。　　　　　　　　　　　　　　　　　　　　　　(4.0 分)

答表 1

功能项目	专家 A	专家 B	专家 C	专家 D	专家 E	专家 F	专家 G	得分
石质隧道挖掘工程	10	9	8	10	10	9	9	9.286
钢筋混凝土内衬工程	5	6	4	6	7	5	7	5.714
路基及路面工程	8	8	6	8	7	8	6	7.286
通风照明监控工程	6	5	4	6	4	4	5	4.857

（2）方法之二见答表 2。

答表 2

功能项目	专家 A	专家 B	专家 C	专家 D	专家 E	专家 F	专家 G	得分
石质隧道挖掘工程	10	9	8	10	10	9	9	65.000
钢筋混凝土内衬工程	5	6	4	6	7	5	7	40.000
路基及路面工程	8	8	6	8	7	8	6	51.000
通风照明监控工程	6	5	4	6	4	4	5	34.000

3.（本小题 10.0 分）

计算结果见答表 3。

答表3

功能项目	功能评分	功能指数	目前成本/万元	成本指数	价值指数	目标成本/万元	成本降低额/万元
石质隧道挖掘工程	9.286 65.000	0.342 0.342	6500	0.341 0.341	1.003 1.003	6395.400 6395.400	104.600 104.600
钢筋混凝土内衬工程	5.714 40.000	0.211 0.211	3940	0.207 0.207	1.019 1.019	3945.700 3945.700	-5.700 -5.700
路基及路面工程	7.286 51.000	0.268 0.268	5280	0.277 0.277	0.968 0.968	5011.000 5011.000	268.400 268.400
通风照明监控工程	4.857 34.000	0.179 0.179	3360	0.176 0.176	1.017 1.017	3347.300 3347.300	12.700 12.700
合计	27.143 190.000	1.000 1.000	19080	1.000 1.000		18700.000 18700.000	380.000 380.000

4. （本小题2.0分）

功能改进的前两项：① 石质隧道挖掘工程；② 路基及路面工程。 （2.0分）

案例十二（2006年试题三）

某总承包企业拟开拓国内某大城市工程承包市场。经调查该市目前有A、B两个BOT项目将要招标。两个项目建成后经营期限均为15年。

经进一步调研，收集和整理出A、B两个项目投资与收益数据，见表1，资金时间价值系数表见表2。

表1 A、B项目投资与收益数据表

项目名称	初始投资/万元	运营期每年收益/万元		
		1~5年	6~10年	11~15年
A项目	10000	2000	2500	3000
B项目	7000	1500	2000	2500

表2 资金时间价值系数表

n	5	10	15
$(P/F, 6\%, n)$	0.7474	0.5584	0.4173
$(P/A, 6\%, n)$	4.2123	7.3601	9.7122

问题：

1. 不考虑建设期的影响，分别列式计算A、B两个项目总收益的净现值。

2. 据估计：投A项目中标概率为0.7，不中标费用损失80万元；投B项目中标概率为0.65，不中标费用损失100万元。若投B项目中标并建成经营5年后，可以自行决定是否扩建，如果扩建，其扩建投资 **4000** 万元，扩建后 **B** 项目每年运营收益增加 **1000** 万元。按以下步骤求解该问题：

（1） 计算 **B** 项目扩建后总收益的净现值；

（2） 将各方案总收益净现值和不中标费用损失作为损益值，绘制投标决策树；

（3） 判断 **B** 项目在 **5** 年后是否扩建？计算各机会点期望值，并做出投标决策。

（计算结果均保留 2 位小数）

参 考 答 案

1. （本小题 5.0 分）

（1）A 项目

$NPV_A = -10000 + 2000 \times (P/A, 6\%, 5) + 2500 \times (P/A, 6\%, 5) \times (P/F, 6\%, 5) + 3000 \times (P/A, 6\%, 5) \times (P/F, 6\%, 10)$ (1.5 分)

$= -10000 + 2000 \times 4.2123 + 2500 \times 4.2123 \times 0.7474 + 3000 \times 4.2123 \times 0.5584$

$= 13351.73$（万元） (1.0 分)

（2）B 项目：

$NPV_B = -7000 + 1500 \times (P/A, 6\%, 5) + 2000 \times (P/A, 6\%, 5) \times (P/F, 6\%, 5) + 2500 (P/A, 6\%, 5) \times (P/F, 6\%, 10)$ (1.5 分)

$= -7000 + 1500 \times 4.2123 + 2000 \times 4.2123 \times 0.7474 + 2500 \times 4.2123 \times 0.5584$

$= 11495.37$（万元） (1.0 分)

2. （本小题 9.0 分）

（1）B 项目扩建后总收益净现值：

$NPV'_B = 11495.37 + [1000 \times (P/A, 6\%, 10) - 4000] \times (P/F, 6\%, 5)$ (1.5 分)

$= 11495.37 + (1000 \times 7.3601 - 4000) \times 0.7474$

$= 14006.71$（万元） (1.0 分)

（2）绘制决策树见答图 1。 (3.0 分)

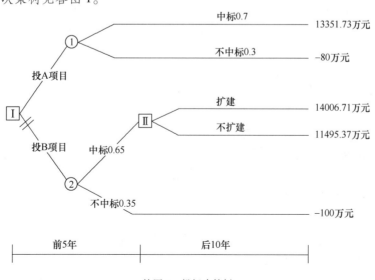

答图 1 投标决策树

(3) 期望值：扩建 14006.71>不扩建 11495.37 万元，5 年后应该扩建。 (1.0 分)
各机会点期望值：
点①：0.7×13351.73+0.3×(−80) = 9322.21（万元） (1.0 分)
点②：0.65×14006.71+0.35×(−100) = 9069.36（万元） (1.0 分)
因为 A 方案的期望值较大，所以应投 A 项目。 (0.5 分)

案例十三（2016 年试题二）

某隧洞工程，施工单位与项目业主签订了 120000 万元的施工总承包合同，合同约定：每延长（或缩短）1 天工期，处罚（或奖励）金额 3 万元。施工过程中发生了以下事件：

事件 1：施工前，施工单位拟定了三种隧洞开挖施工方案，并测算了各方案的施工成本，见表 1。

表 1　各施工方案施工成本　　　　　　　　　　　　（单位：万元）

施工方案	施工准备工作成本	不同地质下的施工成本	
		地质较好	地质不好
先拱后墙法	4300	101000	102000
台阶法	4500	99000	106000
全断面法	6800	93000	

当采用全断面法时，在地质条件不好的情况下，须改用其他方法，如果改用先拱后墙法施工，需要再投入 3300 万元的施工准备工作成本，如果改用台阶法施工，需要再投入 1100 万元的施工准备工作成本。

根据对地质勘探资料的分析评估，地质情况较好的可能性为 0.6。

事件 2：实际开工前发现地质情况不好，经综合考虑施工方案采用台阶法，造价工程师测算了按计划工期施工的施工成本：间接成本 2 万元/天，直接成本每压缩工期 5 天增加 30 万元，每延长工期 5 天减少 20 万元。

问题：

1. 绘制事件 1 中的施工单位施工方案决策树。

2. 列式计算事件 1 中施工方案的决策过程，并按成本最低原则确定最佳施工方案。

3. 事件 2 中，从经济的角度考虑，施工单位应压缩工期、延长工期，还是按计划施工？并说明理由。

4. 事件 2 中，施工单位按计划工程施工的产值利润率为多少万元？若施工单位实现 10% 的产值利润率，应降低成本多少万元？

（计算结果保留 2 位小数）

参 考 答 案

1. (本小题 4.5 分)

施工方案决策树见答图 1。

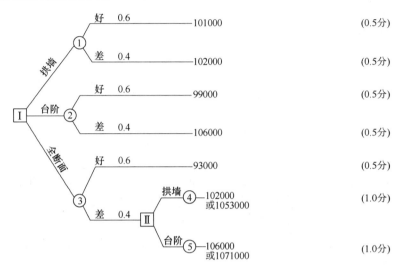

答图 1　施工方案决策树

2. (本小题 6.0 分)

（1）拱墙方案

① 点的成本期望值

4300+101000×0.6+102000×0.4=105700（万元）　　　　　　　　　　　　　（1.0 分）

（2）台阶方案

② 点的成本期望值

4500+99000×0.6+106000×0.4=106300（万元）　　　　　　　　　　　　　（1.0 分）

（3）全断面方案

④ 点的成本期望值

3300+102000=105300（万元）　　　　　　　　　　　　　　　　　　　　　（0.5 分）

⑤ 点的成本期望值

1100+106000=107100（万元）　　　　　　　　　　　　　　　　　　　　　（0.5 分）

在地质条件不好的情况下，改用先拱后墙法施工，因其成本期望值较低。　　（1.0 分）

③ 点的成本期望值

6800+93000×0.6+105300×0.4=104720（万元）　　　　　　　　　　　　　（1.0 分）

最佳施工方案为全断面施工方法，因其成本期望值最低。　　　　　　　　　（1.0 分）

3. (本小题 5.0 分)

（1）赶工 5 天的综合增减费用

30−2×5−3×5=5（万元），即赶工 5 天的综合增加费用为 5 万元。　　　　　（2.0 分）

（2）延期 5 天的综合增减费用

−20+2×5+3×5=5（万元），即延期 5 天的综合增加费用为 5 万元。　　　　（2.0 分）

49

应按原计划工期组织施工，因赶工和延期均需增加费用。 (1.0分)

4. （本小题4.0分）

（1）产值利润率

① 4500+106000＝110500（万元）

② 120000－110500＝9500（万元） (1.0分)

③ 9500/120000＝7.92% (1.0分)

（2）设实际成本为 x 万元

（120000－x）/120000＝10%，x＝108000（万元）

成本降低额：110500－108000＝2500（万元） (2.0分)

案例十四（2019年试题二）

某工程，业主采用公开招标方式选择施工单位，委托具有相应工程造价咨询资质的机构编制了该项目的招标文件和最高投标限价（最高投标限价为600万元，其中暂列金额为50万元），该招标文件规定，评标采用经评审的最低投标价法。A、B、C、D、E、F、G共7家企业通过了资格预审（其中：D企业为D、D1企业组成的联合体），且均在投标截止日前提交了投标文件。

A企业结合自身情况和投标经验，认为该工程项目投高价标的中标概率为40%，投低价标的中标概率为60%；投高价标中标后，收益效果好、中、差三种可能的概率分别为30%、60%、10%，计入投标费用后的净损益值分别为40万元、35万元、30万元；投低价标中标后，收益效果好、中、差三种可能的概率分别为15%、60%、25%，计入投标费用后的净损益值分别为30万元、25万元、20万元；投标发生的相关费用为5万元。企业经测算、评估后，最终选择了投低价标，投标价为500万元。

在该工程项目开标、评标、合同签订与执行过程中发生了以下事件：

事件1：B企业的投标报价为560万元，其中暂列金额为60万元；

事件2：C企业的投标报价为550万元，其中对招标工程量清单中的"照明开关"项目未填报单价和合价；

事件3：D企业的投标报价为530万元，为增加竞争实力，投标时联合体成员变更为D、D1、D2企业组成；

事件4：评标委员会按招标文件评标办法对各投标企业的投标文件进行了价格评审，A企业经评审的投标报价最低，最终被推荐为中标单位。合同签订前，业主与A企业进行了合同谈判，要求在合同中增加一项原招标文件中未包括的零星工程，合同额相应增加了15万元；

事件5：A企业与业主签订合同后，又在外地中标了某大型工程项目，遂选择将本项目工作全部转让给B企业，B企业又将其中的三分之一工程量分包给了C企业。

问题：

1. 绘制A企业投标决策树，列式计算并说明A企业选择投低价标是否合理？

2. 根据现行《招标投标法》《招标投标法实施条例》和《建设工程工程量清单计价规范》，逐一分析事件1~3中各企业的投标文件是否有效，分别说明理由。

3. 针对事件4，分析建设单位的做法是否妥当，并说明理由。签约合同价为多少万元？
4. 针对事件5，分析A和B企业的做法是否妥当，并分别说明理由。

参 考 答 案

1. （本小题9.0分）

（1）决策树如答图1所示：

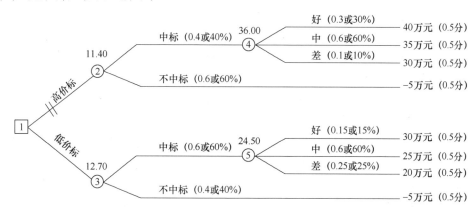

答图1 决策树

（2）机会点期望值：

④ 点：40×0.3+35×0.6+30×0.1=36（万元） (1.0分)
② 点：36×0.4-5×0.6=11.4（万元） (1.0分)
⑤ 点：30×0.15+25×0.6+20×0.25=24.5（万元） (1.0分)
③ 点：24.5×0.6-5×0.4=12.7（万元） (1.0分)
投低价标合理，因低价标期望净损益值较大。 (1.0分)

2. （本小题4.5分）

（1）事件1：B企业投标文件无效。 (0.5分)
理由：投标报价中的暂列金额应按招标工程量清单的暂列金额填写，不得变动，否则，视为不响应招标文件的实质性要求，导致投标文件无效。 (1.0分)
（2）事件2：C企业投标文件有效。 (0.5分)
理由：未填写单价和合价的项目，视为此项费用已包含在已标价工程量清单中其他项目的单价和合价之中。 (1.0分)
（3）事件3：D企业投标文件无效。 (0.5分)
理由：联合体通过资格预审后，增减、更换联合体成员的，其投标无效。 (1.0分)

3. （本小题3.5分）

（1）不妥当。 (0.5分)
理由：合同谈判不得改变招标工程的范围，招标人应该依据招标文件和中标人的投标文件订立书面合同。施工过程中如发生零星工程，其费用由暂列金额支付。 (2.0分)
（2）签约合同价为500万元。 (1.0分)

4. （本小题3.0分）

（1）A企业做法不妥当。 (0.5分)

理由：承包人不得对所承揽的工程进行转包，转包属于违法行为。　　　　(1.0分)
（2）B企业做法不妥当。　　　　　　　　　　　　　　　　　　　　　(0.5分)
理由：未征得建设单位同意的工程分包属于违法分包。　　　　　　　　(1.0分)

案例十五（2005年试题三改编）

某大型工程项目由政府投资建设，业主委托某招标代理公司代理施工招标。招标代理公司确定该项目采用公开招标方式招标，招标公告在当地政府规定的招标信息网上发布。招标文件中规定：投标担保可采用投标保证金或投标保函方式。评标方法采用经评审的最低投标价法。投标有效期为60天。

业主对招标代理公司提出了以下要求：为了避免潜在的投标人过多，项目招标公告只在本市日报上发布，且采用邀请招标方式招标。

项目施工招标信息发布以后，共有12家潜在的投标人报名参加投标。业主认为报名参加投标的人数太多，为减少评标工作量，要求招标代理公司仅对报名的潜在投标人的资质条件、业绩进行资格审查。

开标后发现：
（1）A投标人的投标报价为8000万元，为最低投标价，经评审后推荐其为中标候选人；
（2）B投标人在开标后又提交了一份补充说明，提出可以降价5%；
（3）C投标人提交的银行投标保函有效期为70天；
（4）D投标人投标文件的投标函盖有企业及企业法定代表人的印章，但没有加盖项目负责人的印章；
（5）E投标人与其他投标人组成了联合体投标，附有各方资质证书，但没有联合体共同投标协议书；
（6）F投标人的投标报价最高，故F投标人在开标后第二天撤回了其投标文件。

经过详细评审，A投标人被确定为中标人。发出中标通知书后，招标人和A投标人进行合同谈判，希望A投标人能再压缩工期、降低费用。经谈判后双方达成一致：不压缩工期，但降价3%。

问题：
1. 分别指出业主对招标代理公司提出的要求是否正确？说明理由。
2. 分析A、B、C、D、E投标人的投标文件是否有效？并对无效的投标文件说明理由。
3. F投标人的投标文件是否有效？对其撤回投标文件的行为应如何处理？
4. 该项目施工合同应该如何签订？合同价格应该是多少？

参 考 答 案

1.（本小题6.0分）
（1）"业主提出招标公告只在本市日报上发布"不正确。　　　　　　　(0.5分)
理由：根据招投标法律法规的相关规定，招标公告应在国家指定的媒介上发布。
　　　　　　　　　　　　　　　　　　　　　　　　　　　　　　　　(1.0分)
（2）"业主要求采用邀请招标"不正确。　　　　　　　　　　　　　　(0.5分)

理由：政府投资的建设项目，应当采用公开招标方式招标。如因工程技术复杂，需要进行邀请招标的，经相关主管部门批准，方可采用邀请招标方式。　　　　　　　　(1.0分)

（3）"要求招标代理公司仅对资质条件、业绩进行资格审查"不正确。　　(1.0分)

理由：设置资格预审程序的，应由资格审查委员会进行资格审查，进行资格后审的，应由评标委员会进行资格审查，并且资格审查内容应包括：营业执照、信誉、技术人员情况、机械装备、财务状况、投标资格、近三年重大违约等情况。　　　　　　　　(2.0分)

2.（本小题5.0分）

（1）A投标人的投标文件有效。　　　　　　　　　　　　　　　　　　(0.5分)

（2）B投标人的原投标文件有效，但补充说明无效。　　　　　　　　　(1.0分)

理由：投标截止时间后投标人不得修改投标文件的实质性内容。　　　　(1.0分)

（3）C投标人的投标文件有效。　　　　　　　　　　　　　　　　　　(0.5分)

（4）D投标人的投标文件有效。　　　　　　　　　　　　　　　　　　(0.5分)

（5）E投标人的投标文件无效。　　　　　　　　　　　　　　　　　　(0.5分)

理由：组成联合体投标的，投标截止时间前，必须提交联合体共同投标协议书，否则，导致联合体投标文件无效。　　　　　　　　　　　　　　　　　　　　　　　(1.0分)

3.（本小题3.0分）

（1）F投标人的投标文件有效。　　　　　　　　　　　　　　　　　　(1.0分)

（2）招标人可以没收F投标人的投标保证金，给招标人造成损失超过投标保证金的，招标人可以要求F投标人赔偿差额部分。　　　　　　　　　　　　　　　(2.0分)

4.（本小题2.5分）

（1）自中标通知书发出后30天内，招标人与中标人应当按招标文件和A投标人的投标文件签订书面合同，不得另行订立背离合同实质内容的其他协议。　　(1.5分)

（2）合同价格应为8000万元。　　　　　　　　　　　　　　　　　　(1.0分)

案例十六（2009年试题三）

某市政府拟投资建设一大型垃圾焚烧发电站工程项目。该项目除厂房及有关设施的土建工程外，还有全套进口垃圾焚烧发电设备及垃圾处理专业设备的安装工程。厂房范围内地质勘察资料反映：地基条件复杂，地基处理采用钻孔灌注桩。招标单位委托某咨询公司进行全过程投资管理。该项目厂房土建工程共有A、B、C、D、E五家施工单位参加投标，资格预审结果均合格。招标文件要求投标单位将技术标和商务标分别封装。评标原则及方法如下：

1. 采用综合评估法，按照得分高低排序，推荐三名合格的中标候选人。

2. 技术标共40分，其中施工方案10分，工程质量及保证措施15分，工期、业绩信誉、安全文明施工措施分别为5分。

3. 商务标共60分。

（1）若最低报价低于次低报价15%以上（含15%），最低报价的商务标得分为30分，且不再参加商务标基准价计算；

（2）若最高报价高于次低报价15%以上（含15%），最高报价的投标按废标处理；

（3）人工、钢材、商品混凝土价格参照当地有关部门发布的工程造价信息，若低于该价格 10%以上时评标委员会应要求该投标单位做必要的澄清；

（4）以符合要求商务报价的算术平均数作为基准价（60 分），报价比基准价每下降 1%扣 1 分，最多扣 10 分，报价比基准价每增加 1%扣 2 分，扣分不保底。各投标单位的技术标得分和报价见表 1、表 2。

表 1 各投标单位技术标得分汇总表

投标单位	施工方案	工期	质量保证措施	安全文明措施	业绩信誉
A	8.5	4.0	14.5	4.5	5.0
B	9.5	4.5	14.0	4.0	4.0
C	9.0	5.0	14.5	4.5	4.0
D	8.5	3.5	14.0	4.0	3.5
E	9.0	4.0	13.5	4.0	3.5

表 2 各投标单位报价汇总表

投标单位	A	B	C	D	E
报价/万元	3900	3886	3600	3050	3784

评标过程中又发生投标单位 E 不按评标委员会的要求进行澄清、说明补正。

问题：

1. 该项目应采取何种招标方式？如果把该项目划分成若干个标段分别进行招标，划分时应综合考虑的因素是什么？本项目可如何划分？

2. 按照评标办法，计算各投标单位商务标得分。

3. 按照评标办法，计算各投标单位综合得分，并把计算结果填入答题卡表 3 中。

（计算结果均保留 2 位小数）

表 3 综合得分表

投标单位	施工方案	工期	质量措施	安全文明	业绩信誉	商务得分	综合得分
A							
B							
C							
D							
E							

4. 推荐合格的中标候选人，并排序。

参 考 答 案

1.（本小题 3.0 分）

（1）政府投资建设项目应当采用公开招标方式进行招标。 (0.5 分)

（2）施工标段划分应考虑的因素主要有：工程特点、招标项目的专业要求、招标项目的管理要求、对工程投资的影响，工程各项工作的衔接要求。 (1.5 分)

(3) 本项目可以考虑划分为地基处理工程（桩基工程）、厂房及有关设施的土建工程、垃圾焚烧发电设备及垃圾处理专业设备安装工程等标段分别进行招标。 (1.0分)

2.（本小题8.0分）

(1) D 投标人报价最低，且（3600-3050）/3600＝15.28%＞15%； (1.0分)

D 投标人报价得分 30 分，不参加基数计算。 (0.5分)

(2) A 投标人的报价最高，但 3900/3886-1＝0.36%＜15%； (1.0分)

A 投标人的投标文件属于有效标。 (0.5分)

(3) E 投标人未按评委的要求进行澄清和补正，E 投标人的投标文件为无效标。

(1.0分)

(4) 投标基准价：（3600+3886+3900）/3＝3795.33（万元） (1.0分)

(5) 商务标得分：

① A 投标人：3900/3795.33-1＝2.76%； (0.5分)

得分：60-2.76×2＝54.48（分）； (0.5分)

② B 投标人：3886/3795.33-1＝2.39%； (0.5分)

得分：60-2.39×2＝55.22（分）； (0.5分)

③ C 投标人：3600/3795.33-1＝-5.15%； (0.5分)

得分：60-5.15×1＝54.85（分）。 (0.5分)

3.（本小题6.0分）

计算结果见答表1。

答表1　综合评分计算表

投标单位	施工方案	工期	质量措施	安全文明	业绩信誉	商务得分	综合得分	分值
A	8.50	4.00	14.50	4.50	5.00	54.48	90.98	(1.0分)
B	9.50	4.50	14.00	4.00	4.00	55.22	91.22	(1.0分)
C	9.00	5.00	14.50	4.50	4.00	54.85	91.85	(1.0分)
D	8.50	3.50	14.00	4.00	3.50	30.00	63.50	(1.0分)
E	9.00	4.00	13.50	4.00	3.50	0.00	废标	(2.0分)

4.（本小题3.0分）

推荐的中标候选人：

第一名 C 单位； (1.0分)

第二名 B 单位； (1.0分)

第三名 A 单位。 (1.0分)

案例十七（2011年试题三）

某市政府投资一建设项目，法人单位委托招标代理机构采用公开招标方式代理招标，并委托有资质的工程造价咨询企业编制了招标控制价。

招投标过程中发生了如下事件：

事件 1. 招标信息在招标信息网上发布后，招标人考虑到该项目建设工期紧，为缩短招标时间，而改为邀请招标方式，并要求在当地承包商中选择中标人。

事件 2. 资格预审时，招标代理机构审查了各个潜在投标人的专业、技术资格和能力。

事件 3. 招标代理机构设定招标文件出售的起止时间为 3 个工作日；要求投标保证金为 120 万元。

事件 4. 开标后，招标代理机构组建了评标委员会，由技术专家 2 人、经济专家 3 人、招标人代表 1 人、该项目主管部门主要负责人 1 人组成。

事件 5. 招标人向中标人发出中标通知书后，向其提出降价要求，双方经多次谈判，签订了书面合同，合同价比中标价降低 2%。招标人在与中标人签订合同 3 周后，退还了未中标的其他投标人的投标保证金。

问题：
1. 说明编制招标控制价的主要依据。
2. 指出事件 1 中招标人行为的不妥之处，并说明理由。
3. 事件 2 中还应审查哪些内容？
4. 指出事件 3、事件 4 中招标代理机构行为的不妥之处，并说明理由。
5. 指出事件 5 中招标人行为的不妥之处，并说明理由。

参 考 答 案

1. （本小题 4.0 分）

工程招标控制价的主要编制依据如下：
(1)《建设工程工程量清单计价规范》和各专业工程计算规范。 （0.5 分）
(2) 国家或省级、行业建设主管部门颁发的计价定额和计价办法。 （0.5 分）
(3) 建设工程设计文件及相关资料。 （0.5 分）
(4) 拟定的招标文件及招标工程量清单。 （0.5 分）
(5) 与建设项目相关的标准、规范、技术资料。 （0.5 分）
(6) 工程造价管理机构发布的工程造价信息，造价信息没有发布的参照市场价。
 （0.5 分）
(7) 施工现场情况、工程特点及常规施工方案。 （0.5 分）
(8) 其他的相关资料。 （0.5 分）

2. （本小题 3.0 分）

(1) 不妥之一："改为邀请招标方式"。 （0.5 分）
理由：根据招投标法律法规的相关规定，因政府投资建设项目应当公开招标，未经批准不得改变招标方式；如果项目技术复杂，经有关主管部门批准，才能进行邀请招标。
 （1.0 分）
(2) 不妥之二："要求在当地承包商中选择中标人"。 （0.5 分）
理由：招标人不得限制和排斥本地区、本系统外的潜在投标人。 （1.0 分）

3. （本小题 3.0 分）

还应审查的内容有：
(1) 具有独立订立合同的权利； （0.5 分）

(2) 资金、设备和其他物资设施状况； (0.5 分)
(3) 管理能力，经验、信誉和相应的从业人员情况； (0.5 分)
(4) 是否处于被责令停业，投标资格被取消，财产被冻结状态； (0.5 分)
(5) 近 3 年内是否有骗取中标和严重违约及重大工程质量问题； (0.5 分)
(6) 是否符合法律、行政法规规定的其他资格条件。 (0.5 分)

4. （本小题 5.5 分）
(1) 事件 3 中：
① 不妥之一："招标文件出售的起止时间为 3 个工作日"。 (0.5 分)
理由：招标文件自出售之日起至停止出售之日不得少于 5 日。 (0.5 分)
② 不妥之二："要求投标保证金为 120 万元"。 (0.5 分)
理由：投标保证金不得超过招标控制价的 2%，且最高不得超过 80 万元。 (1.0 分)
(2) 事件 4 中：
① 不妥之一："开标后组建评标委员会"。 (0.5 分)
理由：根据相关规定，评标委员会应于开标前组建。 (0.5 分)
② 不妥之二："招标代理机构组建了评标委员会"。 (0.5 分)
理由：根据招投标法律法规的相关规定，评标委员会应由招标人负责组建。 (0.5 分)
③ 不妥之三："该项目主管部门主要负责人 1 人作为评标专家"。 (0.5 分)
理由：根据相关规定，项目主管部门的人员不得担任评标委员会成员。 (0.5 分)

5. （本小题 4.5 分）
(1) 不妥之一："向其提出降价要求"。 (0.5 分)
理由：确定中标人后，不得改变报价、工期等实质性内容。 (1.0 分)
(2) 不妥之二："双方经多次谈判，签订了合同，合同价比中标价降低 2%"。 (0.5 分)
理由：根据相关规定，中标通知书发出后的 30 日内，招标人与中标人应当依据招标文件和中标人的投标文件签订书面合同。 (1.0 分)
(3) 不妥之三："签订合同 3 周后，退还了未中标人的投标保证金"。 (0.5 分)
理由：根据相关规定，招标人应在签订合同后 5 日内，退还中标人和未中标的投标人投标保证金及银行存款利息。 (1.0 分)

案例十八（2012 年试题三）

某国有资金投资办公楼建设项目，业主委托某具有相应招标代理和造价咨询资质的招标代理机构编制该项目的招标控制造价，并采用公开招标方式进行项目施工招标。招标投标过程中发生以下事件：

事件 1：招标代理人确定的自招标文件出售之日起至停止出售之日止的时间为 10 个工作日；投标有效期自开始发售招标文件之日起计算，招标文件确定的投标有效期为 30 天。

事件 2：为了加大竞争，以减少可能的废标而导致竞争不足，招标人（业主）要求招标代理人对已根据计价规范、行业主管部门颁发的计价定额、工程量清单、工程造价管理机构发布的造价信息或市场造价信息等资料将编制好的最高投标限价再下浮 10%，并仅公布了最高投标限价的总价。

事件3：招标人（业主）要求招标代理人在编制招标文件中的合同条款时不得有针对市场价格波动的调价条款，以便减少未来施工过程中的变更，控制工程造价。

事件4：应潜在投标人的要求，招标人组织最具竞争力的一个潜在投标人勘察项目现场，并在现场口头解答了该潜在投标人提出的疑问。

事件5：评标中，评标委员会发现某投标人的报价明显低于其他投标人的报价。

问题：

1. 指出事件1中的不妥之处，并说明理由。

2. 指出事件2中招标人行为的不妥之处，并说明理由。

3. 指出事件3中招标人行为的不妥之处，并说明理由。

4. 指出事件4中招标人行为的不妥之处，并说明理由。

5. 针对事件5，评标委员会应如何处理？

参考答案

1.（本小题3.5分）

（1）不妥之一："投标有效期自开始发售招标文件之日起计算"。　　　　　　（0.5分）

理由：根据相关规定，投标有效期应自投标截止时间起开始计算。　　　　　（1.0分）

（2）不妥之二："招标文件确定的投标有效期为30天"。　　　　　　　　　（0.5分）

理由：根据相关规定，确定一个合理的投标有效期是为了满足在该期限内完成开标、清标、评标、公示、定标、签约、退保等工作，一般项目的投标有效期为60~90天。

（1.5分）

2.（本小题3.0分）

（1）不妥之一："要求最高投标限价再下浮10%"。　　　　　　　　　　　（0.5分）

理由：根据相关规定，最高投标限价编制完成后，不得上浮或下调。　　　　（1.0分）

（2）不妥之二："要求仅公布最高投标限价的总价"。　　　　　　　　　　（0.5分）

理由：根据相关规定，招标人公布最高投标限价时，除要公布总价外，还应公布最高投标限价各组成部分的详细内容。　　　　　　　　　　　　　　　　　　　（1.0分）

3.（本小题2.0分）

不妥之处："要求招标代理人在编制招标文件中的合同条款时不得有针对市场价格波动的调价条款"。　　　　　　　　　　　　　　　　　　　　　　　　　　（0.5分）

理由：根据相关规定，招标人应当在招标文件或合同文件中明确承包人承担风险的范围和幅度，不得采用所有风险、一切风险及类似语句规定承包人的风险范围。　　（1.5分）

4.（本小题4.0分）

（1）不妥之一："组织最具竞争力的一个潜在投标人勘察项目现场"。　　　（0.5分）

理由：根据相关规定，招标人不得单独组织或组织部分投标人进行现场踏勘。（1.5分）

（2）不妥之二："现场口头解答了该潜在投标人提出的质疑"。　　　　　　（0.5分）

理由：根据相关规定，招标人收到任一投标人提出的疑问后，应以书面形式进行解答，并将解答同时送达所有获得招标文件的投标人。　　　　　　　　　　　（1.5分）

5.（本小题3.0分）

（1）要求该投标人做出书面说明，并提供相关证明材料。　　　　　　　　（1.0分）

（2）如果投标人不能合理说明或者不能提供相关材料的，评标委员会认定该投标人以低于成本报价竞标，其投标应作为废标处理。　　　　　　　　　　　　（2.0分）

案例十九（2013年试题三）

某国有投资的大型建设项目，建设单位采用工程量清单公开招标方式进行了施工招标，并委托招标代理机构编制了招标文件，招标文件包括如下规定：

（1）招标人设有最高投标限价和最低投标限价，高于最高投标限价和低于最低投标限价的投标文件均按废标处理。

（2）投标人应对工程量清单进行复核，招标人不对工程量清单的准确性和完整性负责。

（3）招标人将在投标截止日后的90日内完成评标和公布中标候选人工作。

投标和评标过程中发生了如下事件：

事件1：投标人A对工程量清单中某分项工程的工程量准确性有异议，并于投标截止时间15日前向招标人书面提出了澄清申请。

事件2：投标人B在投标截止时间前10分钟以书面形式通知招标人撤回已提交的投标文件，并要求招标人5日内退还已提交的投标保证金。

事件3：在评标过程中，投标人D主动对自己的投标文件向评标委员会提出了书面澄清、说明和补正。

事件4：在评标过程中，评标委员会发现投标人E和F的投标文件中载明项目管理成员中有一人为同一人。

问题：

1. 招标文件中，除了投标人须知、图纸、技术标准和要求、投标文件格式外，还应包括哪些内容？

2. 分析招标代理机构编制的招标文件中（1）～（3）项规定是否妥当？并说明理由。

3. 针对事件1和事件2，招标人应如何处理？

4. 针对事件3和事件4，评标委员会应如何处理？并说明理由。

参 考 答 案

1.（本小题2.5分）

招标文件还应当包括：

（1）工程量清单；	（0.5分）
（2）招标公告；	（0.5分）
（3）施工合同条款及要求；	（0.5分）
（4）评标标准和方法；	（0.5分）
（5）投标人须知前附表规定的其他材料。	（0.5分）

2.（本小题7.5分）

（1）第（1）项中：

①"招标人设有最高投标限价，高于最高投标限价的报价按废标处理"妥当。（0.5分）

理由：根据相关规定，国有资金投资建设项目必须编制最高投标限价，高于最高投标限

价的报价按无效标处理。 (1.0分)
②"招标人设有最低投标限价，低于最低投标限价的均按废标处理"不妥。 (0.5分)
理由：根据招投标法律法规的相关规定，招标人不得规定最低投标限价。 (1.0分)
(2) 第(2)项规定不妥当。
①"投标人应对工程量清单进行复核"不妥当。 (0.5分)
理由：投标人是否复核工程量清单取决于投标人投标报价的需要，招标文件中不能规定"投标人应对工程量清单进行复核"。 (1.0分)
②"招标人对清单的准确性和完整性不负责任"不妥。 (0.5分)
理由：工程量清单作为招标文件的组成部分，其准确性和完整性由招标人负责。 (1.0分)
(3) 第(3)项规定妥当。 (0.5分)
理由：在投标截止日后的90日内完成评标和公布中标候选人工作没有违反招标投标的相关规定。 (1.0分)

3.（本小题5.0分）
(1) 事件1的处理：
① 招标人应受理投标人A的书面澄清申请； (1.0分)
② 组织有关人员复核工程量； (1.0分)
③ 将复核结果书面通知所有招标文件收受人。 (1.0分)
(2) 事件2的处理：
① 招标人应允许投标人B撤回投标文件； (1.0分)
② 应在收到投标人书面撤回通知之日起5日内退还其投标保证金。 (1.0分)

4.（本小题3.0分）
(1) 事件3的处理：评标委员会不得接受投标人D主动提出的澄清和说明。 (0.5分)
理由：根据招投标法律法规的相关规定，评标委员会不得接受投标人主动提出的澄清、说明和补正。 (1.0分)
(2) 事件4的处理：投标人E和投标人F的投标文件均按照无效标处理。 (0.5分)
理由：根据招投标法律法规的相关规定，投标人E和F的投标文件中载明项目管理成员中有一人为同一人，视为投标人E和投标人F串通投标，均按无效标处理。 (1.0分)

案例二十（2014年试题三）

某开发区国有资金投资的办公楼建设项目，业主委托了具有相应招标代理和造价咨询资质的某机构编制了招标文件和招标控制价，并采用公开招标方式进行项目施工招标。

该项目招标公告和招标文件中的部分规定如下：
(1) 招标人不接受联合体投标；
(2) 投标人必须是国有企业或进入开发区合格承包商信息库的企业；
(3) 投标人报价高于最高投标限价和低于最低投标限价的，均按废标处理；
(4) 投标保证金的有效期应当超出投标有效期30天；
在项目投标及评标过程中发生了以下事件：

第二部分 方案优选与招标投标

事件1：投标人A在对设计图纸和工程量清单复核时发现分部分项工程量清单中某分项工程的特征描述与设计图纸不符。

事件2：投标人B采用不平衡报价的策略，对前期工程和工程量可能减少的工程适度提高了报价，对暂估价材料采用了与招标控制价中相同材料的单价计入了综合单价。

事件3：投标人C结合自身情况，并根据过去类似工程投标经验数据，认为该工程投高标的中标概率为0.3，投低标的中标概率为0.6，投高标中标后，经营效果可分为好、中、差三种可能，其概率分别为0.3、0.6、0.1，对应的损益值分别为500万元、400万元、250万元，投低标中标后，经营效果同样可分为好、中、差三种可能，其概率分别为0.2、0.6、0.2，对应的损益值分别为300万元、200万元、100万元。编制投标文件以及参加投标的相关费用为3万元。经过评估，投标人C最终选择了投低标。

事件4：评标中评标委员会成员普遍认为招标人规定的评标时间过短。

问题：

1. 根据招标投标法及实施条例，逐一分析项目招标公告和招标文件中（1）～（4）项规定是否妥当，并分别说明理由。

2. 事件1中，投标人A应当如何处理？

3. 事件2中，投标人B的做法是否妥当？并说明理由。

4. 事件3中，投标人C选择投低标是否合理？并通过计算说明理由。

5. 针对事件4，招标人应当如何处理？并说明理由。

参 考 答 案

1.（本小题7.5分）

（1）第（1）项规定妥当。 (0.5分)

理由：根据招投标法律法规的相关规定，招标人应在招标公告或资格预审公告中载明是否接受联合体投标。 (1.0分)

（2）第（2）项规定不妥当。 (0.5分)

理由：根据相关规定，招标人不得以不合理的条件限制或排斥潜在投标人。 (1.0分)

（3）第（3）项规定中：

①"投标人高于最高投标价按废标处理"妥当。 (0.5分)

理由：根据相关规定，投标人投标报价高于招标控制价的，按废标处理。 (1.0分)

②"投标人投标报价低于最低投标限价按废标处理"不妥。 (0.5分)

理由：根据招投标法律法规的相关规定，招标人不得设定最低投标限价。 (1.0分)

（4）第（4）项规定不妥。 (0.5分)

理由：根据相关规定，投标保证金的有效期应当与投标有效期一致。 (1.0分)

2.（本小题2.5分）

（1）投标人A可在规定时间内以书面形式要求招标人澄清。 (1.0分)

（2）若招标人未按时向投标人澄清或招标人不予澄清或者修改，投标人应以分项工程量清单的项目特征描述为准，确定分部分项工程综合单价。 (1.5分)

3.（本小题4.5分）

（1）"对前期工程提高报价"妥当。 (0.5分)

理由：对前期工程提高报价有利于投标人中标后在工程建设早期阶段收到较多的工程价款，即：工程款的现值较大。 (1.0分)

（2）"对工程量可能减少的提高报价"不妥。 (0.5分)

理由：工程量可能减少的部分，其报价应适当降低，反之，报价适当提高。 (1.0分)

（3）"暂估价材料采用与招标控制价中相同材料的单价计入综合单价"不妥。 (0.5分)

理由：投标报价中暂估价材料应采用招标工程量清单中给定的材料暂估价，并计入相应分部分项工程的综合单价中。 (1.0分)

4. （本小题3.5分）

（1）不合理。 (0.5分)

（2）理由：

① 投高标期望值：$(0.3 \times 500 + 0.6 \times 400 + 0.1 \times 250) \times 0.3 - 3 \times 0.7 = 122.40$（万元）
(1.0分)

② 投低标期望值：$(0.2 \times 300 + 0.6 \times 200 + 0.2 \times 100) \times 0.6 - 3 \times 0.4 = 118.80$（万元）
(1.0分)

（3）投高标期望值较大，应选择投高标，故选择投低标不合理。 (1.0分)

5. （本小题2.0分）

招标人应延长评标时间。 (1.0分)

理由：根据招投标法律法规的相关规定，评标委员会中超过1/3的成员认为评标时间不够，招标人应适当延长评标时间。 (1.0分)

案例二十一（2015年试题三）

某省属高校投资建设一幢建筑面积为30000m² 的普通教学楼，拟采用工程量清单以公开招标方式进行施工招标。业主委托具有相应招标代理和造价咨询资质的某咨询企业编制招标文件和最高投标限价（该项目的最高投标限价为5000万元）。

咨询企业编制招标文件和最高投标限价过程中，发生如下事件：

事件1：为了响应业主对潜在投标人择优选择的高要求，咨询企业的项目经理在招标文件中设置了以下几项内容：

（1）投标人资格条件之一为投标人近5年必须承担过高校教学楼工程；

（2）投标人近5年获得过鲁班奖、本省省级质量奖等奖项作为加分条件；

（3）项目投标保证金为75万元，且投标保证金必须从投标人的基本账户转出；

（4）中标人的履约保证金为最高投标限价的10%。

事件2：项目经理认为招标文件中的合同条款是基本的粗略条款，只需将政府有关管理部门出台的施工合同示范文本添加项目基本信息后附在招标文件中即可。

事件3：在招标文件编制人员研究本项目的评标办法时，项目经理认为所在咨询企业以往代理的招标项目更常采用综合评估法，遂要求编制人员采用综合评估法。

事件4：该咨询企业技术负责人在审核项目成果文件时，发现项目工程量清单中存在漏项，要求做出修改。项目经理解释认为第二天需要向委托人提交成果文件，且合同条款中已有关于漏项的处理约定，故不用修改。

事件5：该咨询企业的负责人认为最高投标限价不需要保密，因此，又接受了某拟投标人的委托，为其提供该项目的投标报价咨询。

事件6：为控制投标报价的价格水平，咨询企业和业主商定，以代表省内先进水平的A施工企业的企业定额作为依据，编制了本项目的最高投标限价。

问题：

1. 针对事件1，逐一指出咨询企业项目经理为响应业主要求提出的（1）~（4）项内容是否妥当，并说明理由。

2. 针对事件2~6，分别指出相关人员的行为或观点是否正确或妥当，并说明理由。

参 考 答 案

1. （本小题7.5分）

(1) 第（1）项不妥当。 (0.5分)

理由：根据招投标法律法规的相关规定，特定的行业业绩属于以不合理的条件限制或者排斥潜在投标人，招标人不得对潜在投标人实行歧视待遇。 (1.0分)

(2) 第（2）项中：

① "获得鲁班奖的企业加分"妥当。 (0.5分)

理由：鲁班奖是全国奖项，可以反映企业的综合管理能力。 (1.0分)

② "对获得本省省级奖项的企业加分"不妥当。 (0.5分)

理由：根据招投标法律法规的相关规定，以本省省级质量奖项作为加分条件属于以不合理条件限制或排斥投标人。 (1.0分)

(3) 第（3）项妥当。 (0.5分)

理由：根据相关规定，招标人在招标文件中要求投标人提交投标保证金，投标保证金不得超过招标项目估算价的2%，且投标保证金必须从投标人的基本账户转出。 (1.0分)

(4) 第（4）项不妥当。 (0.5分)

理由：根据相关规定，履约保证金不得超过中标合同金额的10%。 (1.0分)

2. （本小题9.0分）

(1) 事件2中项目经理的观点不妥。 (0.5分)

理由：根据招投标法律法规的相关规定，合同文件属于招标文件的组成部分，合同条款应当详细地规定当事人的权利、义务和责任。 (1.0分)

(2) 事件3中项目经理的观点不妥。 (0.5分)

理由：评标方法应根据招标项目的特点确定，通用项目的评标方法一般采用经评审的最低投标价法，技术复杂或招标人有特殊要求的项目，宜采用综合评估法。 (1.0分)

(3) 事件4中：

① 企业技术负责人的观点妥当。 (0.5分)

理由：根据相关规定，工程量清单准确性和完整性由招标人负责。 (1.0分)

② 项目经理的观点不妥当。 (0.5分)

理由：工程量清单作为投标文件的编制依据，对其存在漏项，应及时做出修改。

(1.0分)

(4) 事件5中咨询企业负责人的行为不妥当。 (0.5分)

理由：咨询企业接受招标人委托编制招标文件和最高投标限价的，不得再就同一项目接受投标人的委托编制投标报价，也不得为该项目的投标人提供咨询服务。 (1.0分)

(5) 事件6中咨询企业和业主的行为不妥当。 (0.5分)

理由：编制最高投标限价应依据国家或省级、行业建设主管部门颁发的计价定额和计价办法，以反映社会平均消耗量水平。 (1.0分)

案例二十二（2016年试题三）

某国有资金投资的建设项目，采用公开招标的方式进行施工招标，业主委托具有相应招标代理和造价咨询资质的中介机构编制了招标文件和招标控制价。

该项目招标文件包括如下规定：

（1）招标人不组织项目现场踏勘活动。

（2）投标人对招标文件有异议的，应当在投标截止时间10日前提出，否则招标人将拒绝回复。

（3）投标人必须采用当地建设行政管理部门造价管理机构发布的计价定额中的分部分项工程的人工、材料、机械台班消耗量标准。

（4）招标人将聘请第三方造价机构在开标后评标前开展清标活动。

（5）投标人报价低于招标控制幅度超过30%的，投标人在评标时须向评标委员会说明报价过低的理由，并提供证据；投标人不能说明理由、提供证据的，将被认定为废标。

在项目的投标及评标过程中发生了以下事件：

事件1：投标人A为外地企业，对项目所在区域不熟，向招标人申请希望招标人安排一名工作人员陪同踏勘现场，招标人同意安排一位普通工作人员陪同投标人A踏勘现场。

事件2：清标时发现，投标人A和投标人B的总价和所有分部分项工程综合单价均相差相同的比例。

事件3：通过市场调查，工程量清单中某材料暂估单价与市场调查价格有较大的偏差，为规避风险，投标人C在投标报价计算相关分部分项工程项目综合单价时采用了该材料市场调查的实际价格。

事件4：评标委员会某成员认为投标人D与招标人曾经在多个项目上合作过，从有利于招标人的角度，建议优先选择投标人D为中标候选人。

问题：

1. 请逐一分析项目招标文件的（1）~（5）项规定是否妥当，并分别说明理由。
2. 事件1中，招标人的做法是否妥当？并说明理由。
3. 针对事件2，评标委员会应该如何处理？并说明理由。
4. 事件3中，投标人C的做法是否妥当？并说明理由。
5. 事件4中，该评标委员会成员的做法是否妥当？并说明理由。

参 考 答 案

1.（本小题8.5分）

（1）第（1）项的规定妥当。 (0.5分)

理由：根据相关规定，招标人是否组织现场踏勘在招标文件中规定即可。 (1.0 分)

（2）第（2）项的规定妥当。 (0.5 分)

理由：投标人对招标文件有异议的，应当在投标截止时间 10 日前提出，逾期提出的，招标人可以拒绝回复。 (1.0 分)

（3）第（3）项的规定不妥当。 (0.5 分)

理由：投标人可以依据企业定额的人、材、机消耗量标准编制投标报价。 (1.0 分)

（4）第（4）项的规定妥当。 (0.5 分)

理由：招标人可以聘请第三方造价机构在开标后评标前开展清标活动。 (1.0 分)

（5）第（5）项的规定妥当。 (0.5 分)

理由：招标人可以在招标文件中规定投标报价的偏离幅度，超过幅度范围的，在评标时须向评标委员会说明报价过低的理由，并提供证据。 (2.0 分)

2.（本小题 1.5 分）

（1）不妥当。 (0.5 分)

（2）理由：招标人不得单独组织或组织部分投标人进行现场踏勘。 (1.0 分)

3.（本小题 2.0 分）

（1）评标委员会的处理：投标人 A 和投标人 B 的投标文件均按无效标处理。 (1.0 分)

（2）理由：根据招投标法律法规的相关规定，总价和所有分部分项工程综合单价均相差相同比例的，视为投标人之间串通投标。 (1.0 分)

4.（本小题 1.5 分）

（1）不妥当。 (0.5 分)

（2）理由：根据清单计价规范的相关规定，投标人 C 应按招标工程量清单中某材料暂估单价计算相关分部分项工程项目综合单价。 (1.0 分)

5.（本小题 2.5 分）

（1）不妥当。 (0.5 分)

（2）理由：根据招投标法律法规的相关规定，评标委员会应按招标文件中规定的评标标准和方法进行评标，并确定中标候选人。不得采用招标文件规定之外的评标标准和方法确定中标候选人。 (2.0 分)

案例二十三（2017 年试题三）

国有资金投资依法必须公开招标的某建设项目，采用工程量清单计价方式进行施工招标，招标控制价为 3568 万元，其中暂列金额为 280 万元。招标文件中规定：

（1）投标有效期 90 天，投标保证金有效期与其一致。

（2）投标报价不得低于企业平均成本。

（3）近三年施工完成或在建的合同价超过 2000 万元的类似工程项目不少于 3 个。

（4）合同履行期间，综合单价在任何市场波动和政策变化下均不得调整。

（5）缺陷责任期为 3 年，期满后退还预留的质量保证金。

投标过程中，投标人 F 在开标前 1 小时口头告知招标人，撤回了已提交的投标文件，要求招标人 3 日内退还其投标保证金。

除 F 外还有 A、B、C、D、E 五个投标人参加了投标，其总报价（万元）分别为：3489、3470、3358、3209、3542。评标过程中，评标委员会发现投标人 B 的暂列金额按 260 万元计取，且对招标清单中的材料暂估单价均下调 5%后计入报价，发现投标人 E 报价中混凝土梁的综合单价为 700 元/m³，招标清单工程量为 520m³，合价为 36400 元，其他投标人的投标文件均符合要求。

招标文件中规定的评分标准如下：商务标中的总报价评分 60 分，有效报价的算术平均数为评标基准价，报价等于评标基准价者得满分（60 分），在此基础上，报价比评标基准价每下降 1%，扣 1 分；每上升 1%扣 2 分。

问题：

1. 逐一分析招标文件中规定的（1）~（5）项内容是否妥当，并对不妥之处分别说明理由。

2. 请指出投标人 F 行为的不妥之处，并说明理由。

3. 针对投标人 B、投标人 E 的报价，评标委员会应分别如何处理？并说明理由。

4. 计算各有效报价投标人的总报价得分。（计算结果保留 2 位小数）

参 考 答 案

1.（本小题 7.5 分）

（1）第（1）项规定妥当。 (0.5 分)

（2）第（2）项规定不妥当。 (0.5 分)

理由：投标报价不得低于投标企业的个别成本，但并不是企业的平均成本。 (1.0 分)

（3）第（3）项规定妥当。 (0.5 分)

（4）第（4）项规定不妥当。 (0.5 分)

理由：根据清单计价规范的规定，政策变化导致投标报价调整的，应由发包人承担；市场价格波动应在合同中约定应由承包人承担的范围和幅度，在招标文件、合同文件中不得约定承包人承担所有风险、一切风险及类似语句。 (2.0 分)

（5）第（5）项规定不妥当。 (0.5 分)

理由：根据相关规定，缺陷责任期最长不超过 2 年（24 个月），期限届满后，扣除承包人未履行缺陷修复责任而支付的费用后，剩余的质量保证金应返还承包人。 (2.0 分)

2.（本小题 3.0 分）

（1）不妥之一："在开标前口头告知招标人撤回了已提交的投标文件"。 (0.5 分)

理由：根据招投标法律法规的相关规定，投标人应在投标截止时间前书面通知招标人撤回已提交的投标文件。 (1.0 分)

（2）不妥之二："要求招标人 3 日内退还其投标保证金"。 (0.5 分)

理由：根据招投标法律法规的相关规定，招标人应在收到投标人撤标申请的 5 日内退还该投标人的投标保证金。 (1.0 分)

3.（本小题 5.0 分）

（1）应将 B 投标人的投标报价按照废标处理。 (0.5 分)

理由：根据相关规定，招标工程量清单中给定暂列金额的，投标人在投标报价时，应按给定的暂列金额填入其他项目清单中，并计入投标报价总价；招标工程量清单中的暂估价材

料，应按给定的材料暂估单价计入分部分项工程量清单的综合单价中。 (2.0分)

（2）应将E投标人的投标报价按照废标处理。 (0.5分)

理由：尽管E的报价中混凝土梁综合单价与合价不一致，应以单价为准调整总价，但总价调整后，E投标人的总报价超过了招标控制价，应按照废标处理。 (2.0分)

4.（本小题5.0分）

（1）评标基准价：（3489+3358+3209）/3＝3352.00（万元） (0.5分)

（2）A投标人：3489÷3352＝104.09%，得分60－（104.09－100）×2＝51.82分

(1.5分)

（3）C投标人：3358÷3352＝100.18%，得分60－（100.18－100）×2＝59.64分

(1.5分)

（4）D投标人：3209÷3352＝95.73%，得分60－（100－95.73）×1＝55.73分 (1.5分)

案例二十四（2018年试题三改编）

某依法必须公开招标的国有资产建设投资项目，采用工程量清单计价方式进行施工招标，业主委托具有相应资质的某咨询企业编制了招标文件和最高投标限价。

招标文件部分规定或内容如下：

（1）投标有效期自投标人递交投标文件时开始计算。

（2）评标方法采用经评审的最低投标价法；招标人将在开标后公布可接受的项目最低投标价或最低投标报价测算方法。

（3）投标人应该对招标人提供的工程量清单进行复核

（4）招标工程量清单中给出的"计日工表（局部）"，见表1。

表1 计日工表（局部）

编号	项目名称	单位	暂定数量	实际数量	综合单价/元	合价/元	
						暂定	实际
一	人工						
1	建筑与装饰工程普工	工日	1		120		
2	混凝土工、抹灰工、砌筑工	工日	1		160		
3	木工、模板工	工日	1		180		
4	钢筋工、架子工	工日	1		170		
	人工小计						

在编制最高投标限价时，由于某分项工程使用了一种新型材料，定额及造价信息均无该材料消耗和价格的信息。编制人员按照理论计算法计算了材料净用量，并以此净用量乘以向材料生产厂家询价确认的材料出厂价格，得到该分项工程综合单价中新型材料的材料费。

在投标和评标过程中，发生了下列事件：

事件1：投标人A发现分部分项工程量清单中某分项工程特征描述和图纸不符。

事件2：投标人B的投标文件中，有一分部分项工程清单项目未填写单价与合价。

问题：

1. 分别指出招标文件中（1）~（4）项的规定或内容是否妥当？并说明理由。
2. 编制最高投标限价时，综合单价中新型材料费的确定方法是否正确？并说明理由。
3. 针对事件1，投标人A应如何处理？
4. 针对事件2，评标委员会是否可否决投标人B的投标，并说明理由。

参 考 答 案

1.（本小题9.0分）

（1）第（1）项规定不妥当。 (0.5分)

理由：根据相关规定，投标有效期自投标截止时间开始计算。 (1.0分)

（2）第（2）项规定中：

①"评标方法采用经评审的最低投标价法"妥当。 (0.5分)

理由：根据招投标法律法规的相关规定，没有特殊要求的项目，招标文件中可以规定采用经评审的最低投标价法。 (1.0分)

②"招标人将在开标后公布可接受的项目最低投标报价"不妥当。 (0.5分)

理由：根据相关规定，招标文件中不得规定最低投标限价。 (1.0分)

（3）第（3）项规定不妥当。 (0.5分)

理由：招标工程量清单的准确性和完整性由招标人负责，投标人是否复核工程量取决于其投标报价的需要。 (1.0分)

（4）第（4）项规定中：

①"人工计日工暂定数量均为1"不妥当。 (0.5分)

理由：招标人应根据设计深度和招标项目的需要估算人工计日工暂定数量。 (1.0分)

②"人工计日工综合单价"不妥当。 (0.5分)

理由：人工计日工综合单价应由各投标人根据企业的实际情况进行填写。 (1.0分)

2.（本小题2.5分）

不正确。 (0.5分)

理由：该分项工程综合单价的材料费=（净耗量+损耗量）×（出厂价+运杂费+场外运输损耗+采购保管费）。 (2.0分)

3.（本小题3.0分）

（1）投标人A应向招标人提出书面澄清申请。 (1.0分)

（2）如收到招标人书面答复，按答复编制投标文件。 (1.0分)

（3）如未收到书面答复，按项目特征描述编制投标文件。 (1.0分)

4.（本小题2.5分）

不能否决投标人B的投标。 (0.5分)

理由：投标文件中漏报项目属于细微偏差，不影响投标文件的有效性，评标委员会可以认为该清单项目的报价已包含在相应的其他清单项目的报价中。 (2.0分)

第三部分 合同管理与工程索赔

案例一（2005年试题四改编）

某工程施工总承包合同工期为20个月。在工程开工之前，总承包单位向总监理工程师提交了施工总进度计划，各工作均匀进行，如图1所示（时间单位：月）。

总监理工程师组织项目监理机构的相关专业监理工程师对该施工总进度计划进行了详细的审查，确认无误后，由总监理工程师签字确认。

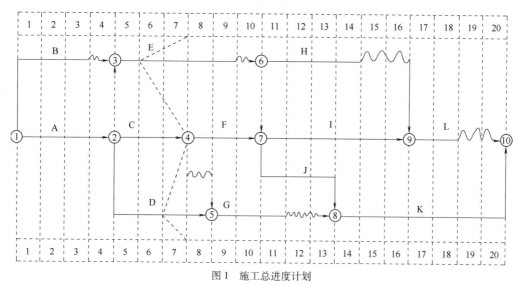

图1 施工总进度计划

施工过程中发生了系列事件：

事件一：当工程进行到第7个月末时，监理工程师进行了进度检查，并绘制了实际进度前锋线，如图1中的前锋线所示。

事件二：E工作和F工作于第10个月末完成以后，业主决定对K工作进行设计变更，变更设计图纸于第13个月末完成。

事件三：工程进行到第12个月末时，进度检查时发现：
（1）H工作刚刚开始；
（2）I工作仅完成了1个月的工作量；
（3）J工作和G工作刚刚完成。

问题：

1. 为了保证本工程的建设工期，在施工总进度计划中应重点控制哪些工作？

2. 根据第 7 个月末工程施工进度检查结果，分别分析 E、C、D 工作的进度情况及对其紧后工作和总工期产生的影响，并说明原因。

3. 根据第 12 个月末进度检查结果，在答题卡中绘出实际进度前锋线。分析说明此时总工期为多少个月？

4. 由于 J 工作和 G 工作完成后 K 工作的施工图纸未到，K 工作无法在第 12 个月末开始施工，总承包单位就此向业主提出了费用索赔。

试问：造价工程师应如何处理？并说明理由。

参 考 答 案

1.（本小题 2.5 分）

重点控制的工作为：A、C、F、J、K。 (2.5 分)

2.（本小题 7.5 分）

（1）E 工作拖后 2 个月； (0.5 分)

① 影响 H、I、J 工作的最早开始时间 1 个月。 (1.5 分)

理由：E 工作的自由时差为 1 个月，拖后 2 个月影响紧后工作 H、I、J 工作的最早开始时间均为 1 个月。 (0.5 分)

② 影响总工期 1 个月。 (0.5 分)

理由：E 工作的总时差为 1 个月，拖后 2 个月，影响工期 2-1=1 个月。 (1.0 分)

（2）C 工作实际进度与计划进度一致； (0.5 分)

（3）D 工作拖后 1 个月； (0.5 分)

① 影响 G 工作的最早开始时间 1 个月。 (0.5 分)

理由：D 工作的自由时差为 0。 (0.5 分)

② 不影响总工期。 (0.5 分)

理由：D 工作的总时差为 2 个月，拖后 1 个月未超出其总时差，不影响工期。 (1.0 分)

3.（本小题 6.0 分）

（1）前锋线如答图 1 所示。 (3.0 分)

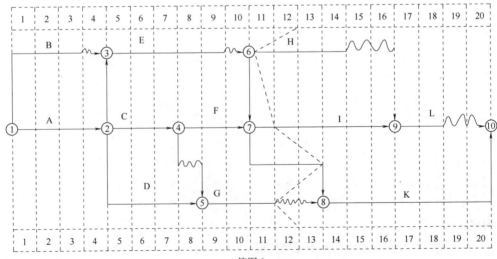

答图 1

（2）此时总工期为19个月。　　　　　　　　　　　　　　　　　　　　　　　（1.0分）

理由：关键工作J的实际进度提前1个月，可能使工期提前1个月；其平行工作H工作尚有总时差2个月、I工作尚有总时差1个月，均不影响工期提前1个月。此时预测总工期为19个月。　　　　　　　　　　　　　　　　　　　　　　　　　　　　　　　（2.0分）

4．（本小题2.5分）

（1）不予批准。　　　　　　　　　　　　　　　　　　　　　　　　　　　　（0.5分）

（2）理由：K工作设计变更图纸于第13个月末完成，并未影响原进度计划。（2.0分）

案例二（2008年试题四改编）

某承包商承建一基础设施项目，其施工网络进度计划如图1所示（时间单位：月）。

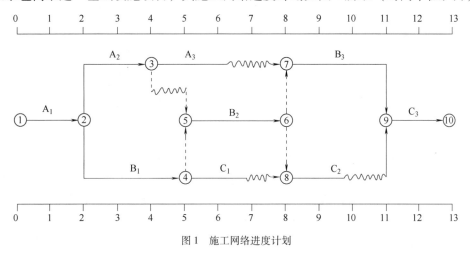

图1　施工网络进度计划

工程实施到第5个月末检查时，A_2工作刚好完成，B_1工作已进行了1个月。

在施工过程中发生了如下事件：

事件1：A_1工作施工半个月时，发现业主提供的地质资料不准确，经与业主、设计单位协商确认，将原设计进行变更，设计变更后工程量没有增加，但承包商提出：设计变更使A_1工作施工时间增加1个月，故要求将原合同工期延长1个月。

事件2：工程施工到第6个月，遭受飓风袭击，造成了相应的损失，承包商及时向业主提出费用索赔和工期索赔，经业主工程师审核后的内容如下：

（1）部分已建工程遭受不同程度破坏，费用损失30万元；

（2）在施工现场承包商用于施工的机械受到损坏，造成损失5万元；用于工程上待安装设备（承包商供应）损坏，造成损失1万元；

（3）由于现场停工造成机械台班损失3万元，人工窝工费2万元；

（4）施工现场承包商使用的临时设施损坏，造成损失1.5万元；业主使用的临时用房破坏，修复费用1万元；

（5）因飓风造成施工现场停工0.5个月，索赔工期0.5个月；

（6）飓风清理施工现场，恢复施工需费用3万元。

事件3：A_3 工作施工过程中由于业主供应的材料没有及时到场，致使该工作延长1.5个月，发生人员窝工和机械闲置费用4万元（有签证）。

问题：

1. 不考虑施工过程中发生各事件的影响，在答题卡中标出第5个月末的实际进度前锋线，并判断如果后续工作按原进度计划执行，工期将是多少个月？

2. 指出事件1中承包商的索赔是否成立？并说明理由。

3. 分别指出事件2中承包商的索赔是否成立？并说明理由。

4. 除事件1引起的企业管理费的索赔费用之外，承包商可得到的索赔费用是多少？合同工期可顺延多长时间？

参 考 答 案

1.（本小题3.0分）

（1）前锋线如答图1所示。　　　　　　　　　　　　　　　　　　　　　（2.0分）

答图1

（2）工期将为15个月。　　　　　　　　　　　　　　　　　　　　　　（1.0分）

2.（本小题1.5分）

索赔成立。　　　　　　　　　　　　　　　　　　　　　　　　　　　　（0.5分）

理由：地质资料不准是业主应承担的责任事件，且 A_1 工作为关键工作。　　（1.0分）

3.（本小题8.5分）

（1）索赔成立。　　　　　　　　　　　　　　　　　　　　　　　　　　（0.5分）

理由：遭受飓风袭击属于不可抗力事件，已建工程的损失应由业主应承担。　　（1.0分）

（2）中："施工机械受到损坏"的索赔不成立。　　　　　　　　　　　　（0.5分）

理由：不可抗力事件发生后，机械设备损坏是承包商应承担的风险责任。　　（0.5分）

（2）中："待安装设备损坏"的索赔成立。　　　　　　　　　　　　　　（0.5分）

理由：不可抗力事件发生后，待安装设备的损坏是业主应承担的风险责任。　　（0.5分）

（3）索赔不成立。　　　　　　　　　　　　　　　　　　　　　　　　　（0.5分）

理由：机械台班损失及人工窝工损失是承包商应承担的风险责任。　　　　　（0.5分）

（4）中："承包商使用的临时设施损坏"的索赔不成立。 (0.5分)
理由：承包商使用的临时设施损坏是承包商应承担的责任。 (0.5分)
（4）中："业主使用的临时用房遭受破坏"的索赔成立。 (0.5分)
理由：业主使用的临时用房遭受破坏是业主应承担的责任。 (0.5分)
（5）索赔成立。 (0.5分)
理由：不可抗力造成的工期损失，是业主应承担的风险责任。 (0.5分)
（6）索赔成立。 (0.5分)
理由：不可抗力造成的清理施工现场损失，是业主应承担的风险。 (0.5分)

4.（本小题 2.0 分）
（1）30+1+1+3+4=39（万元） (1.0分)
（2）合同工期可顺延 1.5 个月。 (1.0分)

案例三（2014 年试题四改编）

某工程项目，业主通过招标方式确定了承包商，双方采用工程量清单计价方式签订了施工合同。该工程共有 10 个分项工程，工期 150 天，施工期为 3 月 3 日至 7 月 30 日。合同规定，工期每提前 1 天，承包商可获得提前工期奖 1.2 万元；工期每拖后 1 天，承包商需承担逾期违约金 1.5 万元。

开工前承包商提交并经审批的施工进度计划，如图 1 所示。

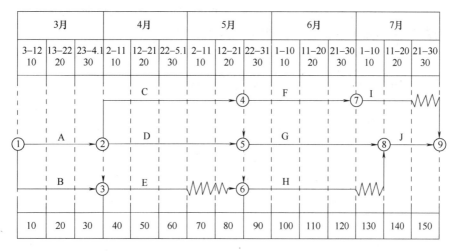

图 1

该工程如期开工后，在施工过程中发生了经监理人核准的如下事件：

事件 1：3 月 6 日，由于业主提供的部分施工场地条件不充分，致使工作 B 作业时间拖延 4 天，工人窝工 20 个工日，施工机械 B 闲置 5 天（台班费：800 元/台班）。

事件 2：4 月 25 日~26 日，当地供电中断，导致工作 C 停工 2 天，工人窝工 40 个工日，施工机械 C 闲置 2 天（台班费：1000 元/台班）；工作 D 因施工工艺原因不能停工，经监理工程师批准，改用手动机具替代原配动力机械使 D 工作的工效降低，导致作业时间拖延 1 天，增加用工 18 个工日，原配动力机械闲置 2 天（台班费：800 元/台班），增加手动机具使用2天（台班费：500元/台班）。

事件3：按合同规定由业主负责采购且应于5月22日到场的材料，直到5月26日凌晨才到场；5月24日发生了脚手架倾倒事故，因处于停工待料状态，承包商未及时重新搭设；5月26日上午承包商安排10名架子工重新搭设脚手架；5月27日恢复正常作业。由此导致工作F持续停工5天，该工作班组20名工人持续窝工5天，施工机械F闲置5天（台班费：1200元/台班）。

截止到5月末，其他工程内容的作业持续时间和费用均与原计划相符。承包商分别于5月5日（针对事件1、2）和6月10日（针对事件3）向监理人提出索赔。

机械台班均按每天一个台班计。

问题：（计算结果保留2位小数）

1. 分别指出承包商针对三个事件提出的工期和费用索赔是否合理？并说明理由。

2. 对于能被受理的索赔事件，分别说明每项事件应被批准的工期索赔为多少天？如果该工程最终按原计划工期（150天）完成，分析说明承包商是可获得提前工期奖还是需承担逾期违约金？相应的数额为多少？

3. 该工程架子工日工资为180元/工日，其他工种工人日工资为150元/工日，人工窝工补偿标准为日工资的50%；机械闲置补偿标准为台班费的60%；管理费和利润的计算费率为人材机费用之和的10%，规费和税金的计算费率为人材机费用、管理费与利润之和的17%，计算应被批准的费用索赔为多少元？

4. 按初始安排的施工进度计划（答题卡图），如果该工程进行到第6月末时检查进度情况为：工作F完成50%的工作量；工作G完成80%的工作量；工作H完成75%的工作量；在答题卡中绘制实际进度前锋线，分析这三项工作进度有无偏差，并分别说明对工期的影响。

参 考 答 案

1.（本小题5.5分）

（1）事件1：工期和费用索赔均不合理。 (0.5分)

理由：5月5日提出索赔，已经超过28天，该事件的索赔权已经终止。 (1.0分)

（2）事件2：工期和费用索赔均合理。 (0.5分)

理由：供电中断是业主应承担的责任，并且C工作和D工作均为关键工作。 (1.0分)

（3）事件3：

① 5月22~25日的工期索赔不合理，但费用索赔合理。 (0.5分)

理由：甲供材料导致停工待料是业主应承担的责任事件，但F工作的总时差为10天，停工4天未超出其总时差。 (1.0分)

② 5月26日的工期和费用索赔均不合理。 (0.5分)

理由：未及时进行脚手架的搭设是施工单位应承担的责任事件。 (0.5分)

2.（本小题3.5分）

（1）工期索赔：

事件2：工期索赔2天； (0.5分)

事件3：0。 (0.5分)

(2) 应获得提前工期奖。 (0.5分)
理由：实际工期150天，新合同工期152天，实际工期小于新合同工期。 (1.0分)
(3) 工期奖励
$(152-150) \times 1.2 = 2.4$（万元）。 (1.0分)

3. （本小题4.0分）
(1) 事件2：
① C工作：$(40 \times 150 \times 50\% + 2 \times 1000 \times 60\%) \times 1.17 = 4914.00$（元） (1.0分)
② D工作：$(18 \times 150 \times 1.1 + 2 \times 500 \times 1.1 + 2 \times 800 \times 60\%) \times 1.17 = 5885.10$（元） (1.0分)
小计：$4914 + 5885.1 = 10799.10$（元） (0.5分)
(2) 事件3：
$(4 \times 20 \times 150 \times 50\% + 4 \times 1200 \times 60\%) \times 1.17 = 10389.60$（元） (1.0分)
合计批准索赔：$10799.1 + 10389.6 = 21188.70$（元） (0.5分)

4. （本小题7.0分）
前锋线如答图1所示。 (2.0分)

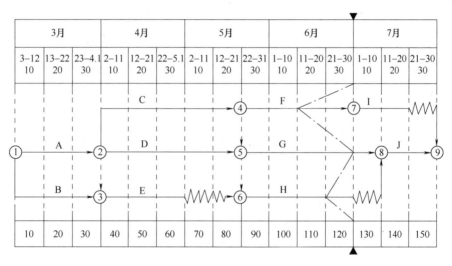

答图1

(1) F工作
① 实际进度拖后20天。 (0.5分)
② 影响工期10天。 (0.5分)
理由：F工作的总时差为10天，拖后20天影响工期10天。 (1.0分)
(2) G无进度偏差，不影响工期。 (1.0分)
(3) H工作
① 实际进度拖后10天。 (0.5分)
② 不影响工期。 (0.5分)
理由：F工作的总时差为10天，拖后10天未超出其总时差，不影响工期。 (1.0分)

案例四（2009年试题四改编）

某工程合同工期37天，合同价360万元，采用清单计价模式下的单价合同，分部分项工程量清单项目单价、措施项目单价均采用承包商的报价，规费为人、材、机费和管理费与利润之和的3.3%，增值税销项税为9%。业主草拟的部分施工合同条款内容如下：

1. 当分部分项工程量清单项目中工程量的变化幅度在10%以上时，可以调整综合单价，调整方法：由监理工程师提出新的综合单价，经业主批准后调整合同价格。

2. 安全文明措施项目费，根据分部分项工程量清单项目工程量的变化幅度按比例调整，单价措施项目费不予调整。

3. 材料实际购买价格与招标文件中列出的材料暂估价相比，变化幅度不超过5%时，价格不予调整，超过5%时，可以按实际价格调整。

4. 施工过程中发生极其恶劣的气候条件，工期可以顺延，损失费用均由承包商承担。

开工前，承包商提交了施工网络进度计划如图1所示（单位：天），并得到监理批准。

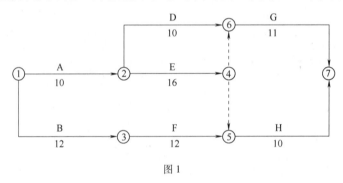

图1

施工过程中发生了如下事件：

事件1：工程量清单中D工作的综合单价为450元/m³，在D工作开始前，设计单位修改了设计，D工作的工程量由清单工程量4000m³增加到4800m³，D工作工程量的增加导致相应措施项目费用增加2500元。

事件2：在E工作施工中，承包商采购了业主推荐的某设备制造厂生产的工程设备，设备到场后检验发现缺少一关键配件，使该设备无法正常安装，导致E工作作业时间拖延2天，窝工人工费损失2000元，窝工机械费损失1500元。

事件3：H工作是一项装饰装修工程，其饰面石材由业主从外地采购，由石材厂家供货至现场。但因石材厂所在地连续多天遭遇季节性大雨，使得石材运至现场的时间拖延，造成H工作晚开始5天，窝工人工费损失8000元，窝工机械费损失3000元。

问题：

1. 该施工网络进度计划的关键工作有哪些？列式计算H工作的总时差为几天？

2. 指出业主草拟的合同条款中有哪些不妥之处，简要说明如何修改。

3. 对于事件1，经业主与承包商协商确定，D工作全部工程量按综合单价430元/m³进行结算，承包商可增加的工程价款是多少？分析说明可增加的工期是多少天？

4. 对于事件2，承包商是否可向业主进行工期和费用索赔？为什么？若可以索赔，工期和费用索赔各是多少？

5. 对于事件 3，承包商是否可向业主进行工期和费用索赔？为什么？若可以索赔，工期和费用索赔各是多少？

（计算结果保留 2 位小数）

参 考 答 案

1.（本小题 3.0 分）

（1）关键工作：A、E、G 工作。　　　　　　　　　　　　　　　　　　　　　　（1.5 分）

（2）H 工作

① 最早完成时间：10+16+10=36（天）　　　　　　　　　　　　　　　　　　（0.5 分）

② 最迟完成时间：37 天　　　　　　　　　　　　　　　　　　　　　　　　　（0.5 分）

总时差＝37－36＝1（天）。　　　　　　　　　　　　　　　　　　　　　　　　（0.5 分）

2.（本小题 6.0 分）

（1）不妥之一："由监理提出新的综合单价，经业主批准后调整合同价格"。　　（0.5 分）

修改：超出合同约定幅度以上部分的综合单价，由承包人提出，经监理工程师审核，并报发包人批准后实施。　　　　　　　　　　　　　　　　　　　　　　　　　　　　（1.0 分）

（2）不妥之二："单价措施项目费不予调整"。　　　　　　　　　　　　　　　（0.5 分）

修改：单价措施项目费应按清单计价规范的规定进行调整，但承包人应先将调整后的施工方案报发包人批准。　　　　　　　　　　　　　　　　　　　　　　　　　　　　（1.0 分）

（3）不妥之三："材料暂估价的变化幅度不超过 5% 时，价格不予调整"。　　（0.5 分）

修改：涉及暂估价的材料在结算时，应按发、承包双方最终认可的价格计入相应清单项目的综合单价中，调整合同价款。　　　　　　　　　　　　　　　　　　　　　　　（1.0 分）

（4）不妥之四："发生极其恶劣的自然条件，损失费用均由承包商承担"。　　（0.5 分）

修改：不可抗力造成的费用损失应执行风险分担的原则。　　　　　　　　　　　（1.0 分）

3.（本小题 3.5 分）

（1）增加工程价款：

（4800×430－4000×450+2500）×1.033×1.09＝300071.01（元）　　　　　　（1.0 分）

（2）增加工期为 0。　　　　　　　　　　　　　　　　　　　　　　　　　　　（0.5 分）

理由：尽管设计变更增加工程量是业主应承担的责任，但 D 工作总时差为 6 天，延长 (4800－4000)/400＝2（天），未超出其总时差，不影响工期。　　　　　　　　　　（2.0 分）

4.（本小题 1.0 分）

不能提出费用和工期索赔。　　　　　　　　　　　　　　　　　　　　　　　　（0.5 分）

理由：设备是由承包商采购，设备缺少配件是承包商的责任。　　　　　　　　（0.5 分）

5.（本小题 4.0 分）

（1）事件 3，可以提出费用和工期索赔。　　　　　　　　　　　　　　　　　（0.5 分）

理由：甲供石材未能按时到场属于业主应承担的责任，且 H 工作的总时差为 1 天，拖延 5 天超出其总时差，影响工期 4 天。　　　　　　　　　　　　　　　　　　　　（2.0 分）

（2）可索赔的工期：5－1＝4（天）　　　　　　　　　　　　　　　　　　　　（0.5 分）

（3）可索赔的费用：（8000+3000）×1.033×1.09＝12385.67（元）　　　　　（1.0 分）

建设工程造价案例分析 经典真题解析及2020预测

案例五（2010年试题四改编）

某市政府投资新建一学校，工程内容包括办公楼、教学楼、实验室、体育馆等，招标文件的工程量清单表中招标人给出了材料暂估价，承发包双方按《建设工程工程量清单计价规范》以及《标准施工招标文件》签订了施工承包合同，合同规定，国内《标准施工招标文件》不包括的工程索赔内容，执行FIDIC合同条件的规定。

工程实施过程中，发生了如下事件：

事件1：投标截止日期前15天，该市工程造价管理部门发布了人工单价及规费调整的有关文件。

事件2：施工过程中，分部分项工程量清单中的天棚吊顶清单项目特征描述与设计图纸要求不一致。

事件3：按实际施工图纸施工的基础土方工程量与招标人提供的工程量清单表中挖基础土方工程量发生较大的偏差。

事件4：主体结构施工阶段遇到强台风、特大暴雨，造成施工现场部分脚手架倒塌，损坏了部分已完工程、施工现场承发包双方办公用房坍塌、施工设备和运到施工现场待安装的一台电梯损坏。事后，承包方及时按照发包方要求清理现场，恢复施工，重建承发包双方现场办公用房。发包方还要求承包方采取措施，确保按原工期完成。

事件5：由于资金原因，发包方取消了原合同中体育馆工程内容。在进行工程竣工结算时，承包方就发包方取消合同中体育馆工程内容提出补偿管理费和利润的要求，但遭到发包方拒绝。

上述事件发生后，承包方及时对可索赔事件提出了索赔。

问题：

1. 投标人对涉及材料暂估价的分部分项工程进行投标报价，以及结算过程中对分部分项工程价款的调整有哪些规定？

2. 根据《建设工程工程量清单计价规范》的规定，承包人对事件1、事件2、事件3提出的索赔，发包人分别应如何处理？并说明理由。

3. 事件4中，承包方可提出哪些损失和费用的索赔？

4. 事件5中，发包方拒绝承包方补偿要求的做法是否合理？说明理由。

参 考 答 案

1.（本小题3.0分）

（1）投标阶段，按招标工程量清单中给定的材料暂估单价计入相应分部分项工程的综合单价，形成分部分项工程费。　　　　　　　　　　　　　　　　　　　　　　（1.0分）

（2）施工阶段，材料暂估价按承发包双方最终确认价调整综合单价，并按调整的综合单价计算分部分项工程费。　　　　　　　　　　　　　　　　　　　　　　　　（1.0分）

（3）暂估价的材料属于依法必须招标采购的，应依法通过招标程序确定材料单价；若不属于依法必须招标的，经发、承包双方协商确认材料单价。　　　　　　　　　（1.0分）

78

2.（本小题 4.5 分）

（1）事件 1 的处理：应批准承包方提出的索赔。 (0.5 分)

理由：投标截止日期前 28 天为基准日，其后的法律、法规、政策变化导致工程造价发生变化的应予以调整。 (1.0 分)

（2）事件 2 的处理：批准承包方提出的索赔。 (0.5 分)

理由：发包人应对项目特征描述的准确性负责，工程量清单中的项目特征描述与图纸不符应以设计图纸为准。 (1.0 分)

（3）事件 3 的处理：批准承包方提出的索赔。 (0.5 分)

理由：实际施工图纸中的工程量与清单中的工程量不一致时，以施工图为准。(1.0 分)

3.（本小题 2.5 分）

① 部分已完工程损坏修复费； (0.5 分)
② 发包人办公用房重建费； (0.5 分)
③ 已运至现场待安装的电梯损坏修复费； (0.5 分)
④ 现场清理费； (0.5 分)
⑤ 承包方采取措施确保按原工期完成的赶工费。 (0.5 分)

4.（本小题 2.5 分）

（1）不合理。 (0.5 分)

（2）理由：取消了原合同中体育馆工程内容是发包人应承担的责任，按照我国清单计价规范和 FIDIC 合同条款的规定应补偿承包人提出的管理费和利润。 (2.0 分)

案例六（2011 年试题四改编）

某建设工程的施工合同约定如下：合同工期为 110 天，工期奖罚均为 3000 元/天（已含规费税金）；当某一分项工程实际量比清单量增减超过 10% 以上时，调整综合单价；规费费率 3.55%，增值税销项税率 9%；机械闲置补偿费为台班单价的 50%，人员窝工补偿费为 50 元/工日。开工前，承包人编制并经发包人批准的网络计划如图 1 所示。

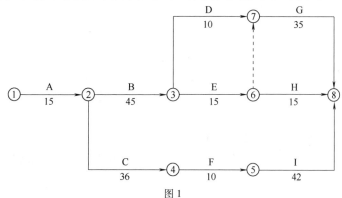

图 1

工作 B 和工作 I 共同使用一台施工机械，只能顺序施工，不能同时进行，台班单价为 1000 元/台班。

施工过程中发生如下事件：

事件 1. 工作 C 施工中，因设计方案调整，导致 C 工作持续时间延长 10 天，造成承包方人员窝工 50 个工日。

事件 2. 工作 I 施工开始前，承包方为了获得工期提前奖励，拟定了 I 工作缩短 2 天作业时间的技术组织措施方案，发包方批准了该调整方案。为了保证质量，I 工作在压缩 2 天后不能再压缩，该项技术组织措施产生费用 3500 元。

事件 3. 工作 H 施工过程中，劳动力供应不足，使 H 工作拖延了 5 天。承包方强调劳动力供应不足是因为 50 年一遇的持续高温天气所致。

事件 4. 招标文件中 G 工作的清单工程量为 1750m³（综合单价为 300 元/m³），与施工图纸不符，实际工程量为 1900m³。经承发包双方商定，在 G 工作工程量增加但不影响因事件 1~3 而调整的项目总工期的前提下，每完成 1m³ 增加的赶工工程量按综合单价 60 元计算赶工措施项目费。

上述事件发生后，承包方均及时向发包方提出了索赔，并得到了相应的处理。

问题：

1. 承包方是否可以分别就事件 1~4 提出工期和费用索赔？说明理由。

2. 事件 1~4 发生后，承包方可得到的合理工期补偿为多少天？实际工期是多少天？

3. 事件 1~4 发生后，承包方可得到总的合同价款调整额是多少？（计算过程和结果均以元为单位，结果取整）

参 考 答 案

1.（本小题 7.5 分）

(1) 事件 1

可以提出工期和费用索赔。 (0.5 分)

理由：设计变更是业主应承担的责任，并且 C 工作的总时差为 7 天，延误 10 天超过了其总时差，影响工期 10－7＝3（天）。 (2.0 分)

(2) 事件 2

不能提出费用索赔。 (0.5 分)

理由：承包方要求赶工是为了获得工期提前奖。 (0.5 分)

(3) 事件 3

不能提出工期索赔。 (0.5 分)

理由：尽管 50 年一遇持续高温天气属于不可抗力，工期损失应由业主承担，但事件 1 发生后 H 工作的总时差为 23 天，拖延 5 天未超出其总时差，对工期没有影响。 (2.0 分)

(4) 事件 4

不能提出工期索赔，但可以提出费用索赔。 (0.5 分)

理由：清单工程量与施工图纸不符是业主应承担的责任，但经承发包双方商定，发包方已经支付了赶工费。 (1.0 分)

2.（本小题 2.5 分）

(1) 合理工期补偿为 3 天。 (0.5 分)

(2) 实际工期

15＋(36＋10)＋10＋(42－2)＝111（天） (2.0 分)

3.（本小题8.0分）

（1）各事件可索赔费用：

① 事件1：

$(50×50+1000×50\%×10)×1.0355×1.09=8465$（元） (2.0分)

② 事件2：0

③ 事件3：0

④ 事件4：

事件1~3发生后G工作的总时差为1天，G工作原计划每天完成$1750/35=50$（m³），工程量增加$1900-1750=150$（m³）中，其中的50m³无须赶工； (2.0分)

事件4索赔费用：$(50×300+100×360)×1.0355×1.09=57563$（元）。 (1.0分)

合计：$8465+57563=66028$（元）。 (0.5分)

（2）工期奖励：

① 原合同工期：$15+45+15+35=110$（天）

② 新合同工期：$110+3=113$（天） (0.5分)

实际工期为111天，小于新合同工期，应获得工期提前奖。 (0.5分)

$(113-111)×3000=6000$（元） (0.5分)

合同价款调整额：$66028+6000=72028$（元） (1.0分)

案例七（2012年试题四改编）

某工业项目，业主采用工程量清单招标方式确定了承包商，并与承包商按照《建设工程施工合同（示范文本）》签订了工程施工合同。合同约定：项目生产设备由业主购买；开工日期为6月1日，合同工期为120天；工期奖励（或罚款）1万元/天（含规费、税金）。

工程项目开工前，承包商编制了施工总进度计划，如图1所示（时间单位：天）。

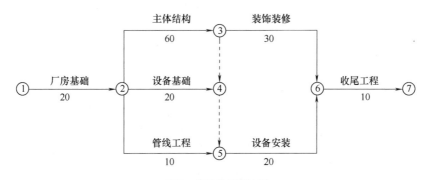

图1 施工总进度计划

工程项目施工过程中，发生了如下事件：

事件1：厂房基础施工时，地基局部存在软弱土层，因等待地基处理方案导致承包商窝工60个工日、施工机械设备闲置4个台班（机械台班费为1200元/台班，机械台班折旧费为700元/台班），地基处理投入工料机费用6000元，基础工程量增加50m³（综合单价420元/m³）。共造成厂房基础作业时间延长6天。

事件 2：7 月 10 日~7 月 11 日，用于主体结构的施工机械出现故障，7 月 12 日~7 月 13 日该地区供电全面中断。施工机械故障和供电中断导致主体结构工程停工 4 天、30 名工人误工 4 天，一台租赁机械闲置 4 天（每天 1 个台班，机械租赁费 1500 元/天），其他作业未受到影响。

事件 3：在装饰装修和设备安装施工过程中，因遭遇台风侵袭，导致进场的部分生产设备和承包商采购尚未安装的门窗损坏，承包商窝工 36 个工日。业主调换生产设备费用为 1.8 万元，承包商重新购置门窗的费用为 7000 元，作业时间均延长 2 天。

事件 4：鉴于工期拖延较多，征得监理人同意后，承包商在设备安装作业完成后将收尾工程提前，与装饰装修作业搭接 5 天，并采取加快施工措施使收尾工作时间缩短 2 天，发生赶工措施费用 8000 元。

问题：

1. 分别说明承包商能否就上述事件 1~4 向业主提出工期和（或）费用索赔？说明理由。

2. 承包商在事件 1~4 中得到的工期索赔各为多少天？工期索赔共计多少天？该工程的实际工期为多少天？

3. 如果该工程人工工资标准为 120 元/工日，窝工补偿标准为 40 元/工日，工程的管理费和利润为工料机费用之和的 15%，规费费率和税金率分别为 3.5%、9%。分别计算承包商在事件 1~4 中得到的费用索赔各为多少元？

4. 承包方可得到总的合同价款调整额是多少？

（费用以元为单位，计算结果保留 2 位小数）

参 考 答 案

1.（本小题 8.0 分）

(1) 事件 1：能够提出工期和费用索赔。 (0.5 分)

理由：软弱土层是业主应承担的风险事件，并且厂房基础是关键工作。 (1.0 分)

(2) 事件 2 中：

①"7 月 10 日~7 月 11 日"不能提出工期和费用索赔。 (0.5 分)

理由：施工机械出现故障是承包商应承担的责任事件。 (0.5 分)

②"7 月 12 日~7 月 13 日"能够提出工期和费用索赔。 (0.5 分)

理由：供电全面中断是业主应承担的风险事件，且主体结构是关键工作。 (1.0 分)

(3) 事件 3：可以提出工期和重新购置门窗的费用索赔。 (1.0 分)

理由：台风侵袭属于不可抗力事件，根据风险分担的原则，工期损失和材料设备损失是业主应承担的风险责任，并且装饰装修工程是关键工作，但人员窝工费是承包商应承担的风险责任。 (2.0 分)

(4) 事件 4：不能提出工期和费用索赔。 (0.5 分)

理由：采取搭接施工和加快施工的措施是为了获得工期提前奖。 (0.5 分)

2.（本小题 4.0 分）

(1) 各事件可索赔工期：

① 事件 1：6 天； (0.5 分)

② 事件 2：2 天； (0.5 分)
③ 事件 3：2 天； (0.5 分)
④ 事件 4：0。
（2）工期索赔合计：6+2+2＝10（天） (0.5 分)
（3）实际工期：(20+6)+(60+4)+(30+2)+(10-2)-5＝125（天） (2.0 分)

3. （本小题 4.0 分）

（1）事件 1：
(60×40+4×700+6000×1.15+50×420)×1.035×1.09＝37341.77（元） (2.0 分)

（2）事件 2：
(30×2×40+1500×2)×1.035×1.09＝6092.01（元） (1.0 分)

（3）事件 3：
7000×1.035×1.09＝7897.05（元） (1.0 分)

（4）事件 4：0

4. （本小题 4.0 分）

（1）原合同工期：120 天
（2）新合同工期：120+10＝130（天） (0.5 分)
（3）实际工期：125 天
实际工期小于新合同工期，承包商可获得工期提前奖。 (0.5 分)
工期奖励：(130-125)×10000＝50000.00（元） (1.0 分)
合同价款调整额：37341.77+6092.01+7897.05+50000＝101330.83（元） (2.0 分)

案例八（2013 年试题四改编）

某施工合同中规定，合同工期为 30 周，合同价款为 827.28 万元（含规费 38 万元），其中，管理费为人、材、机费用之和的 18%，利润率为人、材、机费用、管理费之和的 5%，规费以人、材、机费用、管理费、利润之和为基数，增值税税率为 9%。因通货膨胀导致价格上涨时，业主只对人工费、主材费和机械费（三项费用占合同价的比例分别为 22%、40%、9%）进行调整。

该工程的 D 工作和 H 工作安排使用同一台施工机械，机械每天工作一个台班，机械台班单价为 1000 元/台班，台班折旧费为 600 元/台班。

施工单位编制并经总监理工程师批准的施工进度计划如图 1 所示（时间单位：周）。

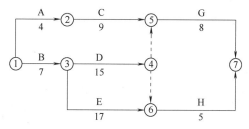

图 1　施工进度计划

施工过程中发生了如下事件：

事件1：考虑物价上涨因素，业主与施工方协议对人工费、主要材料费和机械费分别上调5%、6%和3%。

事件2：因业主设计变更新增F工作，F工作为D工作的紧后工作，为H工作的紧前工作，持续时间为6周。经双方确认，F工作的分部分项工程和措施项目的人、材、机费用之和为126万元，规费与原合同价一致。

事件3：G工作开始前，业主对G工作的部分施工图进行修改，由于未能及时提供给施工单位，致使G工作延误6周。经双方协商，对仅因业主延迟提供图纸而造成的工期延误，业主按原合同工期和价格确定分摊的每周管理费标准补偿施工单位管理费。

上述事件发生后，施工单位均在合同规定的时间内及时向业主提出索赔，并提供了相关索赔证据资料。

问题：

1. 事件1中，调整后的合同价款为多少万元？
2. 事件2中，计算F工作的工程价款为多少万元？
3. 事件2发生后，以工作表示的关键线路是哪一条？列式计算应批准延长的工期和可索赔的费用。
4. 按原合同工期分摊的每周管理费应为多少万元？
5. 事件2和事件3发生后，项目最终的实际工期是多少周？
6. 事件3发生后，业主应批准补偿的管理费为多少万元？

（列出具体的计算过程，计算结果保留2位小数）

参 考 答 案

1. （本小题3.0分）

固定权重：1−0.22−0.4−0.09=0.29 (1.0分)

827.28×(0.29+0.22×1.05+0.4×1.06+0.09×1.03)=858.47（万元）。 (2.0分)

2. （本小题3.0分）

（1）规费基数

827.28÷1.09−38=720.97（万元） (1.0分)

（2）规费费率

38÷720.97=5.27% (1.0分)

（3）变更工程款

126×1.18×1.05×1.0527×1.09=179.13（万元）。 (1.0分)

3. （本小题5.0分）

（1）关键线路：B→D→F→H。 (1.0分)

（2）工期延长

① 原合同工期为30周； (0.5分)

② 新合同工期为7+15+6+5=33（周）； (0.5分)

应批准延长的工期33−30=3（周）。 (1.0分)

（3）费用索赔

① D与H使用的机械原计划闲置2周,新闲置6周,增加闲置4周。 (1.0分)
② 机械闲置费:600×(4×7)×1.0527×1.09/10000=1.93(万元) (1.0分)

4.（本小题3.0分）
（1）管理费
[（827.28/1.09-38）/（1.05×1.18）]×18%=104.74（万元） (2.0分)
（2）每周分摊管理费
104.74/30=3.49（万元/周） (1.0分)

5.（本小题2.0分）
最终工期：7+15+（8+6）=36（周） (2.0分)

6.（本小题2.0分）
（1）因业主延迟提供图纸而造成的工期延误时间为：36-33=3（周） (1.0分)
（2）补偿管理费：3×3.49=10.47（万元） (1.0分)

案例九（2015年试题四改编）

某工业项目发包人采用工程量清单计价方式，与承包人按照《建设工程施工合同（示范文本）》签订了工程施工合同，合同工期为270天，工期奖罚5000元/天（含税费）。

施工合同约定：项目成套生产设备由发包人购买；管理费和利润为人材机费用之和的18%，规费和税金为人材机费用与管理费和利润之和的15%；人工工资标准80元/工日，窝工补偿50元/工日，机械闲置补偿标准为台班费的60%，人员窝工和机械闲置只取规费和税金，不计取管理费和利润。

承包人经发包人同意将设备与管线安装作业分包给某专业分包人，分包合同约定，各项费用、费率标准的约定与总承包合同的约定相同。开工前，承包人编制并得到监理工程师批准的施工网络进度计划如图1所示。图中箭线下方括号外数字为工作持续时间（单位：天），括号内数字为每天作业班组工人数。

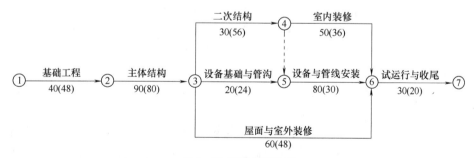

图1 施工网络进度计划

施工过程中发生了如下事件：

事件1：主体结构作业20天后，遇到持续2天的特大暴雨，造成工地堆放的承包人部分周转材料损失费用2000元；特大暴雨结束后，20人修复倒塌的模板及支撑，30人进行永久工程修复和场地清理，其他人在现场停工待命，修复和清理工作持续了1天时间。施工机械A、B持续窝工闲置3个台班（台班费分别为1200元/台班、900元/台班）。承包人及时向发包人提出了费用和工期索赔。

事件 2：设备基础与管沟完成后，专业分包人对其进行技术复核，发现有部分基础尺寸和地脚螺栓预留孔洞位置偏差过大。经沟通，承包人安排 10 名工人用 6 天时间进行返工处理，发生人材机费用 1260 元，使设备基础与管沟工作持续时间增加 4 天。分包人及时向承包人提出了费用和工期索赔。

事件 3：设备与管线安装作业中，因发包人采购设备的配套附件不全，专业分包人自行决定采购补齐，发生采购费 3500 元，并造成作业班组整体停工 3 天，施工机械 C 闲置 3 个台班（台班费为 1600 元/台班），设备与管线安装工作持续时间增加 3 天。因受干扰降效增加作业用工 60 个工日。分包人及时向发包人和承包人提出了费用和工期索赔，承包人同时向发包人提出了费用和工期索赔。

事件 4：为抢工期，经监理工程师同意，承包人将试运行部分工作提前安排，和设备与管线安装搭接作业 5 天，因搭接作业相互干扰降效使费用增加 10000 元。承包人及时向发包人提出了费用索赔。

问题：

1. 分别说明各方主体就各事件中的相关费用和（或）工期索赔是否成立？简述其理由。
2. 各事件工期索赔分别为多少天？总工期索赔为多少天？实际工期为多少天？
3. 专业分包人可以得到的费用索赔为多少元？专业分包人应向谁提出索赔？
4. 承包人可以得到的各事件费用索赔为多少元？
5. 承包人可以得到的合同价款调整总额为多少元？

（以元为单位的，计算结果保留 2 位小数）

参 考 答 案

1.（本小题 10.0 分）

（1）事件 1：工期索赔成立，工程修复和场地清理的费用索赔成立，但周转材料损失、修复模板、人员窝工和机械闲置的费用索赔不成立。　　　　　　　　　　　　　　（1.0 分）

理由：特大暴雨属于不可抗力事件，根据风险分担的原则，工期损失、工程修复和场地清理的费用是发包人应承担的风险责任，并且主体结构为关键工作；但周转材料损失、修复模板、人员窝工和机械闲置的费用损失是承包人应承担的风险责任。　　　　（1.0 分）

（2）事件 2：

① 承包人向发包人提出的工期索赔和费用索赔均不成立。　　　　　　　　　（0.5 分）

理由：预留孔洞位置偏差过大是承包人应承担的责任事件。　　　　　　　　（0.5 分）

② 分包人向承包人提出的工期索赔和费用索赔均不成立。　　　　　　　　　（0.5 分）

理由：尽管预留孔洞位置偏差过大是承包人应承担的责任事件，但设备基础与管沟工作的自由时差 10 天，持续时间增加 4 天未超出其自由时差，对设备与管线安装的开工时间没有影响。　　　　　　　　　　　　　　　　　　　　　　　　　　　　　　　　　（1.0 分）

（3）事件 3：

① 分包人向发包人提出的工期索赔和费用索赔均不成立。　　　　　　　　　（0.5 分）

理由：分包人与发包人没有合同关系，分包人只能向承包人提出索赔要求。（0.5 分）

② 分包人向承包人提出的工期索赔成立，增加作业用工费用、人员窝工和机械闲置费

用索赔均成立，但分包人自行决定采购发生的采购费索赔不成立。 (1.0分)

理由：对分包人而言，发包人采购设备的配套附件不全视为承包人应承担的责任，且设备安装延长3天将导致分包工程工期延长3天；但分包人自行决定采购补齐而发生的费用由分包人承担。 (1.0分)

③ 承包人向发包人提出的工期索赔成立，增加作业用工费用、人员窝工和机械闲置费用索赔均成立，但分包人自行决定采购发生的采购费索赔不成立。 (0.5分)

理由：发包人采购设备的配套附件不全是发包人应承担的责任，且设备安装是关键工作；但分包人自行决定采购补齐而发生的费用由分包人承担。 (1.0分)

(4) 事件4的费用索赔不成立。 (0.5分)

理由：承包人进行搭接施工是为了获得工期提前奖或避免拖期罚款。 (0.5分)

2. （本小题3.0分）

(1) 各事件工期索赔：

① 事件1工期索赔3天； (0.5分)

② 事件2工期索赔0； (0.5分)

③ 事件3：

承包人向发包人工期索赔3天， (0.5分)

分包人向承包人工期索赔3天； (0.5分)

④ 事件4工期索赔0。

(2) 总工期索赔

① 承包人向发包人总工期索赔3+3=6（天）。 (0.5分)

② 分包人向承包人工期索赔3天。 (0.5分)

(3) 实际工期：40+(90+3)+30+(80+3)+30−5=271（天）。 (0.5分)

3. （本小题2.5分）

(1) 费用索赔：(30×3×50+1600×60%×3+60×80×1.18)×1.15=15000.60（元）

(2.0分)

(2) 专业分包人应向承包人提出索赔。 (0.5分)

4. （本小题1.5分）

(1) 事件1的费用索赔：30×80×1.18×1.15=3256.80（元） (1.0分)

(2) 事件2的费用索赔：0

(3) 事件3的费用索赔：15000.60元 (0.5分)

(4) 事件4的费用索赔：0

5. （本小题3.0分）

(1) 总费用索赔：3256.8+15000.6=18257.40（元） (0.5分)

(2) 工期奖励

① 原合同工期为270天；

② 新合同工期为270+6=276（天）； (0.5分)

③ 实际工期为271天，小于新合同工期，所以应获得工期奖； (0.5分)

工期奖：(276−271)×5000=25000.00（元） (0.5分)

合同价款调整总额：18257.40+25000=43257.40（元） (1.0分)

案例十 (2016年试题四改编)

某工程项目业主分别与甲、乙施工单位签订了土建施工合同和设备安装合同,土建施工合同约定:管理费为人材机费用之和的10%,利润为人材机费用与管理费之和的6%,规费和税金为人材机费用与管理费和利润之和的17.8%,合同工期100天;设备安装合同约定:管理费和利润以人工费为基数,费率分别为55%和45%,规费和税金为人材机费用与管理费和利润之和的17.8%,合同工期20天。

土建施工合同与设备安装合同中均约定:人工工日单价为80元/工日,窝工补偿按70%计,机械台班单价为500元/台班,闲置补偿按80%计。经监理单位批准的施工进度计划如图1所示。

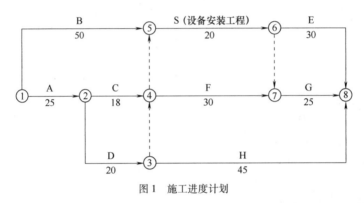

图1 施工进度计划

事件1:基础工程A工作施工完毕组织验槽时,发现基坑实际土质与业主提供的工程地质资料不符,为此,设计单位修改设计加大基础埋深,该工程基础加深处理使甲施工单位增加用工50个工日,增加机械10个台班,A工作时间延长3天,甲施工单位及时向业主提出了费用索赔和工期索赔。

事件2:设备基础D工作的预埋件施工完毕后,甲施工单位报监理工程师进行隐蔽工程验收,监理工程师未按合同约定时限到场验收,也未通知甲施工单位推迟验收时间,在此情况下,甲施工单位进行了隐蔽工程施工。业主代表得知该情况后要求施工单位剥露重新检验,检验发现预埋件尺寸不足、位置偏差过大,不符合设计要求。该工程重新检验导致甲施工单位增加人工30个工日,材料费1.2万元,D工作时间延长2天,甲施工单位及时向业主提出了费用索赔和工期索赔。

事件3:设备安装S工程开始后,乙施工单位发现由业主采购的设备配件缺失,业主要求乙施工单位自行采购缺失配件。为此,乙施工单位发生材料费2.5万元,人工费0.5万元,S工作时间延长2天,乙施工单位向业主提出了费用索赔和工期延长2天的索赔,向甲施工单位提出受事件1和事件2影响工期延长5天的索赔。

事件4:设备安装过程中,由于乙施工单位安装设备故障和调试设备故障,使S工作延长施工工期6天,窝工24个工日,增加安装、设备调试费1.6万元,影响了甲施工单位后续工作的开工时间,造成甲施工单位窝工36个工日,机械闲置6个台班。为此甲施工单位分别向业主和乙施工单位及时提出了费用和工期索赔。

问题：

1. 分别说明事件 1~4 中甲施工单位和乙施工单位的费用索赔和工期索赔是否成立？并分别说明理由。

2. 事件 2 中，业主代表的做法是否妥当？说明理由。

3. 事件 1~4 发生后，E 工作和 G 工作的实际开始时间分别为第几天上班时刻？通过时间参数的概念说明理由。

4. 计算业主应补偿甲、乙施工单位的费用分别为多少元？业主可批准延长的工期分别为多少天？

（计算结果以元为单位的，保留 2 位小数）

参 考 答 案

1.（本小题 8.0 分）

（1）事件 1：

甲施工单位的费用索赔和工期索赔均成立。 (0.5 分)

理由：工程地质不符是业主应承担的责任事件，且 A 工作为关键工作。 (1.0 分)

（2）事件 2：

甲施工单位的工期索赔和费用索赔均不成立。 (0.5 分)

理由：重新检查不合格是甲施工单位应承担的责任事件。 (0.5 分)

（3）事件 3 中：

① 乙施工单位向业主提出的费用索赔和工期索赔均成立。 (0.5 分)

理由：业主采购设备的配套件缺失是业主应承担的责任事件，并且延长 2 天导致设备安装工程工期延长 2 天。 (1.0 分)

② 乙施工单位向甲施工单位提出的费用索赔和工期索赔均不成立。 (0.5 分)

理由：乙施工单位与甲施工单位没有合同关系，并且事件 1 和事件 2 对设备安装工程的最早开始时间没有影响。 (1.0 分)

（4）事件 4 中：

① 甲施工单位向业主提出的费用索赔和工期索赔均成立。 (0.5 分)

理由：对甲施工单位而言，设备安装工程延误是业主应承担的责任事件，并且事件 4 发生后土建合同工期延长 5 天。 (1.0 分)

② 甲施工单位向乙施工单位提出的费用索赔和工期索赔均不成立。 (0.5 分)

理由：甲施工单位与乙施工单位没有合同关系。 (0.5 分)

2.（本小题 2 分）

（1）业主代表的做法妥当。 (1.0 分)

（2）理由：无论监理工程师是否对隐蔽工程进行了验收，业主代表均有权对已经隐蔽的工程要求重新检查，施工单位应按要求剥离检查。 (1.0 分)

3.（本小题 3 分）

（1）E 工作的实际开始时间为第 78 天，即第 79 天上班时刻。 (0.5 分)

理由：E 工作为 S 工作的紧后工作，事件 1 至事件 4 发生后，S 工作的实际完成时间为第 78 天，所以 E 工作的实际开始时间为第 79 天上班时刻。 (1.0 分)

(2) G 工作的实际开始时间为第 80 天，即第 81 天上班时刻。 (0.5 分)
理由：G 工作的紧前工作为 S、F 工作，事件 1 至事件 4 发生后，S、F 工作的实际完成时间分别为第 78 天和第 80 天。 (1.0 分)

4. （本小题 7 分）
（1）补偿费用
1）业主应补偿甲施工单位的费用：
① 事件 1：
（50×80+10×500）×1.1×1.06×1.178＝12361.93（元） (1.0 分)
② 事件 4：
（36×80×70%+6×500×80%）×1.178＝5202.05（元） (1.0 分)
③ 合计：17563.98 元 (0.5 分)
2）业主应补偿乙施工单位的费用：
① 事件 3：
［5000×(1+55%+45%)+25000］×1.178＝41230.00（元） (1.0 分)
② 事件 4：扣回 5202.05 元。 (1.0 分)
③ 合计：36027.95 元。 (0.5 分)
（2）延长工期
① 业主应批准甲施工单位工期延长 8 天。 (1.0 分)
② 业主应批准乙施工单位工期延长 2 天。 (1.0 分)

案例十一（2018 年试题四改编）

发包人和承包人按清单计价方式和《建设工程施工合同（示范文本）》（GF—2017—0201）签订了某工程项目的施工合同，合同工期 180 天。合同约定：措施费按分部分项工程费的 25% 计取；管理费和利润为人材机费用之和的 16%，规费和税金为人材机费用、管理费与利润之和的 13%。开工前，承包人编制并经监理机构批准的施工网络进度计划如图 1 所示。

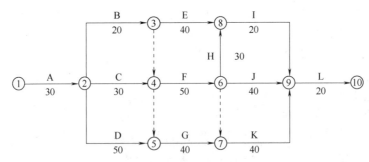

图 1 施工网络进度计划（单位：天）

施工过程中发生了如下事件：
事件 1：基坑开挖（A 工作）施工过程中，承包人发现基坑开挖部位有一处地勘资料中未标出的地下砖砌废井构筑物，经发包人与有关单位确认，该井为空井，已经废弃。发包人、承包人和监理单位共同确认，废井外围尺寸为：长×宽×深＝3m×2.1m×12m，井壁厚度为0.49m，无底、无盖，井口简易覆盖（不计覆盖物工程量）。该构筑物位于基底标高以上部位，拆除不会对地基构成影响，三方签署了现场签证。基坑开挖工期延长5天。

事件2：发包人负责采购的部分装配式混凝土构件提前一个月运抵合同约定的施工现场，承包人会同监理单位共同清点验收后存放施工现场。为了节约施工场地，承包人将上述构件集中堆放，由于堆放层数过多，致使下层部分构件产生裂缝。两个月后，发包人在承包人准备安装该批构件时知悉此事，遂要求承包人对构件进行检测并赔偿构件损坏的损失。承包人提出，部分构件损坏是由于发包人提前运抵现场占用施工场地所致，不同意进行检测和承担损失，而要求发包人额外增加支付两个月的构件保管费用。发包人仅同意额外增加支付一个月的保管费用。

事件3：原设计J分项工程估算工程量为400m³，由于发包人提出新的使用功能要求，进行了设计变更。该变更增加了分项工程量200m³。已知J分项工程人材机费用为360元/m³，合同约定超过原估算工程量15%上部分综合单价调整系数为0.9；变更前后J工作的施工方法和施工效率保持不变。

问题：

1. 事件1中，若基坑开挖土方的综合单价为28元/m³，废井拆除人材机单价169元/m³（包括拆除，控制现场扬尘、清理、弃渣场内外运输），其他计价原则按原合同约定执行。计算承包人可向发包人主张的工程索赔。

2. 事件2中，分别指出承包人不同意进行检测和承担损失的做法是否正确，并说明理由。发包人仅同意额外增加支付一个月的构件保管费是否正确？并说明理由。

3. 事件3中，计算承包人可以索赔的工程款为多少元。

4. 承包人可以得到的工期索赔合计为多少天（写出分析过程）？

（计算结果保留两位小数）

参 考 答 案

1.（本小题4.0分）

（1）砖砌废井工程量

3×2.1×12－(3－0.49×2)×(2.1－0.49×2)×12＝48.45（m³）

或：[(3－0.49)×2＋(2.1－0.49)×2]×0.49×12＝48.45（m³）　　　　　　　　　　（2.0分）

（2）空井索赔

① 因砖砌废井减少开挖土方：3×2.1×12＝75.60（m³）

② (48.45×169×1.16－75.6×28)×1.25×1.13＝10426.14（元）　　　　　　　　　（2.0分）

2.（本小题4.5分）

（1）承包人不同意检测的做法不正确。　　　　　　　　　　　　　　　　　　　（0.5分）

理由：根据相关法规的规定，材料、设备、构配件使用前应由承包人进行检测，未经检测或检测不合格不得使用。　　　　　　　　　　　　　　　　　　　　　　　　　　（1.0分）

（2）承包人不同意承担损失的做法不正确。　　　　　　　　　　　　　　　　　（0.5分）

理由：甲供材料经承包人清点和验收后由承包人保管，因保管不善造成的损失，由承包人承担。　　　　　　　　　　　　　　　　　　　　　　　　　　　　　　　　　　（1.0分）

（3）发包人仅同意额外支付一个月的保管费正确。　　　　　　　　　　　　　　　　(0.5分)

理由：按照合同约定，发包人采购的混凝土构件只提前了一个月进场，所以只支付额外的一个月保管费。　　　　　　　　　　　　　　　　　　　　　　　　　　　　　　　(1.0分)

3. （本小题4.0分）

（1）原综合单价：360×1.16＝417.60（元/m³）　　　　　　　　　　　　　　　　　(1.0分)

（2）判定

① 200/400＝50%＞15%；　　　　　　　　　　　　　　　　　　　　　　　　　(0.5分)

② 超出15%以上的部分的工程量执行新的综合单价：417.6×0.9＝375.84（元/m³）

　　　　　　　　　　　　　　　　　　　　　　　　　　　　　　　　　　　　(0.5分)

③ 执行原价的工程量 400×15%＝60（m³）；　　　　　　　　　　　　　　　　　(0.5分)

④ 执行新价的工程量：200－60＝140（m³）；　　　　　　　　　　　　　　　　(0.5分)

（3）工程款索赔：

（60×417.6+140×375.84）×1.25×1.13＝109713.96（元）　　　　　　　　　　(1.0分)

4. （本小题4.0分）

工期索赔合计15天。　　　　　　　　　　　　　　　　　　　　　　　　　　　　(1.0分)

分析过程：

（1）事件1：

地下砖砌废井构筑物是发包人应承担的责任，并且A工作为关键工作，关键工作延长5天，工期延长5天，所以事件1可索赔工期5天。　　　　　　　　　　　　　　　　　　(1.0分)

（2）事件3：

设计变更是发包人应承担的责任，并且J分项工程的工程量增加200m³，导致其持续时间增加200/(400÷40)＝20（天），但J分项工程的总时差为10天，所以事件3可索赔工期20－10＝10（天）。　　　　　　　　　　　　　　　　　　　　　　　　　　　　　　　(2.0分)

案例十二（2019年试题三）

某企业自筹资金拟建设工业厂房项目，建设单位采用工程量清单方式招标，并与施工单位按《建设工程施工合同（示范文本）》签订了工程施工承包合同。合同工期为270天。施工承包合同约定：管理费和利润按人工费和施工机具使用费之和的40%计取，规费和税金按人材机费、管理费和利润之和的11%计取；人工费平均单价按120元/工日计取；通用机械台班单价按1100元/台班计取；人员窝工、通用机械闲置补偿按其单价的60%计取，不计管理费和利润；各分部分项工程施工均发生相应的措施费，措施费按其相应的工程费的30%计取；对工程量清单中采用材料暂估价格确定的综合单价，如果该种材料实际采购价格与暂估价格不符，以直接在综合单价上增减材料价差的方式调整。

该工程施工过程中发生如下事件：

事件1：施工前施工单位编制了工程施工进度计划（如图1所示）和相应的设备使用计划，项目监理机构对其审核时得知：该工程的B、E、J工作均需要使用一台特种设备吊装施工，施工承包合同约定该台特种设备由建设单位租赁，供施工单位无偿使用。在设备使用计划中，施工单位要求建设单位必须将该台特种设备在第80日末租赁进场，第260日末组织退场。

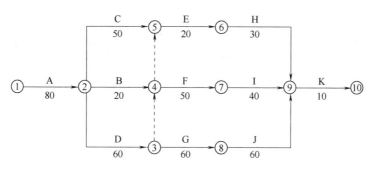

图 1 施工进度计划（单位：天）

事件 2：由于建设单位办理变压器增容原因，使施工单位 A 工作实际开工时间比已签发的开工令确定的开工时间推迟了 5 天，并造成施工单位人员窝工 135 工日，通用机械闲置 5 个台班。施工进行 70 天后，建设单位对 A 工作提出设计变更，该变更比原 A 工作增加了人工费 5060 元、材料费 27148 元、施工机具使用费 1792 元，并造成通用机械闲置 10 个台班；工作时间增加 10 天。A 工作完成后，施工单位提出如下索赔：①推迟开工造成人员窝工、通用机械闲置和拖延工期 5 天的补偿；②设计变更造成增加费用、通用机械闲置和拖延工期 10 天的补偿。

事件 3：施工招标时，工程量清单中 $\phi25$ 项目的带肋钢筋材料单价为暂估价，暂估单价 3500 元/t，数量为 260t，施工单位按照合同约定组织招标，以 3600 元/t 的价格采购并经建设单位确认。施工使用该材料 130t，进行结算时，施工单位提出：材料实际采购价比暂估材料价增加 2.86%，所以该项目的结算综合单价应增加 2.86%，调整内容见表 1，已知该项目的钢筋主材损耗率为 2%。

表 1 分部分项工程量综合单价调整表

序号	项目编号	项目名称	已标价清单综合单价/元					调整后综合单价				
			综合单价	其中				综合单价	其中			
				人	材	机	管利		人	材	机	管利
1	**	带肋钢筋 $\phi25$	4210.27	346.52	3639.52	61.16	163.07	4330.68	356.43	3743.61	62.91	167.73

事件 4：根据施工承包合同约定，合同工期每提前 1 天奖励 1 万元（含税）。施工单位计划将 D、G、J 工作按流水节拍 30 天组织等节奏流水施工，以缩短工期获取工期奖励。

除特殊说明外，上述费用均为不含税价格。

问题：

1. 事件 1 中，在图 1 所示施工进度计划中，受特种设备资源条件的约束，应如何完善进度计划才能反映 B、E、J 工作的施工顺序？为节约特种设备租赁费用，该特种设备最迟第几日末必须租赁进场？说明理由。此时，该特种设备在现场的闲置时间为多少天？

2. 事件 2 中，依据施工承包合同，分别指出施工单位提出的两项索赔是否成立，说明理由。可索赔费用数额是多少？可批准的工期索赔为多少天？说明理由。

3. 事件 3 中，由施工单位自行招标采购暂估价材料是否合理？说明理由。施工单位提出综合单价调整表（表1）的调整方法是否正确？说明理由。该清单项目结算综合单价应是多少？核定结算款应为多少？

4. 事件4中，画出组织D、G、J三项工作等节奏流水施工的横道图；并结合考虑事件1和事件2的影响，指出组织流水施工后网络计划的关键线路和实际施工工期。依据施工承包合同，施工单位可获得的工期提前奖励为多少万元？此时，该特种设备在现场的闲置时间为多少天？

参 考 答 案

1. （本小题4.0分）

（1）采用虚箭线将⑥节点与⑧节点连接，箭头指向⑧节点，以表示为E工作为J工作的紧前工作。 (1.0分)

（2）最迟在第150日末必须进场。 (1.0分)

理由：B工作的总时差为70日，充分利用B工作的总时差，既不影响总工期又可以使设备在场闲置时间最短，B工作的最早开始时间为第80日末进场，最迟开始时间为80+70=150（日），即：第150日末。 (1.0分)

（3）闲置时间：10日 (1.0分)

2. （本小题6.0分）

（1）"①推迟开工"的工期和费用索赔均不成立。 (0.5分)

理由：尽管办理变压器增容是建设单位应承担的责任，但A工作完成后才提出推迟开工的索赔要求，已经超出了28天的索赔时限。 (1.0分)

（2）"②设计变更"的工期和费用索赔均成立； (0.5分)

理由：设计变更是建设单位应承担的责任，且A为关键工作。 (1.0分)

（3）费用索赔：

$\{[(5060+1792)×1.4+27148]×1.3+10×1100×60\%\}×1.11=60342.97$（元） (1.5分)

（4）工期索赔：10天 (0.5分)

理由：推迟开工的索赔超过了索赔时限；设计变更导致总工期延长10天是建设单位的责任，且A为关键工作。 (1.0分)

3. （本小题5.0分）

（1）自行招标采购不合理； (0.5分)

理由：承包人组织暂估价材料的招标的，应在招标前将招标方案报发包人批准，并在签订采购合同前将中标价报发包人确认。 (1.0分)

（2）调整方法不正确； (0.5分)

理由：合同约定实际采购价和暂估价不符时，直接在综合单价上增减材料差额，不应调整人工费、机械费、管理费和利润。 (1.0分)

（3）综合单价：$4210.27+(3600-3500)×1.02=4312.27$（元/t） (1.0分)

（4）结算款：$(130/1.02)×4312.27×1.11=610059.37$（元）

$610059.37×1.3=793077.18$（元） (1.0分)

4. （本小题5.0分）

（1）流水步距（单位：天）： (2.0分)

	10	20	30	40	50	60	70	80	90	100	110	120	130	140	150
D		①			②										
G					①			②							
J										①			②		

K_{1-2} K_{2-3} D_h

（2）关键线路：A→D→F→I→K　　　　　　　　　　　　　　　　　（1.0 分）

实际工期：（80+5+10）+60+50+40+10＝255（天）　　　　　　　（1.0 分）

（3）工期奖罚：

工期补偿后的合同工期为 270+10＝180（天）

工期奖励：（280－255）×1＝25（万元）　　　　　　　　　　　（0.5 分）

（4）机械闲置

组织流水施工后，B 工作按最早开始时间施工的闲置时间为 40 天。　　（0.5 分）

组织流水施工后，B 工作按最迟开始时间施工的闲置时间为 0。

第四部分 竣工结算与偏差分析

案例一 (2012年试题五改编)

某工程项目业主采用工程量清单计价方式公开招标确定了承包人,双方签订了工程承包合同,合同工期为6个月。合同中的清单项目及费用包括:分项工程项目4项,总费用为200万元,单价措施项目费为16万元;安全文明施工费为6万元;计日工费为3万元;暂列金额为12万元;特种门窗工程(专业分包)暂估价为30万元,总承包服务费为专业分包工程费用的5%;规费率与增值税率合计为17%(以不含规费、税金的人工、材料、机械费、管理费和利润为基数)。各分部分项工程费及单价措施项目费、施工进度见表1。

表1 各分部分项工程费及单价措施项目费、施工进度

分项工程名称	分项工程及单价措施项目费/万元		施工进度(单位:月)					
	分项工程	单价措施	1	2	3	4	5	6
A	40	2.2						
B	60	5.4						
C	60	4.8						
D	40	3.6						

注:表中粗实线为计划作业时间,粗虚线为实际作业时间。

合同中有关付款条款约定如下:

1. 工程预付款为签约合同价(扣除暂列金额)的20%,于开工之日前10天支付,在工期最后2个月的工程款中平均扣回。
2. 分部分项工程费及单价措施项目费按实际进度逐月结算。
3. 安全文明施工措施费用在开工后的前2个月平均支付。
4. 计日工费用、特种门窗专业费用预计发生在第5个月,并在当月结算。
5. 总承包服务费、暂列金额按实际发生额在竣工结算时一次性结算。
6. 业主按每月工程款的90%给承包商付款。
7. 竣工结算时扣留工程实际总造价的5%作为质保金。

问题:

1. 该工程签约合同价为多少万元?工程预付款为多少万元?
2. 列式计算第3个月末的工程进度偏差,并分析工程进度情况(以投资额表示)。
3. 计日工费用、特种门窗专业费用均按原合同价发生在第5个月,列式计算第5个月

末业主应支付给承包商的工程款为多少万元?

4. 在第 **6** 个月发生的工程变更、现场签证等费用为 **10** 万元,其他费用均与原合同价相同。列式计算该工程实际总造价和扣除质保金后承包商应获得的工程款总额为多少万元?

(费用计算以万元为单位,结果保留 3 位小数)

参 考 答 案

1.（本小题 3.0 分）

(1) 合同价：① 200 万元；② 16+6=22（万元）；③ 3+12+30+30×5%=46.5（万元）

(200+22+46.5)×1.17=314.145（万元） (2.0 分)

(2) 预付款：(314.145−12×1.17)×20%=60.021（万元） (1.0 分)

2.（本小题 6.0 分）

(1) 拟完工程计划投资：

① 40+60×2/3+60/3=100（万元）

② 2.2+5.4×2/3+4.8/3+6=13.4（万元）

(100+13.4)×1.17=132.678（万元） (2.0 分)

(2) 已完工程计划投资：

① 40+60×2/4=70（万元）

② 2.2+5.4×2/4+6=10.9（万元）

(70+10.9)×1.17=94.653（万元） (2.0 分)

(3) 进度偏差=94.653−132.678=−38.025（万元） (1.0 分)

进度偏差为负,说明进度拖后 38.025 万元。 (1.0 分)

3.（本小题 4.0 分）

(1) 60/4+60/3+40/2=55（万元） (1.0 分)

(2) 5.4/4+4.8/3+3.6/2=4.75（万元） (1.0 分)

(3) 3+30=33（万元） (1.0 分)

(55+4.75+33)×1.17×0.9−60.021/2=67.655（万元） (1.0 分)

4.（本小题 4.0 分）

(1) 实际造价：①200 万元；②16+6=22（万元）；③3+10+30+30×5%=44.5（万元）

(200+22+44.5)×1.17=311.805（万元） (3.0 分)

(2) 应得工程款：311.805×(1−5%)=296.215（万元） (1.0 分)

案例二（2013 年试题五改编）

某工程采用了工程量清单计价方式确定了中标人,业主与中标人签订了单价合同,合同内容包括六个分项工程,其工程量、费用、计划时间见下表。该工程安全文明施工等总价措施项目费为 6 万元,其他总价措施项目费为 10 万元；暂列金额为 8 万元；管理费以不含税人、材、机费用之和为计算基数,费率为 10%；利润和风险费以不含税人、材、机、管费用之和为计算基数,费率为 7%；规费为不含税人材机费、管理费和利润之和的 6%,增值税（销项税）率为 9%。合同工期为 8 个月。

分项工程	A	B	C	D	E	F	合计
清单工程量/m²	200	380	400	420	360	300	2060
综合单价/(元/m²)	180	200	220	240	230	160	—
分项工程费/万元	3.60	7.60	8.80	10.08	8.28	4.80	43.16
计划作业时间（起、止月）	1~3	1~2	3~5	3~6	4~6	7~8	—

有关工程价款支付条件如下：

1. 开工前业主向承包商支付分项工程费（含相应的规费和税金）的 25% 作为材料预付款，在开工后的第 4~6 月分三次平均扣回。
2. 安全文明施工等总价措施项目费分别于开工前和开工后的第 1 个月分两次平均支付，其他总价措施项目费在第 1~5 个月分五次平均支付。
3. 业主按当月承包商已完工程款的 90% 支付（包括措施项目费）。
4. 暂列金额计入合同价，按实际发生额与工程进度款同期支付。
5. 工程质量保证金为工程款的 3%，在竣工验收通过后 30 日内结算时一次扣留。

工程施工期间，经监理人核实的有关事项如下：

1. 第 3 个月发生现场签证计日工费 3.0 万元。
2. 因劳动作业队伍调整，使分项工程 C 的开始时间推迟 1 个月，且作业时间延长 1 个月。
3. 因业主提供的现场作业条件不充分，使分项工程 D 增加人、材、机费用之和为 6.2 万元，但作业时间没变。
4. 因设计变更使分项工程 E 增加工程量 120m²，（其价格执行原综合单价），作业时间延长 1 个月。
5. 其余作业内容及时间没有变化，每个分项工程在施工期间各月均为匀速施工。

问题：

1. 计算本工程的签约合同价、工程预付款和首次支付的措施费。
2. 计算 3、4 月份已完工程款和应支付的工程款。
3. 计算实际合同价款、合同增加额及最终施工单位应得工程款。

（计算过程和结果以万元为单位保留 3 位小数）

参 考 答 案

1.（本小题 4.0 分）

(1) 合同价：① 43.16 万元；② 6+10=16（万元）；③ 8 万元

(43.16+16+8)×1.06×1.09＝77.597（万元） （2.0 分）

(2) 43.16×1.06×1.09×25%＝12.467（万元） （1.0 分）

(3) 6×1.06×1.09/2×90%＝3.120（万元） （1.0 分）

2.（本小题 6.0 分）

(1) 3 月份已完应付

① 3.6/3+10.08/4＝3.72（万元）

② 10/5＝2（万元）

③ 3+6.2×1.1×1.07/4＝4.824（万元）

已完：（3.72+2+4.824）×1.06×1.09＝12.183（万元）　　　　　　　　　　　（2.0 分）

应付：12.183×90%＝10.965（万元）　　　　　　　　　　　　　　　　　　（1.0 分）

（2）4月份已完应付

① 8.8/4+10.08/4+（8.28+120×230/10000）/4＝7.48（万元）

② 10/5＝2（万元）

③ 6.2×1.1×1.07/4＝1.824（万元）

已完：（7.48+2+1.824）×1.06×1.09＝13.061（万元）　　　　　　　　　　　（2.0 分）

应付：13.061×90%－12.467/3＝7.599（万元）　　　　　　　　　　　　　　（1.0 分）

3.（本小题 5.0 分）

（1）实际造价：

① 43.16 万元；

② 6+10＝16（万元）

③ 3+6.2×1.1×1.07+120×230/10000＝13.057（万元）

（43.16+16+13.057）×1.06×1.09＝83.440（万元）　　　　　　　　　　　　（2.0 分）

（2）83.440－77.597＝5.843（万元）　　　　　　　　　　　　　　　　　　（1.0 分）

（3）83.44×（1－3%）＝80.937（万元）　　　　　　　　　　　　　　　　（1.0 分）

（4）80.937－83.44×90%＝5.841（万元）　　　　　　　　　　　　　　　（1.0 分）

案例三（2014 年试题五改编）

某建设项目，工期为 6 个月。每月分部分项工程费和单价措施项目费见表 1。

表 1　分部分项工程项目和单价措施项目

费用名称	月份						合计
	1	2	3	4	5	6	
分部分项项目费用/万元	30	30	30	50	36	24	200
单价措施项目费用/万元	1	0	2	3	1	1	8

总价措施项目费为 12 万元，其中安全文明施工费 6.6 万元；其他项目费包括：暂列金额为 10 万元，业主拟分包的专业工程暂估价为 28 万元，总包服务费按 5%计算；管理费和利润以不含税人材机费用之和为基数计取，计算费率为 8%；规费为不含税人材机费、管理费和利润之和的 3%，增值税（销项税）率 9%。

施工合同中有关工程款计算与支付的约定如下：

1. 开工前，业主向承包商支付预付款（扣除暂列金额和安全文明施工费用）为签约合同价的 20%，并预付安全文明施工费用的 60%。预付款在合同期的后 3 个月，从应付工程款中平均扣回。

2. 开工后，安全文明施工费的 40%随工程进度款在第 1 个月支付，其余总价措施费用在开工后的前 4 个月随工程进度款平均支付。

3. 工程进度款按月结算，业主按承包商应得工程进度款的 90%支付。

4. 其他项目费按实际发生额与当月工程进度款同期结算支付。

5. 当分部分项工程量增加（或减少）幅度超过15%时，应调整相应的综合单价，调价系数为0.9（或1.1）。

6. 施工期间材料价格上涨幅度超过5%以上的部分由业主承担。

7. 工程竣工结算时扣留3%的工程质量保证金，其余工程款一次性结清。

施工期间，经监理人核实及业主确认的有关事项如下：

（1）第3个月发生合同外零星工作，现在签证费用4万元（含管理费和利润）；某分项工程因设计变更增加工程量20%（原清单工程量400m³，综合单价180元/m³），增加相应单价措施费1万元，对工期无影响。

（2）第4个月业主发包的专业分包工程完成，实际费用22万元；另有某分项工程的某种材料价格比基期价格上涨12%（原清单中，该材料数量300m²，材料单价200元/m²）。

问题：

1. 该单项工程签约合同价为多少万元？业主在开工前应支付给承包商的预付款为多少万元？开工后第1个月应支付的安全文明施工工程款为多少万元？

2. 计算第3个月承包商应得工程款为多少？业主应支付给承包商的工程款为多少？

3. 计算第4个月承包商应得工程款为多少？业主应支付给承包商的工程款为多少？

4. 假设该单项工程实际总造价比签约合同价增加了30万元，在竣工结算时业主应支付承包商的工程结算款应为多少万元？

（计算结果有小数的保留3位小数）

参 考 答 案

1.（本小题5.5分）

（1）合同价：①200万元；②12+8＝20（万元）；③10+28+28×5%＝39.4（万元）

(200+20+39.4)×1.03×1.09＝291.228（万元） （2.0分）

（2）预付款

① 材料：[291.228－(10+6.6)×1.03×1.09]×20%＝54.518（万元） （1.0分）

② 安全：6.6×1.03×1.09×60%×90%＝4.001（万元） （1.0分）

小计：58.519万元 （0.5分）

（3）开工后：6.6×1.03×1.09×40%×90%＝2.668（万元） （1.0分）

2.（本小题5.0分）

（1）应得工程款

① 30万元

② 2+5.4/4＝3.35（万元）

③ 其他费用

1）签证：4万元；

2）变更：400×15%×180+400×5%×180×0.9+10000＝2.404（万元）。 （2.0分）

小计：6.404万元

应得：(30+3.35+6.404)×1.03×1.09＝44.632（万元） （2.0分）

（2）应付工程款

44.632×0.9=40.169（万元） (1.0分)

3.（本小题5.0分）

（1）应得工程款

① 50 万元

② 3+5.4/4=4.35（万元）

③ 其他费用

1）专业：22 万元

2）总包：22×5%=1.1（万元） (1.0分)

3）调价：300×200×(12%-5%)×1.08=0.454（万元） (1.0分)

小计：23.554（万元）

(50+4.35+23.554)×1.03×1.09=87.463（万元） (2.0分)

（2）应付工程款

87.463×0.9-54.518/3=60.544（万元） (1.0分)

4.（本小题3.5分）

（1）实际造价：291.228+30=321.228（万元） (1.5分)

（2）结算款：321.228×(10%-3%)=22.486（万元） (2.0分)

案例四（2015年试题五改编）

某工程项目发包人与承包人签订了施工合同，工期为4个月。工程内容包括 A、B 分项工程，综合单价分别为360.00元/m³、220.00元/m³；管理费和利润为不含税人材机费用之和的16%，规费为不含税人材机费、管理费和利润之和的4%，增值税（销项税）率为9%。

各分项工程每月计划和实际完成工程量及单价措施项目费用见下表。

月 度			第1月	第2月	第3月	第4月	合 计
分项工程名称	A/m³	计划	200	300	300	200	1000
		实际	200	320	360	300	1180
	B/m³	计划	180	200	200	120	700
		实际	180	210	220	90	700
单价措施项目/万元			2	2	2	1	7

总价措施项目费为6万元（其中安全文明施工费为3.6万元）；暂列金额为15万元。

合同中有关工程款结算与支付的约定如下：

1. 开工10日前，发包人向承包人支付合同价（扣除暂列金额和安全文明施工费用）的20%作为预付款，工程预付款在第2、3个月的工程款中平均扣回；

2. 开工后10日内，发包人向承包人支付安全文明施工费用的60%，剩余部分和其他总价措施项目费在第2、3个月平均支付。

3. 发包人按每月承包人应得工程进度款的90%支付；

4. 当分项工程量增加（或减少）幅度超过15%时，应调整相应的综合单价，调价系数为0.9（或1.1）；

5. B 分项工程所用的两种材料采用动态结算方法结算，该两种材料在 B 分项工程费中所占比例分别为 12% 和 10%，基期价格指数均为 100。

施工期间，经监理工程师核实及发包人确认的有关事项如下：

1. 第 2 个月发生现场计日工的人材机费用 6.8 万元。

2. 第 4 个月 B 分项工程动态结算的两种材料价格指数分别为 110 和 120。

问题：

1. 该工程的合同价为多少万元？工程预付款为多少万元？

2. 第 2 个月发包人应支付给承包人的工程款为多少万元？

3. 到第 3 个月末 B 分项工程的进度偏差为多少万元？

4. 第 4 个月 A、B 两项分项工程的工程款各为多少万元？发包人在该月应支付给承包人的工程款为多少万元？

（计算结果保留 3 位小数）

参 考 答 案

1.（本小题 3.0 分）

（1）合同价：①1000×360+700×220=51.4（万元）；②7+6=13（万元）；③15 万元

(51.4+13+15)×1.04×1.09=90.008（万元） (2.0 分)

（2）预付款：(90.008−15×1.04×1.09−3.6×1.04×1.09)×20%=13.785（万元）

(1.0 分)

2.（本小题 5.0 分）

（1）320×360+210×220=16.14（万元） (1.0 分)

（2）2+(6−3.6×60%)/2=3.92（万元） (1.0 分)

（3）6.8×1.16=7.888（万元） (1.0 分)

应付工程款：

(16.14+3.92+7.888)×1.04×1.09×90%−13.785×50%=21.621（万元） (2.0 分)

3.（本小题 4.0 分）

（1）拟完工程计划投资：

(180+200+200)×220×1.04×1.09=14.465（万元） (1.0 分)

（2）已完工程计划投资：

(180+210+220)×220×1.04×1.09=15.213（万元） (1.0 分)

进度偏差：

15.213−14.465=0.748（万元） (1.0 分)

进度偏差为正，实际进度提前 0.748 万元。 (1.0 分)

4.（本小题 7.0 分）

（1）A 分项工程：

① (1180−1000)/1000=18%>15%； (0.5 分)

② 超出 15% 以上的工程量执行新价：360×0.9=324.00（元/m³） (0.5 分)

③ 原价量：1000×1.15−200−320−360=270（m³） (0.5 分)

④ 新价量：300−270=30（m³） (0.5 分)

（270×360+30×324）/10000×1.04×1.09＝12.120（万元） (1.0分)

（2）B分项工程：

90×220×1.04×1.09×(0.78+0.12×110/100+0.1×120/100)/10000＝2.316（万元）

(2.0分)

（3）应付工程款：

(12.120+2.316+1×1.04×1.09)×90%＝14.013（万元） (2.0分)

案例五（2016年试题五改编）

某工程项目发包人与承包人签订了施工合同，工期5个月。分项工程和单价措施项目的造价数据与经批准的施工进度计划如表1所示；总价措施项目费9万元（其中含安全文明施工费3万元）；暂列金额12万元。管理费和利润为不含税人材机费用之和的15%，规费为不含税人材机费、管理费与利润之和的4.5%，增值税（销项税）率为9%。

表1 分项工程和单价措施造价数据与施工进度计划表

分项工程和单价措施项目				施工进度计划（单位：月）				
名称	工程量	综合单价	合价/万元	1	2	3	4	5
A	600m³	180元/m³	10.8					
B	900m³	360元/m³	32.4					
C	1000m³	280元/m³	28.0					
D	600m³	90元/m³	5.4					
合计			76.6	计划与实际施工均为匀速进度				

有关工程价款结算与支付的合同约定如下：

1. 开工前发包人向承包人支付签约合同价（扣除总价措施费与暂列金额）的20%作为预付款，预付款在第3、4个月平均扣回；

2. 安全文明施工费工程款于开工前一次性支付；除安全文明施工费之外的总价措施项目费用工程款在开工后的前3个月平均支付；

3. 施工期间除总价措施项目费用外的工程款按实际施工进度逐月结算；

4. 发包人按每次承包人应得的工程款的85%支付；

5. 竣工验收通过后的60天内进行工程竣工结算，竣工结算时扣除工程实际总价的3%作为工程质量保证金，剩余工程款一次性支付；

6. C分项工程所需的甲种材料用量为500m²，在招标时确定的暂估价为80元/m²，乙种材料用量为400m²，投标报价为40元/m²。工程款逐月结算时，甲种材料按实际购买价格调整，乙种材料当购买价在投标报价的±5%以内变动时，C分项工程的综合单价不予调整，变动超过±5%以上时，超过部分的价格调整至C分项综合单价中。

该工程如期开工，施工中发生了经承发包双发确认的以下事项：

（1）B分项工程的实际施工时间为2~4月；

（2）C分项工程甲种材料实际购买价为85元/m²，乙种材料的实际购买价是50元/m²；

（3）第4个月发生现场签证零星工作费用2.4万元。

问题：

1. 合同价为多少万元？预付款是多少万元？开工前支付的措施项目款为多少万元？

2. 求C分项工程的综合单价是多少元每平方米？3月份完成的分部和单价措施费是多少万元？3月份业主应支付的工程款是多少万元？

3. 计算第3月末分项工程和单价措施项目的拟完工程计划投资、已完工程实际投资、已完工程计划投资及投资偏差、进度偏差分别为多少万元？根据计算结果说明投资增减和进度快慢情况。

4. 如果除现场签证零星工作费用外的其他应从暂列金额中支付的工程费用为8.7万元，则该工程实际造价为多少万元？发包人实际应支付的竣工结算款为多少万元？

（计算结果均保留3位小数）

参 考 答 案

1. （本小题4.0分）

（1）合同价：①76.6万元；②9万元；③12万元

(76.6+9+12)×1.045×1.09=111.171（万元） (2.0分)

（2）预付款：76.6×1.045×1.09×20%=17.450（万元） (1.0分)

（3）安全款：3×1.045×1.09×85%=2.905（万元） (1.0分)

2. （本小题6.0分）

（1）综合单价：

① 甲 500×(85−80)×1.15=2875（元） (1.0分)

② 乙 400×(50−40×1.05)×1.15=3680（元） (1.0分)

综合单价：280+(2875+3680)/1000=286.555（元/m²） (1.0分)

（2）已完工程款：

C：1000×286.555=28.656（万元） (1.0分)

32.4/3+28.656/3=20.352（万元）

20.352×1.045×1.09=23.182（万元） (1.0分)

（3）应支付工程款：①20.352万元；②6/3=2（万元）

(20.352+2)×1.045×1.09×85%−17.45/2=12.916（万元） (1.0分)

3. （本小题5.0分）

（1）拟完工程计划费用：

(10.8+32.4+28×2/3)×1.045×1.09=70.469（万元） (1.0分)

（2）已完工程实际费用：

(10.8+32.4×2/3+28.656×2/3)×1.045×1.09=58.666（万元） (1.0分)

（3）已完工程计划费用：

(10.8+32.4×2/3+28×2/3)×1.045×1.09=58.167（万元） (1.0分)

（4）费用偏差：58.167−58.666=−0.499（万元） (0.5分)

费用偏差为负，说明费用增加0.499（万元） (0.5分)

（5）进度偏差：58.167−70.469=−12.302（万元） (0.5分)

进度偏差为负，说明实际进度拖后12.302（万元） (0.5分)

4.（本小题 2.0 分）

（1）实际造价：

(76.6+9+2.4+8.7)×1.045×1.09＝110.146（万元） （1.0 分）

（2）竣工结算总款：110.146×(1-3%)＝106.842（万元）

（3）竣工结算尾款：106.842-110.146×85%＝13.218（万元） （1.0 分）

案例六（2017 年试题五改编）

某建设工程项目发、承包双方签订了建设工程施工合同，工期为 4 个月。有关工程价款及其支付条款约定如下：

1. 工程价款：

（1）分部分项工程费合计 59.2 万元，包括分项工程 A、B、C 三项，清单工程量分别为 600m^3、800m^3、900m^2，综合单价分别为 300 元/m^3、380 元/m^3、120 元/m^2。

（2）单项措施项目费用 6 万元，不予调整。

（3）总价措施项目费用 8 万元，其中，安全文明施工费按分项工程和单价措施项目费用之和的 5% 计取（随计取基数的变化在第 4 个月调整），除安全文明施工费之外的其他总价措施项目费用不予调整。

（4）暂列金额 5 万元；管理费和利润按不含税人材机费用之和的 18% 计取；规费按不含税人材机费、管理费、利润之和的 5% 计取；增值税率为 9%。

2. 工程款支付：

（1）开工前，发包人按分项工程和单价措施项目工程款的 20% 支付给承包人作为预付款（在第 2~4 个月的工程款中平均扣回），同时将安全文明施工费工程款全额支付给承包人。

（2）分项工程价款按完成工程价款的 85% 逐月支付。

（3）单价措施项目和除安全文明施工费之外的总价措施项目工程款在工期第 1~4 个月均衡考虑，按 85% 比例逐月支付。

（4）其他项目工程款的 85% 发生当月支付。

（5）第 4 个月调整安全文明施工费工程款，增（减）额当月全额支付（扣除）。

（6）竣工验收通过后 30 天内进行工程结算，扣留工程总造价的 3% 作为质量保证金，其余工程款作为竣工结算最终付款一次性结清。

施工期间分项工程计划和实际进度见表 1。

表 1　分项工程计划和实际进度表

分项工程		第 1 月	第 2 月	第 3 月	第 4 月	合计
A	计划工程量/m^3	300	300			600
A	实际工程量/m^3	200	200	200		600
B	计划工程量/m^3	200	300	300		800
B	实际工程量/m^3		300	300	300	900
C	计划工程量/m^2		300	300	300	900
C	实际工程量/m^2		200	400	300	900

在施工期间第 3 个月，发生一项新增分项工程 D。经发承包双方核实确认，其工程量为 $300m^2$，每平方米所需不含税人工和机械费用为 110 元，每平方米机械费可抵扣进项税额为 10 元；每平方米所需甲、乙、丙三种材料不含税费用分别为 80 元、50 元、30 元，可抵扣进项税率分别为 3%、9%、13%。

问题：

1. 该工程签约合同价为多少万元？开工前发包人应支付给承包人的预付款和安全文明施工费工程款分别为多少万元？

2. 第 2 个月，承包人完成合同价款为多少万元？发包人应支付合同价款为多少万元？截止到第 2 个月末，分项工程 B 的进度偏差为多少万元？

3. 新增分项工程 D 的综合单价为多少元每平方米？该分项工程费为多少万元？销项税额、可抵扣进项税额、应缴纳增值税额分别为多少万元？

4. 该工程竣工结算合同价增减额为多少万元？如果发包人在施工期间均已按合同约定支付给承包商各项工程款，假定累计已支付合同价款 87.099 万元，则竣工结算最终付款为多少万元？

（计算过程和结果保留 3 位小数）

参 考 答 案

1.（本小题 4.0 分）

（1）合同价：①59.2 万元；②6+8=14（万元）；③5 万元

(59.2+14+5)×1.05×1.09＝89.500（万元） （2.0 分）

（2）预付款：(59.2+6)×1.05×1.09×20%＝14.924（万元） （1.0 分）

（3）安全款：(59.2+6)×1.05×1.09×5%＝3.731（万元） （1.0 分）

2.（本小题 6.0 分）

（1）已完：①200×300+300×380+200×120＝19.8（万元）；②(14-65.2×5%)/4＝2.685（万元）

(19.8+2.685)×1.05×1.09＝25.734（万元） （2.0 分）

（2）应付：25.734×85%-14.924/3＝16.899（万元） （1.0 分）

（3）进度偏差：

① 拟完工程计划投资：500×380×1.05×1.09＝21.746（万元） （1.0 分）

② 已完工程计划投资：300×380×1.05×1.09＝13.047（万元） （1.0 分）

进度偏差＝13.047-21.746＝-8.699（万元） （0.5 分）

即 B 分项工程第 2 个月末进度拖后 8.699 万元。 （0.5 分）

3.（本小题 5.0 分）

（1）综合单价：(110+80+50+30)×1.18＝318.600（元/m^2） （1.0 分）

（2）分项工程费：300×318.6＝9.558（万元） （1.0 分）

（3）三项税：

① 销项税：9.558×1.05×9%＝0.903（万元） （1.0 分）

② 进项税：(10+80×3%+50×9%+30×13%)×300＝0.624（万元） （1.0 分）

③ 增值税：0.903-0.624＝0.279（万元） （1.0 分）

4.（本小题 4.0 分）

（1）实际造价：

① (600×300+900×380+900×120)/10000+9.558=72.558（万元）

② 14-65.2×5%+78.558×5%=14.668（万元）

(72.558+14.668)×1.05×1.09=99.830（万元）　　　　　　　　　　　　　　（2.0 分）

合同价增加：99.830-89.5=10.330（万元）　　　　　　　　　　　　　　　（1.0 分）

（2）最终付款：99.83×(1-3%)-87.099=9.736（万元）　　　　　　　　　　（1.0 分）

案例七（2018 年试题五改编）

某工程项目发承包双方签订了工程施工合同，工期 5 个月，合同约定的工程内容及其价款包括，分部分项工程项目（含单价措施项目）4 项。费用数据与施工进度计划见表 1；总价措施项目费用 10 万元（其中含安全文明施工费为 6 万元）；暂列金额费用 5 万元；管理费和利润为不含税人材机费用之和的 12%；规费为不含税人材机费用与管理费、利润之和的 6%；增值税税率为 9%。

表 1　分部分项工程费数据与施工进度计划表

分部分项工程项目（含单价措施项目）				施工进度计划（单位：月）				
名称	工程量	综合单价	费用/万元	1	2	3	4	5
A	800m³	360 元/m³	28.8					
B	900m³	420 元/m³	37.8					
C	1200m³	280 元/m³	33.6					
D	1000m³	200 元/m³	20.0					
合计			120.2	注：计划和实际施工进度均为匀速进度				

有关工程价款支付条款如下：

1. 开工前，发包人按签约含税合同价（扣除文明施工费和暂列金额）的 20% 作为预付款支付承包人，预付款在施工期间的第 2~5 个月平均扣回，同时将安全文明施工费的 70% 作为提前支付的工程款。

2. 分部分项工程项目工程款在施工期间逐月结算支付。

3. 分部分项工程 C 所需的工程材料 C1 用量 1250m²，承包人的投标报价为 60 元/m²（不含税）。当工程材料 C1 的实际采购价格在投标报价的 ±5% 以内时，分部分项工程 C 的综合单价不予调整；当变动幅度超过该范围时，按超过的部分调整分部分项工程 C 的综合单价。

4. 除开工前提前支付的安全文明施工费工程款之外的总价措施项目工程款，在施工期间的第 1~4 个月平均支付。

5. 发包人按每次承包人应得工程款的 90% 支付。

6. 竣工验收通过后 45 天内办理竣工结算，扣除实际工程含税总价款的 3% 作为工程质量保证金，其余工程款发承包双方一次性结清。

该工程如期开工，施工中发生了经发承包双方确认的下列事项：

1. 分部分项工程 B 的实际施工时间为第 2~4 月。
2. 分部分项工程 C 所需的工程材料 C1 实际采购价格为 70 元/m²（含可抵扣进项税，税率为 3%）。
3. 承包人索赔的含税工程款为 4 万元。

其余工程内容的施工时间和价款均与签约合同相符。

问题：

1. 该工程签约合同价（含税）为多少万元？开工前发包人应支付给承包人的预付款和安全文明施工费工程款分别为多少万元？

2. 第 2 个月，发包人应支付给承包人的工程款为多少万元？截止到第 2 个月末，分部分项工程的拟完成工程计划投资、已完工程计划投资分别为多少万元？工程进度偏差为多少万元？并根据计算结果说明进度快慢情况。

3. 分部分项工程 C 的综合单价应调整为多少元每平方米？如果除工程材料 C1 外的其他进项税额为 2.8 万元（其中，可抵扣进项税额为 2.1 万元），则分部分项工程 C 的销项税额、可抵扣进税额和应缴纳增值税额分别为多少万元？

4. 该工程实际总造价（含税）比签约合同价（含税）增加（或减少）多少万元？假定在办理竣工结算前发包人已支付给承包人的工程款（不含预付款）累计为 110 万元，则竣工结算时发包人应支付给承包人的结算尾款为多少万元？

（注：计算结果以元为单位的保留两位小数，以万元为单位的保留三位小数。）

参 考 答 案

1.（本小题 4.0 分）

（1）合同价：①120.2 万元；②10 万元；③5 万元

(120.2+10+5)×1.06×1.09=156.210（万元） (2.0 分)

（2）预付款：[156.21-（5+6）×1.06×1.09]×20%=28.700（万元） (1.0 分)

（3）安全款：6×70%×1.06×1.09×90%=4.367（万元） (1.0 分)

2.（本小题 5.0 分）

（1）应付工程款：①28.8/2+37.8/3=27 万元；②（10-6×70%）/4=1.45（万元）

(27+1.45)×1.06×1.09×90%-28.7/4=22.409（万元） (2.0 分)

（2）偏差分析：

① 拟完工程计划投资：(28.8+37.8/2)×1.06×1.09=55.113（万元） (1.0 分)

② 已完工程计划投资：(28.8+37.8/3)×1.06×1.09=47.834（万元） (1.0 分)

③ 进度偏差：47.834-55.113=-7.279（万元） (0.5 分)

进度偏差为负，说明进度拖后 7.279 万元 (0.5 分)

3.（本小题 5.5 分）

（1）综合单价：

① 不含税材料价：70/1.03=67.96（元/m²） (0.5 分)

②（67.96-60)/60=13.27%>5%，超过 5%部分调整价格。 (0.5 分)

③ 调整材料价：(67.96-60×1.05)×1250×1.12=6944.00（元） (0.5 分)

综合单价：280+6944/1200=285.79（元/m²） (1.0 分)

108

(2) 三项税：
① 销项税：285.79×1200×1.06×9%＝3.272（万元） (1.0分)
② 进项税：70/1.03×3%×1250/10000+2.1＝2.355（万元） (1.0分)
③ 增值税：3.272-2.355＝0.917（万元） (1.0分)

4.（本小题4.0分）
（1）实际造价：
① 28.8+37.8+285.79×1200/10000+20＝120.895（万元）
② 10万元
(120.895+10)×1.06×1.09+4＝155.236（万元） (1.0分)
增减额：155.236-156.210＝-0.974（万元） (1.0分)
即实际造价比签约合同价减少0.974万元 (1.0分)
（2）结算尾款：155.236×(1-3%)－110－28.7＝11.879（万元） (1.0分)

案例八（2019年试题四）

某工程项目发承包双方签订了建设工程施工合同。工期5个月，有关背景资料如下：
1. 工程价款方面：
（1）分项工程项目费用合计824000元，包括分项工程A、B、C三项，清单工程量分别为800m^3、1000m^3、1100m^2，综合单价分别为280元/m^3、380元/m^3、200元/m^2。当分项工程项目工程量增加（或减少）幅度超过15%时，综合单价调整系数为0.9（或1.1）。
（2）单价措施项目费用合计90000元，其中与分项工程B配套的单价措施项目费用为36000元，该费用根据分项工程B的工程量变化同比例变化，并在第5个月统一调整支付，其他单价措施项目费用不予调整。
（3）总价措施项目费用合计130000元。其中安全文明施工费按分项工程和单价措施项目费用之和的5%计取，该费用根据计取基数变化在第5个月统一调整支付，其余总价措施项目费用不予调整。
（4）其他项目费用合计206000元，包括暂列金额80000元和需分包的专业工程暂估价120000元（另计总承包服务费5%）。
（5）上述工程费用均不包含增值税可抵扣进项税额。
（6）管理费和利润按人材机费用之和的20%计取，规费按人材机费、管理费、利润之和的6%计取，增值税税率为9%。
2. 工程款支付方面：
（1）开工前，发包人按签约合同价（扣除暂列金额和安全文明施工费）的20%支付给承包人作为预付款（在施工期间的第2~4个月的工程款中平均扣回），同时将安全文明施工费按工程款支付方式提前支付给承包人。
（2）分项工程项目工程款逐月结算。
（3）除安全文明施工费之外的措施项目工程款在施工期间的第1~4个月平均支付。
（4）其他项目工程款在发生当月结算。
（5）发包人按每次承包人应得工程款的90%支付。

（6）发包人在承包人提交竣工结算报告后的 30 天内完成审查工作，承包人向发包人提供所在开户银行出具的工程质量保函（保函额为竣工结算价的 3%），并完成结清支付。

施工期间各月分项工程计划和实际完成工程量如表 1 所示。

表 1 施工期间各月分项工程计划和实际完成工程量表

分项工程		施工周期/月					合计
		1	2	3	4	5	
A	计划工程量/m³	400	400				800
	实际工程量/m³	300	300	200			800
B	计划工程量/m³	300	400	300			1000
	实际工程量/m³		400	400	400		1200
C	计划工程量/m²			300	400	400	1100
	实际工程量/m²			300	450	350	1100

施工期间第 3 个月，经发承包双方共同确认：分包专业工程费用为 105000 元（不含可抵扣进项税），专业分包人获得的增值税可抵扣进项税额合计为 7600 元。

问题：

1. 该工程签约合同价为多少元？安全文明施工费工程款为多少元？开工前发人应支付给承包人的预付款和安全文明施工费工程款分别为多少元？

2. 施工至第 2 个月末，承包人累计完成分项工程合同价款为多少元？发包人累计应支付承包人的工程款（不包括开工前支付的工程款）为多少元？分项工程 A 进度偏差为多少元？

3. 该工程的分项工程项目、措施项目、分包专业工程项目合同额（含总承包务费）分别增减多少元？

4. 该工程的竣工结算价为多少元？如果在开工前和施工期间发包人均已按合同约定支付了承包人预付款和各项工程款，则竣工结算时，发包人完成结清支付时，应支付给承包人的结算款为多少元？

（注：计算结果四舍五入取整数）

参 考 答 案

1.（本小题 4.5 分）

（1）合同价：①824000 元；②90000 元；③130000 元；④206000 元

  （824000+90000+130000+206000）×1.06×1.09 = 1444250（元）　　　　　　　　（1.5 分）

（2）全安款：

  （824000+90000）×5%×1.06×1.09 = 45700×1.06×1.09 = 52802（元）　　　　　（1.0 分）

（3）预付款：[1444250−52802−80000×1.06×1.09]×20% = 259803（元）　　（1.0 分）

（4）安全款：52802×90% = 47522（元）　　　　　　　　　　　　　　　　　　（1.0 分）

2.（本小题 6.0 分）

（1）累计完成分项工程价款：（600×280+400×380）×1.06×1.09 = 369728（元）

　　　　　　　　　　　　　　　　　　　　　　　　　　　　　　　　　　　　（1.0 分）

（2）累计支付：

（90000+130000-45700）×2/4×1.06×1.09=100693（元） (1.0分)

（369728+100693）×90%=423379（元） (1.0分)

（423379-259803/3）=336778（元） (1.0分)

（3）进度偏差：

拟完计划：800×280×1.06×1.09=258810（元） (1.0分)

已完计划：600×280×1.06×1.09=194107（元） (1.0分)

进度偏差：194107-258810=-64703（元） (1.0分)

【评分说明：合并计算（600-800）×280×1.06×1.09=-64702元，合并计3分】

3. （本小题6.5分）

（1）分项工程

① (1200-1000)/1000=20%>15% (0.5分)

② 超出15%以上部分综合单价调整为380×0.9=342（元/m³） (0.5分)

③ 原价量：1000×0.15=150（m³） (0.5分)

④ 新价量：200-150=50（m³） (0.5分)

增减额：（150×380+50×342）×1.06×1.09=85615（元） (1.0分)

即分项工程合同额增加85615元

（2）措施项目：

① 单措：36000×（1200-1000）/1000×1.06×1.09=8319（元） (1.0分)

② 安全：（85615+8319）×5%=4697（元） (1.0分)

合计：8319+4697=13016（元） (0.5分)

即措施项目合同额增加13016元

（3）专业工程：（105000-120000）×1.05×1.06×1.09=-18198（元） (1.0分)

即专业工程（含总包服务费）合同额减少18198元

4. （本小题3.0分）

（1）竣工结算价：

1444250-80000×1.06×1.09+85615+13016-18198=1432251（元） (2.0分)

（2）竣工结算尾款：

1432251×（1-90%）=143225（元） (1.0分)

第五部分 土建工程计量与计价

提示：案例中的部分图纸可扫描二维码免费获取。

案例一（2004年试题六改编）

某工程柱下独立基础见图1，共18个。已知基础底面（垫层顶面）标高为-3.600m；土壤类别为三类土；混凝土现场搅拌，混凝土强度等级：基础垫层C10，独立基础及独立柱C20；弃土运距200m；基础回填土夯填；土方挖、填计算均按天然密实土。

问题：（问题2、3的计算结果要带计量单位）

1. 根据图示内容和《建设工程工程量清单计价规范》的规定，根据表1所列清单项目编制±0.00以下的分部分项工程量清单，并将计算过程及结果填入答题卡中"分部分项工程量清单"。

表1 分部分项工程量清单的统一项目编码表

项目编码	项目名称	项目编码	项目名称
010101003	挖基础土方	010402001	矩形柱
010401002	独立基础	010103001	土方回填（基础）
010401001	独立基础垫层		

2. 某承包商拟投标该工程，根据地质资料，确定柱基础为人工放坡开挖，工作面每边增加0.3m；自垫层上表面开始放坡，放坡系数为0.33；基坑边可堆土490m³；余土用翻斗车外运200m。该承包商使用的消耗量定额如下：挖1m³土方，用工0.48工日（已包括基底钎探用工）；装运（外运200m）1m³土方，用工0.10工日，翻斗车0.069台班。已知：翻斗车台班单价为63.81元/台班，人工单价为22元/工日。计算承包商挖独立基础土方的人工费、材料费、机械费合价。

3. 假定管理费率为12%，利润率为7%，风险系数为1%。按《建设工程工程量清单计价规范》有关规定，计算承包商填报的挖独立基础土方工程量清单的综合单价。（风险费以工料机和管理费之和为基数计算）

参 考 答 案

1.（本小题20分）

答表1　分部分项工程量清单

序	项目编码	项目名称	项目特征	单位	数量	计算过程
1	010101003001 （0.5分）	挖基坑土方 独立基础	1. 三类土 2. 基坑深度 3.4m 3. 弃土运距 200m （1.0分）	m³	572.83 （0.5分）	3.6×2.6×(3.6-0.3+0.1)×18 = 572.83 (m³) （2.0分）
2	010401001001 （0.5分）	独立基础垫层	1. 素混凝土垫层 2. 强度等级：C10 3. 垫层厚度：0.1m （1.0分）	m³	16.85 （0.5分）	3.6×2.6×0.1×18 = 16.85 (m³) （2.0分）
3	010401003001 （0.5分）	独立基础	1. 现场搅拌 2. 强度等级：C20 （1.0分）	m³	48.96 （0.5分）	3.4×2.4×0.25×18+1/6×0.2×[3.4×2.4+0.7×0.5+(3.4+0.7)×(2.4+0.5)]×18 = 48.96 (m³) （2.0分）
4	010402001001 （0.5分）	矩形柱	1. 现场搅拌 2. 强度等级：C20 3. 柱高：3.15m （1.0分）	m³	13.61 （0.5分）	0.4×0.6×(3.6-0.25-0.2)×18 = 13.61 (m³) （2.0分）
5	010103001001 （0.5分）	土方回填 （基础）	1. 基础回填土 2. 坑边堆土回填 （1.0分）	m³	494.71 （0.5分）	挖土方清单量：572.83m³ 扣除： ① 混凝土垫层：16.85m³ ② 独基：48.96m³ ③ 混凝土柱：0.4×0.6×(3.6-0.3-0.45)×18 = 12.31 (m³) （1.0分） 16.85+48.96+12.31 = 78.12 (m³) 572.83-78.12 = 494.71 (m³) （1.0分）

2.（本小题10.0分）

（1）挖土（独立柱基）：

下长：3.6+0.3×2=4.2（m）；　　　下宽：2.6+0.3×2=3.2（m）

上长：4.2+0.33×3.3×2=6.378（m）；上宽：3.2+0.33×3.3×2=5.378（m）

4.2×3.2×0.1×18+1/3×3.3×[4.2×3.2+6.378×5.378+$\sqrt{4.2\times3.2\times6.378\times5.378}$]×18 = 24.19+1370.40=1394.59（m³）　　　　　　　　　　　　　　　　　　　　　　　　　（2.0分）

（2）外运：1394.59-490=904.59（m³）　　　　　　　　　　　　　　　　　　　（2.0分）

（3）人材机（工料单价）：

① 挖土：1394.59×0.48×22.00=14726.87（元）　　　　　　　　　　　　　　　（2.0分）

113

② 外运：904.59×（0.1×22.00+0.069×63.81）= 5972.91（元）　　　　（2.0分）
小计：14726.87+5972.91 = 20699.78（元）　　　　（2.0分）

3. （本小题10.0分）

（1）人材机：20699.78元
（2）管理费：20699.78×12% = 2483.97（元）　　　　（2.0分）
（3）利润和风险：（20699.78+2483.97）×（1%+7%）= 1854.70（元）　　　　（2.0分）
小计：20699.78+2483.97+1854.70 = 25038.45（元）　　　　（3.0分）
综合单价：25038.45/572.83 = 43.71（元/m³）　　　　（3.0分）

案例二（2007年试题六改编）

某小高层住宅楼建筑部分设计如图1和图2所示，共12层，每层层高均为3m，电梯机房与楼梯间部分凸出屋面。墙体除注明者外均为200mm厚加气混凝土墙，轴线位于墙中。外墙采用50mm厚聚苯板保温。楼面做法为20mm厚水泥砂浆抹面压光。楼层钢筋混凝土板厚100mm，内墙做法为20mm厚混合砂浆抹面压光。为简化计算首层建筑面积按标准层建筑面积计算。阳台为全封闭阳台，⑤和⑦轴上混凝土柱超过墙体宽度部分建筑面积忽略不计，门窗洞口尺寸见表1，工程做法见表2。

表1　门窗表

名称	洞口尺寸 $\frac{长}{mm} \times \frac{宽}{mm}$	名称	洞口尺寸 $\frac{长}{mm} \times \frac{宽}{mm}$
M-1	900×2100	C-3	900×1600
M-2	800×2100	C-4	1500×1700
HM-1	1200×2100	C-5	1300×1700
GJM-1	900×1950	C-6	2250×1700
YTM-1	2400×2400	C-7	1200×1700
C-1	1800×2000	C-8	1200×1600
C-2	1800×1700		

表2　工程做法

序号	名称	工程做法
1	水泥砂浆楼面	·20mm厚1:2水泥砂浆抹面压光 ·素水泥浆结合层一道 ·钢筋混凝土楼板
2	混合砂浆墙面	·15mm厚1:1:6水泥石灰砂浆 ·5mm厚1:0.5:3水泥石灰砂浆
3	水泥砂浆踢脚线 （150mm高）	·6mm厚1:3水泥砂浆 ·6mm厚1:2水泥砂浆抹面压光

（续）

序号	名称	工程做法
4	混合砂浆天棚	·钢筋混凝土板底面清理干净 ·7mm厚1∶1∶4水泥石灰砂浆 ·5mm厚1∶0.5∶3水泥石灰砂浆
5	聚苯板外墙外保温	·砌体墙体 ·50mm厚钢丝网架聚苯锚筋固定 ·20mm厚聚合物抗裂砂浆
6	80系列单框中空玻璃塑钢推拉窗 洞口1800mm×2000mm	·80系列、单框中空玻璃推拉窗 ·中空玻璃空气间层12mm厚，玻璃厚为5mm ·拉手、风撑

问题：

1. 依据《建筑工程建筑面积计算规范》的规定，计算小高层住宅楼的建筑面积。将计算过程、计量单位及计算结果填入答题卡"建筑面积计算表"。

2. 依据《建设工程工程量清单计价规范》附录B的工程量计算规则，计算小高层住宅楼二层卧室1、卧室2、主卫的楼面工程量以及墙面工程量，将计算过程、计量单位及计算结果按要求填入答题卡"分部分项工程量计算表"。

3. 结合图纸及表2"工程做法"进行分部分项工程量清单的项目特征描述，将描述和分项计量单位填入答题卡"分部分项工程量清单"。

（计算结果均保留2位小数）

参考答案

1.（本小题16.0分）

答表1 建筑面积计算表

序号	分项工程	计量单位	工程数量	计算过程	
1	建筑面积	m² （0.5分）	4138.16 （0.5分）	(23.6+0.05×2)×(12+0.1×2+0.05×2) = 291.51 （m²）	（2.0分）
				3.6×(13.2+0.1×2+0.05×2) = 48.6 （m²）	（2.0分）
				0.4×(2.6+0.1×2+0.05×2) = 1.16 （m²）	（2.0分）
				扣除：C-2处：(3.6-0.1×2-0.05×2)×0.8×2 = 5.28 （m²）	（2.0分）
				增加：	
				阳台：9.2×(1.5-0.05)×1/2 = 6.67 （m²）	（2.0分）
				机房：(2.2+0.1×2+0.05×2)×2.2×1/2 = 2.75 （m²）	（2.0分）
				楼梯间：(2.8+0.05×2)×(7.8+0.1×2+0.05×2) = 23.49 （m²）	（1.0分）
				合计：(291.51+48.6+1.16+6.67-5.28)×12+2.75+23.49 = 4138.16 （m²）	（2.0分）

2. (本小题 12.0 分)

答表 2 分部分项工程量计算表

分项工程名称	计量单位	工程数量	计算过程
楼面工程 （二层）	m² (0.5 分)	79.12 (0.5 分)	卧室1：(3.4×5.8-2.1×1)×2=35.24（m²）　　　　(1.5 分) 卧室2：3.4×5×2=34.00（m²）　　　　(1.5 分) 主卫：1.9×2.6×2=9.88（m²）　　　　(1.0 分)
墙面工程 （二层）	m² (0.5 分)	225.16 (0.5 分)	卧室1：[(3.4+5.8)×2×2.9-1.8×2-0.9×2.1-0.8×2.1]×2=92.38（m²）　　　　(2.0 分) 卧室2：[(3.4+5)×2×2.9-1.8×1.7-0.9×2.1]×2=86.82（m²）　　　　(2.0 分) 主卫：[(1.9+2.6)×2×2.9-0.8×2.1-0.9×1.6]×2=45.96（m²）　　　　(2.0 分)

3. (本小题 12.0 分)

答表 3 分部分项工程量清单

序号	项目编码	项目名称	项目特征	计量单位	数量
1	020101001001	水泥砂浆楼面	1. 面层厚度：20mm 2. 砂浆配合比：1:2 水泥砂浆　　(0.5 分)	m² (0.5 分)	—
2	020201001001	混合砂浆墙面	1. 墙体类型：加气混凝土墙　　(0.5 分) 2. 底层厚度15mm；砂浆配合比：1:1:6 水泥石灰砂浆 (0.5 分) 3. 面层厚度5mm；砂浆配合比：1:0.5:3 水泥石灰砂浆　　(0.5 分)	m² (0.5 分)	—
3	020105001001	水泥砂浆踢脚线	1. 踢脚线高：150mm； 2. 底层厚度6mm；砂浆配合比：1:3 水泥石灰砂浆　(0.5 分) 3. 面层厚度6mm；砂浆配合比：1:2 水泥砂浆抹面压光　(0.5 分)	m² (0.5 分)	—
4	020301001001	混合砂浆天棚	1. 基层类型：钢筋混凝土天棚　　(0.5 分) 2. 抹灰厚度7mm；砂浆配合比：1:1:4 水泥石灰砂浆　(0.5 分) 3. 面层厚度5mm；1:0.5:3 水泥石灰砂浆　(0.5 分)	m² (0.5 分)	—
5	010803003001	聚苯板外墙外保温	1. 部位：砌块墙体　　(0.5 分) 2. 方式：锚筋固定　　(0.5 分) 3. 材料品种、规格：50mm 厚聚苯板　(0.5 分) 4. 材料防护：20mm 聚合物抗裂砂浆　(0.5 分)	m² (0.5 分)	—
6	020406007001	玻璃塑钢推拉窗	1. 类型尺寸：80 系列单框推拉窗 1800mm×2000mm　(0.5 分) 2. 材质：塑钢　　(0.5 分) 3. 玻璃品种、厚度：中空玻璃 5+12A+5　(0.5 分) 4. 五金材料：拉手、风撑　(0.5 分)	樘 (0.5 分)	—

案例三 (2008年试题六改编)

某工程基础平面图如图1所示,现浇钢筋混凝土带形基础、独立基础的尺寸如图2所示。混凝土垫层强度等级为C15,混凝土基础强度等级为C20,按外购商品混凝土考虑。混凝土垫层支模板浇筑,工作面宽度300mm,槽坑底面用电动夯实机夯实,费用计入混凝土垫层和基础中。

直接工程费单价表,见表1。

表1 直接工程费单价表

序号	项目名称	计量单位	费用组成			
			人工费/元	材料费/元	机械费/元	单价/元
1	带形基础组合钢模板	m²	8.85	21.53	1.60	31.98
2	独立基础组合钢模板	m²	8.32	19.01	1.39	28.72
3	垫层木模板	m²	3.58	21.64	0.46	25.68

基础定额表,见表2。

表2 基础定额表

项目			基础槽底夯实	现浇混凝土基础垫层	现浇混凝土带形基础
名称	单位	单价/元	100m²	10m³	10m³
综合人工	工日	52.36	1.42	7.33	9.56
混凝土C15	m³	252.40		10.15	
混凝土C20	m³	266.05			10.15
草袋	m²	2.25		1.36	2.52
水	m³	2.92		8.67	9.19
电动打夯机	台班	31.54	0.56		
混凝土振捣器	台班	23.51		0.61	0.77
翻斗车	台班	154.80		0.62	0.78

依据《建设工程工程量清单计价规范》计算原则,以人工费、材料费和机械使用费之和为基数,取管理费率5%、利润率4%;以分部分项工程量清单计价合计和模板及支架清单项目费之和为基数,取临时设施费率1.5%、环境保护费率0.8%、安全和文明施工费率1.8%。

问题:

依据《建设工程工程量清单计价规范》的规定(有特殊注明除外)完成下列计算:

1. 计算现浇钢筋混凝土带形基础、独立基础、基础垫层的工程量。将计算过程及结果填入答题卡"分部分项工程量计算表"。

2. 编制现浇混凝土带形基础、独立基础的分部分项工程量清单,说明项目特征(带形基础的项目编码为 010401001,独立基础的项目编码为 010401002),填入答题卡"分部分项工程量清单"。

3. 依据提供的基础定额数据,计算混凝土带形基础的分部分项工程量清单综合单价,填入答题卡"分部分项工程量清单综合单价分析表",并列出计算过程。

4. 计算带形基础、独立基础(坡面不计算模板工程量)和基础垫层的模板工程量,将计算过程及结果填入答题卡"模板工程量计算表"。

5. 现浇混凝土基础工程的分部分项工程量清单计价合价为 57686.00 元,计算措施项目清单费用,填入答题卡"措施项目清单计价表",并列出计算过程。

(计算结果均保留2位小数)

参 考 答 案

1. (本小题 10.0 分)

答表1 分部分项工程量计算表

序号	分项工程名称	计量单位	计算过程	工程数量
1	带形基础	m³	长度:22.80×2+10.5+6.9+9=72.00(m) 体积:(1.10×0.35+0.5×0.3)×72=38.52(m³)　　(3.0分)	38.52 (0.5分)
2	独立基础	m³	$[1.2×1.2×0.35+1/3×0.35×(1.2^2+0.36^2+1.2×0.36)+0.36×0.36×0.3]×2=1.55$(m³)　　(3.0分)	1.55 (0.5分)
3	带形基础垫层	m³	1.3×0.1×72=9.36(m³)　　(1.0分)	9.36 (0.5分)
4	独立基础垫层	m³	1.4×1.4×0.1×2=0.39(m³)　　(1.0分)	0.39 (0.5分)

2. (本小题 6.0 分)

答表2 分部分项工程量清单

序号	项目编码	项目名称及特征	计量单位	工程数量
1	010401001001 (0.5分)	混凝土带形基础 1. 垫层材料种类、厚度:C15 混凝土、100mm 厚; 2. 混凝土强度等级:C20 混凝土; 3. 混凝土拌合料要求:外购商品混凝土 (2.0分)	m³	38.52 (0.5分)
2	010401002001 (0.5分)	混凝土独立基础 1. 垫层材料种类、厚度:C15 混凝土、100mm 厚; 2. 混凝土强度等级:C20 混凝土; 3. 混凝土拌合料要求:外购商品混凝土 (2.0分)	m³	1.55 (0.5分)

3. (本小题 12.0 分)

答表 3　分部分项工程量清单综合单价分析表

序号	项目编码	项目名称	工程内容	综合单价组成（六项共 1.0 分）					
				人工费/元	材料费/元	机械费/元	管理费/元	利润/元	综合单价/元
1	010401001001 (0.5 分)	带形基础	1. 槽底夯填 2. 垫层混凝土浇筑 3. 基础混凝土浇筑 (1.0 分)	62.02	336.23	17.19	20.77	16.62	452.83

（1）槽底夯实：

槽底面积：(1.30+0.3×2)×72＝136.80（m²）　　　　　　　　　　　　　　　　(1.0 分)

人工费：0.0142×52.36×136.80＝101.71（元）　　　　　　　　　　　　　　　(0.5 分)

机械费：0.0056×31.54×136.80＝24.16（元）　　　　　　　　　　　　　　　(0.5 分)

（2）垫层混凝土：

工程量：1.3×0.1×72＝9.36（m³）　　　　　　　　　　　　　　　　　　　　(0.5 分)

人工费：0.733×52.36×9.36＝359.24（元）　　　　　　　　　　　　　　　　(0.5 分)

材料费：(1.015×252.4+0.867×2.92+0.136×2.25)×9.36＝2424.46（元）　　(0.5 分)

机械费：(0.061×23.51+0.062×154.80)×9.36＝103.26（元）　　　　　　　(0.5 分)

（3）基础混凝土：

工程量：38.52m³

人工费：0.956×52.36×38.52＝1928.16（元）　　　　　　　　　　　　　　　(0.5 分)

材料费：(1.015×266.05+0.919×2.92+0.252×2.25)×38.52＝10527.18（元）　(0.5 分)

机械费：(0.077×23.51+0.078×154.80)×38.52＝534.84（元）　　　　　　　(0.5 分)

综合单价组成：

① 人工费：(101.71+359.24+1928.16)/38.52＝62.02（元）　　　　　　　　　(0.5 分)

② 材料费：(2424.46+10527.18)/38.52＝336.23（元）　　　　　　　　　　　(0.5 分)

③ 机械费：(24.16+103.26+534.84)/38.52＝17.19（元）　　　　　　　　　　(0.5 分)

小计：62.02+336.23+17.19＝415.44（元）

④ 管理费：415.44×5%＝20.77（元）　　　　　　　　　　　　　　　　　　　(1.0 分)

⑤ 利润：415.44×4%＝16.62（元）　　　　　　　　　　　　　　　　　　　　(1.0 分)

综合单价：415.44+20.77+16.62＝452.83（元/m³）　　　　　　　　　　　　　(0.5 分)

4. (本小题 6.0 分)

答表 4　模板工程量计算表

序号	模板名称	计量单位	计算过程	工程数量
1	带形基础组合钢模板	m²	(0.35+0.30)×2×72＝93.60（m²）　　(1.0 分)	93.60 (0.5 分)
2	独立基础组合钢模板	m²	(0.35×1.2+0.3×0.36)×4×2＝4.22（m²）　(1.0 分)	4.22 (0.5 分)

序号	模板名称	计量单位	计算过程	工程数量
3	垫层模板	m² (此列共0.5分)	带形基础垫层：0.1×2×72＝14.40（m²） 独立基础：1.4×0.1×4×2＝1.12（m²） 合计：14.40+1.12＝15.52（m²） （2.0分）	15.52（0.5分）

5.（本小题6.0分）

（1）模板及支架：（93.6×31.98+4.22×28.72+15.52×25.68）×1.09＝3829.26（元）

（2）临时设施费：（57686+3829.26）×1.5%＝922.73（元）

（3）环境保护费：（57686+3829.26）×0.8%＝492.12（元）

（4）安全和文明施工费：（57686+3829.26）×1.8%＝1107.27（元）

合计：3829.26+922.73+492.12+1107.27＝6351.38（元）

答表5 模板工程量计算表

序号	项目名称	金额/元
1	模板及支架费	3829.26（2.0分）
2	临时设施费	922.73（1.0分）
3	环境保护费	492.12（1.0分）
4	安全和文明施工费	1107.27（1.0分）
5	合　计	6351.38（1.0分）

案例四（2010年试题六改编）

某建筑物地下室挖土方工程，内容包括：挖基础土方和基础土方回填，基础土方回填采用打夯机夯实，除基础回填所需土方外，余土全部用自卸汽车外运800m至弃土场。提供的施工场地，已按设计室外地坪－0.20m平整，土质为三类土，采取施工排水措施。根据图1基础平面图、图2剖面图所示的以及现场环境条件和施工经验，确定土方开挖方案为：基坑除1—1剖面边坡按1∶0.3放坡开挖外，其余边坡均采用坑壁支护垂直开挖，采用挖掘机开挖基坑。假设施工坡道等附加挖土忽略不计，已知垫层底面积586.21m²。

有关施工内容的预算定额直接费单价见表1。

表1 预算定额直接费单价表

序号	项目名称	单位	直接费单价组成/元			
			人工费	材料费	机械费	单价
1	挖掘机挖土	m³	0.28		2.57	2.85
2	土方回填夯实	m³	14.11		2.05	16.16
3	自卸汽车运土（800m）	m³	0.16	0.07	8.60	8.83
4	坑壁支护	m²	0.75	6.28	0.36	7.39
5	施工排水	项				3700.00

承发包双方在合同中约定：以人工费、材料费和机械费之和为基数，计取管理费（费率5%）、利润（利润率4%）；以分部分项工程费合计、施工排水和坑壁支护费之和为基数，计取临时设施费（费率1.5%）、环境保护费（费率0.8%）、安全和文明施工费（费率1.8%）；不计其他项目费；以分部分项工程费合计与措施项目费合计之和为基数计取规费（费率2%）。以上单价和费用中均不含增值税可抵扣进项税，增值税税率为9%。

问题：

除问题1外，其余问题均根据《建设工程工程量清单计价规范》的规定进行计算。

1. 预算定额计算规则为： 挖基础土方工程量按基础垫层外皮尺寸加工作面宽度的水平投影面积乘以挖土深度，另加放坡工程量，以立方米计算；坑壁支护按支护外侧垂直投影面积以平方米计算。挖、运、填土方计算均按天然密实土计算。计算挖掘机挖土、土方回填夯实、自卸汽车运土（800m）、坑壁支护的工程量，把计算过程及结果填入答题卡"工程量计算表"中。

2. 假定土方回填土工程量190.23m^3。计算挖基础土方工程量，编制挖基础土方和土方回填的分部分项工程量清单，填入答题卡"分部分项工程量清单"（挖基础土方的项目编码为010101003，土方回填的项目编码为010103001）。

3. 计算挖基础土方的工程量清单综合单价，把综合单价组成和综合单价填入答题卡"工程量清单综合单价分析表"中。

4. 假定分部分项工程费用合计为31500.00元。

（1）编制挖基础土方的措施项目清单计价表（一）、（二），填入答题卡"措施项目清单与计价表（一）、（二）"中，并计算其措施项目费合计。

（2）编制基础土方工程投标报价汇总表，填入答题卡"基础土方工程投标报价汇总表"。

（计算结果均保留2位小数）

参 考 答 案

1. （本小题16.0分）

答表1　工程量计算表

序号	工程内容	计量单位	工程量	计算过程
1	挖掘机挖土	m^3	3251.10 （0.5分）	支护中到边：0.1+0.3+0.45＝0.85（m） 放坡中到边：0.3+0.45＝0.75（m） (30+0.85×2)×(15+0.75+0.85)×5+(16+0.85×2)×5×5+1/2×5×0.3×5×(30+0.85×2)+586.210.1＝3251.10（m^3） （4.0分）
2	土方回填夯实	m^3	451.66 （0.5分）	垫层：586.21×0.1＝58.62（m^3） 底板：(30+0.45×2)×(15+0.45×2)×0.5+(16+0.45×2)×5×0.5＝287.91（m^3） −0.200m以下地下室体积： 高 5.2−0.2−0.5＝4.5（m） (30+0.15×2)×(15+0.15×2)×4.5+(16+0.15×2)×5×4.5＝2452.91（m^3） 土方回填：3251.1−(58.62+287.91+2452.91)＝451.66（m^3） （5.0分）

（续）

序号	工程内容	计量单位	工程量	计算过程
3	自卸汽车运土（800m）	m³	2799.44（0.5分）	3251.1−451.66＝2799.44（m³） （1.0分）
4	坑壁支护	m²	374.50（0.5分）	(15+0.75+0.85)×2×5+5×2×5+(30+0.85×2)×5 ＝374.50（m²） （4.0分）

2.（本小题4.0分）

挖基础土方清单工程量＝586.21×(5.2−0.2+0.1)＝2989.67（m³）

答表2　分部分项工程量清单

序号	项目编码	项目名称	项目特征描述	计量单位	工程量	金额/元		
						综合单价	合价	暂估价
1	010101003001（0.5分）	挖基础土方	1. 三类土 2. 满堂基坑垫层底面积586.21 3. 挖土深度5.1m 4. 弃土距离800　（0.5分）	m³	2989.67（1.0分）			
2	010103001001（0.5分）	土方回填	素土、夯填　（0.5分）	m³	190.23（1.0分）			

3.（本小题10.0分）

(1) 每单位清单项目工程量对应的定额工程量：

① 挖掘机挖土：3251.10/2989.67＝1.09（m³/m³）

② 自卸汽车运土：2799.44/2989.67＝0.94（m³/m³）

(2) 各定额项目的管理费和利润单价：

① 挖掘机挖土：(0.28+2.57)×(5%+4%)＝0.26（元）

② 自卸汽车运土：(0.16+0.07+8.6)×(5%+4%)＝0.79（元）

(3) 各定额项目的人、材、机、管理费和利润合价（每清单工程量的分项单价）：

① 挖掘机挖土：

1.087×0.28＝0.30（元/m³）

1.087×2.57＝2.79（元/m³）

1.087×0.26＝0.28（元/m³）

② 自卸汽车运土：

0.936×0.16＝0.15（元/m³）

0.936×0.07＝0.07（元/m³）

0.936×8.60＝8.05（元/m³）

0.936×0.79＝0.74（元/m³）

(4) 清单项目综合单价：(0.3+0.15)+0.07+(2.79+8.05)+(0.28+0.74)

　　　　　　　　　　＝0.45+0.07+10.84+1.02＝12.38（元/m³）

答表3 工程量清单综合单价分析表

项目编码	010101003001 (0.5分)	项目名称	挖基础土方 (0.5分)	计量单位	m³ (0.5分)	工程量	2989.67

清单综合单价组成明细										
定额编号	定额项目名称	单位	数量	单价				合价			
				人工费	材料费	机械费	管理费和利润	人工费	材料费	机械费	管理费和利润
	挖掘机挖土	m³	1.09 (0.5分)	0.28		2.57	0.26 (1.0分)	0.31		2.80	0.28 (1.0分)
	自卸汽车运土800m	m³	0.94 (0.5分)	0.16	0.07	8.60	0.79 (1.0分)	0.15	0.07	8.08	0.74 (1.0分)
人工单价		小计						0.46 (0.5分)	0.07 (0.5分)	10.88 (0.5分)	1.02 (0.5分)
元/工日		未计价材料费						0.00			
清单项目综合单价								12.43 (1.5分)			

4.（本小题10.0分）

答表4 措施项目清单与计价表（一）

序号	项目名称	计算基础	费率（%）	金额/元
1	施工排水	施工排水人材机之和3700.00元	9	4033.00 (1.0分)
2	临时设施	分部分项工程费用合计、施工排水和坑壁支护清单项目费之和 31500+4033+3078.92=38611.92（元）	1.5	579.18 (1.0分)
3	环境保护		0.8	308.90 (1.0分)
4	安全文明施工费		1.8	695.01 (1.0分)
	合计			5616.09 (0.5分)

施工排水：3700×1.09＝4033.00（元）
坑壁支护综合单价：7.39×1.09＝8.06（元）

答表5 措施项目清单与计价表（二）

序号	项目编码	项目名称	项目特征描述	单位	工程量	金额/元	
						综合单价	合价
1		坑壁支护		m²	382.00	8.06	3078.92 (1.0分)

措施项目费合计：5616.09+3078.92＝8695.01（元）

答表6 基础土方工程投标报价汇总表

序号	汇总内容	金额/元	其中：暂估价/元
1	分部分项工程	31500.00（1.0分）	
2	措施项目	8695.01（1.0分）	
3	规　　费	803.90（1.0分）	
4	税　　金	3689.90（1.0分）	
投标报价合计=1+2+3+4		44688.81（0.5分）	

案例五（2012年试题六改编）

某钢筋混凝土圆形烟囱基础设计尺寸，如图1所示。其中基础垫层采用C15混凝土，圆形满堂基础采用C30混凝土，地基土壤类别为三类土。土方开挖底部施工所需的工作面宽度为300mm，放坡系数为1∶0.33，放坡自垫层上表面计算。

问题：

1. 根据上述条件，按《建设工程工程量清单计价规范》的计算规则，在答题卡"工程量计算表"中，列式计算该烟囱的平整场地、挖基础土方、垫层和混凝土基础工程量。平整场地工程量按满堂基础底面积乘2.0系数计算。

2. 根据工程所在地相关部门发布的现行挖、运土方预算单价，见表1"挖、运土方预算单价表"。施工方案规定，土方按90%机械开挖、10%人工开挖，用于回填的土方在20m内就近堆存，余土运往5000m范围内指定堆放地点堆放。相关工程的企业管理费按人材机之和的7%计算，利润按人材机之和的6%计算。编制挖基础土方（编码为010101003）的清单综合单价，填入答题卡"工程量清单综合单价分析表"。

表1 挖、运土方预算单价表　　　　（单位：m³）

定额编号	1-7	1-148	1-162
项目名称	人工挖土	机械挖土	机械挖、运土
工作内容	人工挖土装土，20m内就近堆放，整理边坡等	机械挖土就近堆放，清理机下余土等	机械挖土装车，外运5000m内堆放
人工费/元	12.62	0.27	0.31
材料费/元	0.00	0.00	0.00
机械费/元	0.00	7.31	21.33
基　价/元	12.62	7.58	21.64

3. 利用第1、2问题的计算结果和以下相关数据，在答题卡"分部分项工程量清单与计价表"中，编制该烟囱基础分部分项工程量清单与计价表。已知相关数据为：①平整场地，

编码010101001，综合单价1.26元/m²；②挖基础土方，编码010101003；③土方回填，人工回填，人工分层夯填，编码010103001，综合单价15.00元/m³；④C15混凝土垫层，编码010401006，综合单价460.00元/m³；⑤C30混凝土满堂基础，编码010401003，综合单价520.00元/m³。

（计算结果保留2位小数）

参 考 答 案

1.（本小题10.0分）

答表1 工程量计算表

序号	项目名称	单位	工程量	计算过程	
1	平整场地	m² (0.5分)	508.68	3.14×9×9×2=508.68（m²）	(1.0分)
2	挖基础土方	m³ (0.5分)	1066.10	3.14×9.1×9.1×4.1=1066.10（m³）	(1.0分)
3	C15混凝土基础垫层	m³ (0.5分)	26.00	3.14×9.1×9.1×0.1=26.00（m³）	(1.0分)
4	C30混凝土满堂基础	m³ (0.5分)	417.92	下圆柱： 3.14×9×9×0.9=228.91（m³） (1.0分) 中圆台： 1/3×3.14×0.9×(5×5+9×9+5×9) =142.24（m³） (1.0分) 上圆台： 1/3×2.2×3.14×(5×5+4.54×4.54+5×4.54)−3.14×4×4×2.2=157.30−110.53=46.77（m³） (1.0分) 合计：228.91+142.24+46.77=417.92（元） (2.0分)	

2.（本小题22.0分）

（1）土方工程量计算过程：

① 挖基础土方量：$3.14×9.4^2×0.1+1/3×3.14×4×[(9+0.1+0.3)^2+(9.4+4×0.33)^2+(9+0.1+0.3)×(9.4+4×0.33)]=1300.69$（m³） (4.0分)

② 回填土方量：$1300.69−26−417.92−3.14×4^2×2.2=746.24$（m³） (1.5分)

③ 外运余土方量：$1300.69−746.24=554.45$（m³） (1.5分)

（2）综合单价分析表中数量计算过程：

① 人工挖土：1300.69×10%/1066.10=0.12（m³） (1.0分)

② 机械挖土：(1300.69−1300.69×10%−554.45)/1066.10=0.58（m³） (1.0分)

③ 机械挖土、外运：554.45/1066.10=0.52（m³） (1.0分)

答表2 工程量清单综合单价分析表

项目编码	010101003001 (0.5分)		项目名称	挖基础土方			计量单位	m³ (0.5分)		
清单综合单价组成明细											
定额编号	定额名称	定额单位	数量	单价				合价			
				人工费	材料费	机械费	管理费和利润	人工费	材料费	机械费	管理费和利润
1-7	人工挖土方	m³ (0.5分)	0.12 (1.0分)	12.62	0.00	0.00	1.64 (0.5分)	1.51	0.00	0.00	0.20 (1.0分)
1-148	机械挖土方	m³ (0.5分)	0.58 (1.0分)	0.27	0.00	7.31	0.99 (0.5分)	0.16	0.00	4.24	0.57 (1.0分)
1-162	机械挖运土	m³ (0.5分)	0.52 (1.0分)	0.31	0.00	21.33	2.81 (0.5分)	0.16	0.00	11.09	1.46 (1.0分)
小计（四项共1.0分）								1.83	0.00	15.33	2.23
清单项目综合单价/(元/m³)								19.39 (1.0分)			

3. （本小题8.0分）

答表3 分部分项工程量清单与计价表

序号	项目编码	项目名称	项目特征描述	计量单位	工程量	金额/元	
						综合单价	合价
1	010101001001	平整场地 (0.5分)	—	m²	508.68	1.26	640.94 (0.5分)
2	010101003001	挖基础土方	三类土；余土外运5000m内 (0.5分)	m³	1066.10	19.39 (0.5分)	20671.68 (0.5分)
3	010103001001	土方回填	人工分层夯填 (0.5分)	m³	511.65 (2.0分)	15.00	7674.75 (0.5分)
4	010401006001	C15混凝土垫层	C15混凝土 (0.5分)	m³	26.00	460.00	11960.00 (0.5分)
5	010401003001	C30混凝土满堂基础	C30混凝土 (0.5分)	m³	417.92	520.00	217318.40 (0.5分)
合 价/元							258265.77 (0.5分)

案例六（2013年试题六改编）

某拟建项目机修车间，厂房设计方案采用预制钢筋混凝土排架结构。其上部结构系统如图1所示。结构体系中现场预制标准构件和非标准构件的混凝土强度等级、设计控制参考钢筋含量等见表1。

表1 现场预制构件一览表

序号	构件名称	型号	强度等级	钢筋含量
1	预制混凝土矩形柱	YZ-1	C30	152.00
2	预制混凝土矩形柱	YZ-2	C30	138.00
3	预制混凝土基础梁	JL-1	C25	95.00
4	预制混凝土基础梁	JL-2	C25	95.00
5	预制混凝土柱顶连系梁	LL-1	C25	84.00
6	预制混凝土柱顶连系梁	LL-2	C25	84.00
7	预制混凝土T形吊车梁	DL-1	C35	141.00
8	预制混凝土T形吊车梁	DL-2	C35	141.00
9	预制混凝土薄腹屋面梁	WL-1	C35	135.00
10	预制混凝土薄腹屋面梁	WL-2	C35	135.00

另经调查阅国家标准图集，所选用的薄腹屋面梁混凝土用量为 $3.11m^3$/榀（厂房中间与两端山墙处屋面梁的混凝土用量相同，仅预埋铁件不同）；所选用T形吊车梁混凝土用量，车间两端部为 $1.13m^3$/根，其余为 $1.08m^3$/根。

问题：（计算结果保留2位小数）

1. 根据上述条件，按《房屋建筑与装饰工程量计算规范》的计算规则，在答题卡工程量计算表中，列式计算该机修车间上部结构预制混凝土柱、梁工程量及根据设计提供的控制参考钢筋含量计算相关钢筋工程量。

2. 利用问题1的计算结果和以下相关数据，按《建设工程工程量清单计价规范》和《房屋建筑与装饰工程量计算规范》的要求，在答题卡分部分项工程量清单与计价表中，编制该机修车间上部结构分部分项工程和单价措施项目清单与计价表。

已知相关数据为：

① 预制混凝土矩形柱的清单编码为010509001，预制混凝土柱单件体积<$3.5m^3$，就近插入基础杯口，人材机合计513.71元/m^3；

② 预制混凝土基础梁的清单编码为010510001，基础梁地面安装，单件体积<$1.2m^3$，人材机合计402.98元/m^3；

③ 预制混凝土柱顶连系梁的清单编码为010511001，连系梁单件体积<$0.6m^3$，安装高度<12m，人材机合计423.21元/m^3；

④ 预制混凝土T形吊车梁的清单编码为010512001，T形吊车梁单件体积<$1.2m^3$，安装高度<9.5，人材机合计530.38元/m^3；

⑤ 预制混凝土薄腹屋面梁的清单编码为010513001，薄腹屋面梁单件体积<$3.2m^3$，安装高度13m，人材机合计561.35元/m^3；

⑥ 预制混凝土构件钢筋的清单编码为010514001，所用钢筋直径6~25mm，人材机合计

6018.70元/t。以上项目管理费均为人材机为基数按10%计算,利润均以人材机和管理费合计为基数按5%计算。

3. 利用以下相关数据,在答题卡单位工程招标控制价汇总表中,编制该机修车间土建单位工程招标控制价汇总表。

已知相关数据为:①一般土建分部分项工程费用为785000.00元。②措施项目费用62800.00元,其中安全文明施工费26500.00元。③其他项目费用为屋顶防水专业分包暂估70000.00元。④规费以分部分项工程、措施项目、其他项目之和为基数计取,规费费率为5.28%。以上费用均不含增值税可抵扣进项税。⑤增值税税率为9%。

参 考 答 案

1. (本小题20.0分)

答表1　工程量计算表

序号	项目名称	单位	工程量	计算过程
1	预制混凝土矩形柱	m³	62.95 (0.5分)	16YZ-1:16×［0.4×0.3×3+0.4×0.7×9.85 (0.3+0.6)×0.3/2×0.4］ =52.67（m³）　　　　　　　　　　　　　　　　　　（1.0分） 4YZ-2:4×0.4×0.5×12.85=10.28（m³）　　　　　　　（1.0分） 合计:52.67+10.28=62.95（m³）　　　　　　　　　　（0.5分）
2	预制混凝土基础梁	m³	18.81 (0.5分)	10JL-1:10×0.35×0.5×5.95=10.41（m³）　　　　　　（1.0分） 8JL-2:8×0.35×0.5×6=8.40（m³）　　　　　　　　　（1.0分） 合计:10.41+8.4=18.81（m³）　　　　　　　　　　　（0.5分）
3	预制混凝土柱顶连系梁	m³	7.69 (0.5分)	10LL-1:10×0.25×0.4×5.55=5.55（m³）　　　　　　　（1.0分） 4LL-2:4×0.25×0.4×5.35=2.14（m³）　　　　　　　（1.0分） 合计:5.55+2.14=7.69（m³）　　　　　　　　　　　　（0.5分）
4	预制混凝土T形吊车梁	m³	15.32 (0.5分)	10DL-1:10×1.08=10.80（m³）　　　　　　　　　　　（1.0分） 4DL-2:4×1.13=4.52（m³）　　　　　　　　　　　　（1.0分） 合计:10.8+4.52=15.32（m³）　　　　　　　　　　　（0.5分）
5	预制混凝土薄腹屋面梁	m³	24.88 (0.5分)	6WL-1:6×3.11=18.66（m³）　　　　　　　　　　　　（1.0分） 2WL-2:2×3.11=6.22（m³）　　　　　　　　　　　　（1.0分） 合计:18.66+6.22=24.88（m³）　　　　　　　　　　　（0.5分）
6	预制构件钢筋	t	17.38 (0.5分)	YZ:52.67×152/1000+10.28×0.138=9.42（t）; JL:18.81×95/1000=1.79（t）; LL:7.69×84/1000=0.65（t） DL:15.32×141/1000=2.16（t）; WL:24.88×135/1000=3.36（t） 合计:9.42+1.79+0.65+2.16+3.36=17.38（t）（4.5分）

2. (本小题16.0分)

答表2 分部分项工程量清单与计价表

序号	项目编码	项目名称	项目特征描述	计量单位	工程量	金额/元		
						综合单价	合价	暂估价
1	010509001001 (0.5分)	预制混凝土矩形柱	1. 单件体积<3.5 2. 插入基础杯口 3. 混凝土强度C30 (0.5分)	m³	62.95 (0.5分)	593.34 (0.5分)	37350.75 (0.5分)	
2	010510001001 (0.5分)	预制混凝土基础梁	1. 单件体积<1.2 2. 近地面安装； 3. 混凝土强度C25 (0.5分)	m³	18.81 (0.5分)	465.44 (0.5分)	8754.93 (0.5分)	
3	010511001001 (0.5分)	预制混凝土柱顶连系梁	1. 单件体积<0.6 2. 安装高度<12m 3. 混凝土强度C25 (0.5分)	m³	7.69 (0.5分)	488.81 (0.5分)	3758.95 (0.5分)	
4	010512001001 (0.5分)	预制混凝土T形吊车梁	1. 单件体积<1.2 2. 安装高度<9.5m 3. 混凝土强度C25 (0.5分)	m³	15.32 (0.5分)	612.59 (0.5分)	9384.88 (0.5分)	
5	010513001001 (0.5分)	预制混凝土屋面梁	1. 单件体积<3.2 2. 安装高13m 3. 混凝土强度C35 (0.5分)	m³	24.88 (0.5分)	648.36 (0.5分)	16131.20 (0.5分)	
6	010514001001 (0.5分)	预制构件钢筋	钢筋直径6~25mm (0.5分)	t	17.38 (0.5分)	6951.60 (0.5分)	120818.81 (0.5分)	
		本页小计					196199.52 (0.5分)	
		合　价					196199.52 (0.5分)	

3. (本小题4.0分)

答表3 单位工程招标控制价汇总表

序号	汇总内容	金额/元	
1	分部分项工程	785000.00	(0.5分)
2	措施项目费用	62800.00	(0.5分)
2.1	其中：安全文明施工费	26500.00	(0.5分)
3	其他项目	70000.00	(0.5分)
3.1	其中：防水专业分包暂估价	70000.00	(0.5分)
4	规　费	48459.84	(0.5分)
5	税　金	86963.39	(0.5分)
	招标控制价合计＝1+2+3+4+5	1053223.23	(0.5分)

案例七 (2014 年试题六改编)

某大型公共建筑施工,该工程土方开挖、基坑支护、止水帷幕的工程图纸及技术参数如图 1 "基坑支护及止水帷幕方案平面布置示意图"、图 2 "基坑支护及止水帷幕剖面图"所示。护坡桩施工方案采用泥浆护壁成孔混凝土灌注桩,其相关项目定额预算单价见表 1。

表 1 相关项目定额预算单价 (单位:m³)

定额编号			3-20		3-24	
项 目			泥浆护壁冲击钻成孔 D800		泥浆护壁混凝土灌注桩	
项目内容	单位	单价/元	数量	金额/元	数量	金额/元
人 工	工日	74.30	0.875	65.01	0.736	54.69
C25 预拌混凝土	m³	390.00			1.167	455.13
其他材料	元			133.37		37.15
机械费	元			146.25		16.80
预算单价	元			344.63		563.77

问题:

1. 根据工程图纸及技术参数,按《房屋建筑与装饰工程工程量计算规范》的计算规则,在答题卡"工程量计算表"中,列式计算混凝土灌注护坡桩、护坡桩钢筋笼、旋喷桩止水帷幕及长锚索四项分部分项工程的工程量。护坡桩钢筋含量为 **93.42kg/m³**。

2. 混凝土灌注护坡桩,在《房屋建筑与装饰工程工程量计算规范》中的清单项目编码为 **010302001**,根据给定数据,列式计算综合单价,填入答题卡"综合单价分析表"中。

管理费以人工费、材料费、机械费合计为基数按 **9%** 计算,利润以人工费、材料费、机械费和管理费合计为基数按 **7%** 计算。

3. 根据问题 1、2 的计算结果,按《建设工程工程量清单计价规范》的要求,在答题卡中编制"分部分项工程和单价措施项目清单与计价表"。

(答题卡中已包含部分清单项目,仅对空缺部分填写)

4. 利用以下相关数据,在答题卡中编制"某单位工程竣工结算汇总表"。

已知相关数据如下:

① 分部分项工程费用为 16000000.00 元;
② 单价措施费用为 440000.00 元;
③ 安全文明施工费为分部分项工程费的 3.82%;
④ 规费为分部分项工程费、措施项目费及其他项目费合计的 3.16%。

以上费用均不含可抵扣进项税,增值税税率为 9%。

(计算结果保留 2 位小数)

参 考 答 案

1.（本小题 10.0 分）

答表1 工程量计算表

序号	项目名称	单位	计算过程	计算结果
1	混凝土灌注护坡桩	m³ (0.5分)	1-1剖面：桩长：5.2+6.51+4=15.71（m） 194×15.71×3.14×0.4²=1531.18（m³）　　（1.0分） 2-2剖面：桩长：5.2+6.51+5.2=16.91（m） 156×16.91×3.14×0.4²=1325.31（m³）　　（1.0分） 合计：1531.18+1325.31=2856.49（m³）　（1.0分）	2856.49 (0.5分)
2	护坡桩钢筋笼	t (0.5分)	2856.49×93.42/1000=266.85（t）　　　　（0.5分）	266.85 (0.5分)
3	旋喷桩止水帷幕	m (0.5分)	350×(16.29−7.29)=3150.00（m）　　　　（1.0分）	3150.00 (0.5分)
4	长锚索	m (0.5分)	1-1剖面： 190×(8+7+6+11)=6080.00（m）　　　　（0.5分） 2-2剖面： 154×(8+8+6+11)=5082.00（m）　　　　（0.5分） 合计：6080.00+5082.00=11162.00（m）　（0.5分）	11162.00 (0.5分)

2.（本小题 14.0 分）

答表2 综合单价分析表

项目编码	010302001001 (0.5分)	项目名称		混凝土灌注护坡桩 (0.5分)		计量单位	m³ (0.5分)	工程量		2856.49 (0.5分)
				清单综合单价组成明细						
定额编号	定额项目名称	单位	数量	单　　　价				合　　　价		
				人工费	材料费	机械费	管理费和利润	人工费	材料费	机械费	管理费和利润
3-20	冲击钻成孔	m³	1.00 (0.5分)	65.01	133.37	146.25	57.32 (0.5分)	65.01	133.37	146.25	57.32 (1.0分)
3-24	混凝土灌注桩	m³	1.00 (0.5分)	54.69	492.28	16.80	93.76 (0.5分)	54.69	492.28	16.80	93.76 (1.0分)
人工单价			小计				119.70 (0.5分)	625.65 (0.5分)	163.05 (0.5分)	151.08 (0.5分)
74.30元/工日 (0.5分)			未计价材料费				0.00			
			清单项目综合单价				1059.48（0.5分）			
材料费明细		主要材料名称、规格		单位	数量		单价/元	合价/元		暂估单价/元	暂估合价/元
		C25 混凝土		m³	1.167 (0.5分)		390.00	455.13 (0.5分)			
		其他材料费						170.52 (0.5分)			
		材料费小计						625.65 (0.5分)			

(1) 综合单价中管理费和利润计算：
冲击钻成孔：344.63×(1.09×1.07-1) = 57.31（元） (1.0分)
混凝土灌注桩：563.77×(1.09×1.07-1) = 93.75（元） (1.0分)
(2) 材料费：C25：390×1.167=455.13（元）；其他材料：133.37+37.15=170.52（元）
材料费小计：455.13+170.52=625.65（元） (1.0分)

3. （本小题 10.0 分）

答表3　分部分项工程和单价措施项目清单与计价表

序号	项目编码	项目名称	项目特征描述	计量单位	工程量	综合单价	合价	暂估价
一			分部分项工程					
1	010101001001	平整场地		m²	8000.00	1.58	12640.00	
2	010101004001	挖基坑土方	深15m；运距25km	m³	124000.00	46.50	5766000.00	
3	010302001001 (0.5分)	混凝土灌注护坡桩	桩长<7m 桩径800mm 冲击钻成孔 混凝土C25	m³	2856.49 (1.0分)	1059.48 (0.5分)	3026394.03 (1.0分)	
4	010515004001	护坡桩钢筋笼	直径8~22	t	266.85 (1.0分)	6200.00	1654470.00 (1.0分)	
5	010201012001	旋喷桩止水帷幕	桩径800mm 高压喷射 水泥42.5	m	3150.00 (1.0分)	420.00	1323000.00 (1.0分)	
6	010202007001	长锚索	孔深≤17m 孔径100mm 后张预应力钢索	m	11162.00 (1.0分)	253.00	2823986.00 (1.0分)	
7	010503001001	桩顶连梁	混凝土C25	m³	253.00	793.00	200629.00	
8	010502002001	挡墙构造柱	混凝土C25	m³	67.00	680.00	45560.00	
9	010503004001	挡墙压顶	混凝土C25	m³	58.00	700.00	40600.00	
10	010515001001	钢筋		t	25.00	5990.00	149750.00	
		分部分项工程小计		元			15043029.03 (0.5分)	
二			单价措施项目					
1	011702005001	桩顶梁模板		m²	630.00	45.00	28350.00	
2	011702003001	构造柱模板		m²	50.00	61.00	3050.00	
3	011702008001	压顶模板		m²	316.00	82.00	25912.00	
		单价措施项目合计		元			57312.00	
		分部分项工程和单价措施项目合计		元			15100341.03 (0.5分)	

4.（本小题 6.0 分）

答表 4　单位工程竣工结算汇总表

序号	汇总内容		金额/元	
1	分部分项工程	(0.5 分)	16000000.00	
2	措施项目		1051200.00	(0.5 分)
2.1	单价措施项目	(0.5 分)	440000.00	
2.2	安全文明施工费	(0.5 分)	611200.00	(0.5 分)
3	其他项目	(0.5 分)	0.00	
4	规　费	(0.5 分)	538817.92	(0.5 分)
5	税　金	(0.5 分)	1583101.61	(0.5 分)
	竣工结算总价合计		19173119.53	(1.0 分)

案例八（2015 年试题六改编）

某热电厂的煤仓燃煤架空运输坡道基础平面及相关技术参数，如图 1 "燃煤架空运输坡道基础平面图"和图 2 "基础详图"所示。

问题：

1. 根据工程图纸及技术参数，按《房屋建筑与装饰工程工程量计算规范》的计算规则，在答题卡"工程量计算表"中，列式计算现浇混凝土基础垫层、现浇混凝土独立基础（-0.3m 以下部分）、现浇混凝土基础梁、现浇构件钢筋、现浇混凝土模板五项分部分项工程的工程量。

根据已有类似项目结算资料测算，各钢筋混凝土基础钢筋参考含量分别为：独立基础 80kg/m³，基础梁 100kg/m³。（基础梁是在基础回填土回填至 -1.00m 时再进行施工）

2. 根据问题 1 的计算结果及答题卡中给定的项目编码、综合单价，清单计价规范的要求，在答题卡中编制"分部分项工程和单价措施项目清单与计价表"。

3. 假如招标工程量清单中，答表 1 中单价措施项目中模板项目的清单不单独列项，按《房屋建筑与装饰工程工程量计算规范》中工作内容的要求，模板费应综合在相应分部分项项目中，根据答表 1 的计算结果，列式计算相应分部分项工程的综合单价。

4. 根据问题 1 的计算结果，按定额规定混凝土损耗率 1.5%，列式计算该架空运输坡道土建工程基础部分总包方与商品混凝土供应方各种强度等级混凝土的结算用量。

（计算结果保留 2 位小数）

参 考 答 案

1. (本小题 20.0 分)

答表1 工程量计算表

序号	项目名称	单位	计算过程	计算结果
1	现浇混凝土基础垫层 C15	m³ (0.5分)	J-1：0.1×3.4×3.6×10=12.24（m³） (0.5分) J-2：0.1×4.9×3.6×6=10.58（m³） (0.5分) J-3：0.1×2.8×3.4×4=3.81（m³） (0.5分) JL-1：0.1×0.6×(9.0-0.9×2)×13=5.62（m³） (0.5分) 合计：12.24+10.58+3.81+5.62=32.25（m³） (1.0分)	32.25 (0.5分)
2	现浇混凝土独立基础 C25	m³ (0.5分)	J-1：[0.4×(3.2×3.4+2.4×2.6)+2.7×1.6×1.8]×10=146.24（m³） (0.5分) J-2：[0.4×(4.7×3.4+3.9×2.6)+2.7×3.1×1.8]×6=153.08（m³） (0.5分) J-3：(0.8×2.6×3.2+2.7×1.6×1.8)×4=57.73（m³） (0.5分) 合计：146.24+153.08+57.73=357.05（m³） (1.0分)	357.05 (0.5分)
3	现浇混凝土基础梁 C25	m³ (0.5分)	JL-1：0.4×0.6×(9.0-0.9×2)×13=22.46（m³） (1.0分)	22.46 (0.5分)
4	现浇构件钢筋	m³ (0.5分)	独基：357.05×80/1000=28.56（m³） 基梁：22.46×100/1000=2.25（m³） 合计：28.56+2.25=30.81（m³） (1.0分)	30.81 (0.5分)
5	现浇混凝土模板	m³ (0.5分)	垫层：J-1：0.1×(3.4+3.6)×2×10=14.00（m³） (0.5分) J-2：0.1×(4.9+3.6)×2×6=10.20（m³） (0.5分) J-3：0.1×(2.8+3.4)×2×4=4.96（m³） (0.5分) JL-1：0.1×(9.0-0.9×2)×2×13=18.72（m³） (0.5分) 合计：14.00+10.20+4.96+18.72=47.88（m³） (1.0分)	47.88 (0.5分)
			J-1：[0.4×(3.2+3.4+2.4+2.6)×2+2.7×(1.6+1.8)×2]×10=276.40（m³） (0.5分) J-2：[0.4×(4.7+3.4+3.9+2.6)×2+2.7×(3.1+1.8)×2]×6=228.84（m³） (0.5分) J-3：[0.8×(2.6+3.2)×2+2.7×(1.6+1.8)×2]×4=110.56（m³） (0.5分) 合计：276.40+228.84+110.56=615.80（m³） (1.0分)	615.80 (0.5分)
			基梁：0.6×2×(9.0-0.9×2)×13=112.32（m³） (1.0分)	112.32 (0.5分)

2.（本小题 12.0 分）

答表 2　分部分项工程和单价措施项目清单与计价表

序号	项目编码	项目名称	项目特征描述	计量单位	工程量	综合单价	合价
一			分部分项工程				
1	010501001001	现浇混凝土基础垫层	商品混凝土 C15	m³ (0.5分)	32.25 (0.5分)	450.00	14512.50 (0.5分)
2	010501003001	现浇混凝土独立基础	商品混凝土 C25	m³ (0.5分)	357.05 (0.5分)	530.00	189236.50 (0.5分)
3	010503001001	现浇混凝土基础梁	商品混凝土 C25	m³ (0.5分)	22.46 (0.5分)	535.00	12016.10 (0.5分)
4	010515001001	现浇构件钢筋		t (0.5分)	30.81 (0.5分)	4950.00	152509.50 (0.5分)
	分部分项工程小计			元			368274.60 (0.5分)
二			单价措施项目				
1	011702001001	混凝土基础垫层模板		m² (0.5分)	47.88 (0.5分)	18.00	861.84 (0.5分)
2	011702001002	混凝土独立基础模板		m² (0.5分)	615.80 (0.5分)	48.00	29558.40 (0.5分)
3	011702005001	混凝土基础梁模板		m² (0.5分)	112.32 (0.5分)	69.00	7750.08 (0.5分)
	单价措施项目小计			元			38170.32 (0.5分)
	分部分项工程和单价措施项目合计			元			406444.92 (0.5分)

3.（本小题 6.0 分）

此三项模板费用应计入相应的混凝土工程项目的综合单价中。

（1）混凝土垫层的综合单价调整为：450+861.84/32.25=476.72（元/m³）　　（2.0 分）

（2）混凝土独立基础的综合单价调整为：530+29558.40/357.05=612.79（元/m³）

（2.0 分）

（3）混凝土基础梁的综合单价调整为：535+7750.08/22.46=880.06（元/m³）

（2.0 分）

4.（本小题 2.0 分）

该架空运输坡道土建工程基础部分总包方与商品混凝土供应方混凝土结算用量为：

C15：32.25×1.015=32.73（m³）　　（1.0 分）

C25：（357.05+22.46）×1.015=385.20（m³）　　（1.0 分）

案例九（2016 年试题六改编）

某写字楼标准层电梯厅共 20 套，施工企业中标的"分部分项工程和单价措施项目清单与计价表"见表 1。

现根据图 1、图 2 及相关技术参数，按下列问题要求，编制电梯厅的竣工结算。

表 1 分部分项工程和单价措施项目清单与计价表

序号	项目名称	单位	工程量	综合单价	合价
一			分部分项工程		
1	地面	m²	610.00	560.00	341600.00
2	波打线	m²	100.00	660.00	66000.00
3	过门石	m²	40.00	650.00	26000.00
4	墙面	m²	1000.00	810.00	810000.00
5	竖井装饰门	m²	96.00	711.00	68256.00
6	电梯门套	m²	190.00	390.00	74100.00
7	天棚	m²	610.00	360.00	219600.00
8	吊顶灯槽	m²	100.00	350.00	35000.00
	分部分项工程费	元			1640556.00
二			单价措施项目		
1	吊顶脚手架	m²	700.00	23.00	16100.00
	措施项目费	元			16100.00
	合 计	元			1656656.00

问题：

1. 根据计算规则在答题卡中列式计算该 20 套电梯厅楼地面、墙面（装饰高度 3000mm）、天棚、门和门套等土建装饰分部分项工程的结算工程量（竖井装饰门内的其他项目不考虑）。

2. 根据问题 1 的计算结果及合同文件计价表中相关内容，在答题卡中的"分部分项工程和单价措施项目清单与计价表"中编制该土建装饰工程结算。

3. 按该分部分项工程竣工结算金额 1600000.00 元，单价措施项目清单结算为 18000.00 元取定，安全文明施工费按分部分项工程结算金额的 3.5% 计取，其他项目费为零，人工费占分部分项工程及措施项目费的 13%，规费按人工费的 21% 计取。

以上费用中均不含可抵扣进项税，增值税税率为 9%。

在答题卡中列式计算安全文明施工费、措施项目费、规费、税金，并在答题卡中编制该土建装饰工程结算。

（计算结果保留 2 位小数）

第五部分 土建工程计量与计价

参 考 答 案

1.（本小题 18.0 分）

答表 1 分部分项工程的结算工程量

序号	名称	单位	工程量计算过程	工程量
1	地 面	m²	7.5×4×20＝600.00（m²） （1.0分）	600.00 (1.0分)
2	波打线	m²	0.2×(7.7+4.2)×2×20＝95.20（m²） （1.0分）	95.20 (1.0分)
3	过门石	m²	1.1×0.4×4×20＝35.20（m²） （1.0分）	35.20 (1.0分)
4	墙 面	m²	原始面积：(7.9×2+4.4+0.6×2)×3＝64.20（m²） 扣门洞：1.1×2.4×4+1×2.4×2＝15.36（m²） (64.2-15.36)×20＝976.80（m²） （1.0分）	976.80 (1.0分)
5	竖井装饰门	m²	1.0×2.4×2×20＝96.00（m²） （1.0分）	96.00 (1.0分)
6	电梯门套	m²	0.4×(1.1+2.4×2)×4×20＝188.80（m²） （1.0分）	188.80 (1.0分)
7	天 棚	m²	7.5×4×20＝600.00（m²） （1.0分）	600.00 (1.0分)
8	吊顶灯槽	m²	0.2×(7.7+4.2)×2×20＝95.20（m²） （1.0分）	95.20 (1.0分)
9	吊顶脚手架	m²	7.9×4.4×20＝695.20（m²） （1.0分）	695.20 (1.0分)

2.（本小题 8.0 分）

答表 2 分部分项工程和单价措施项目清单与计价表

序号	项目名称	计量单位	工程量	金额/元 综合单价	金额/元 合价
一			分部分项工程		
1	地 面	m²	600.00	560.00	336000.00 (0.5分)
2	波打线	m²	95.20	660.00	62832.00 (0.5分)
3	过门石	m²	35.20	650.00	22880.00 (0.5分)
4	墙 面	m²	976.80	810.00	791208.00 (0.5分)

137

(续)

序号	项目名称	计量单位	工程量	金额/元	
				综合单价	合价
5	竖井装饰门	m²	96.00	711.00	68256.00 (0.5分)
6	电梯门套	m²	188.80	390.00	73632.00 (0.5分)
7	天　棚	m²	600.00	360.00	216000.00 (0.5分)
8	吊顶灯槽	m²	95.20	350.00	33320.00 (0.5分)
	分部分项工程费				1604128.00 (1.0分)
二	单价措施项目				
1	吊顶脚手架	m²	695.20	23.00	15989.60 (0.5分)
	单价措施项目费				15989.60 (1.0分)
	分部分项工程和单价措施项目费合计				1620117.60 (1.5分)

3. （本小题 14.0 分）

（1）安全文明施工费：1600000×3.5% = 56000.00（元）　　　　　　　　　　（2.0分）

（2）措施：18000+56000 = 74000.00（元）

（3）规费：(1600000+74000)×13%×21% = 45700.20（元）　　　　　　　　　（2.0分）

（4）税金：(1600000+74000+45700.2)×9% = 154773.02（元）　　　　　　　（2.0分）

答表3　单位工程竣工结算汇总表

序号	项目名称	金额/元	
1	分部分项工程费	1600000.00	(1.0分)
2	措施项目费	74000.00	
2.1	单价措施项目费	18000.00	(1.0分)
2.2	安全文明施工费	56000.00	(1.0分)
3	规　费	45700.20	(2.0分)
4	税　金	154773.02	(2.0分)
	竣工结算总价合计	1874473.22	(1.0分)

案例十（2017年试题六改编）

某工厂机修车间轻型钢屋架系统，如图1"轻型钢屋架结构系统布置图"、图2"钢屋架构件图"所示。成品轻型钢屋架安装、油漆、防火漆消耗量定额基价表见表1"轻型钢屋架安装、油漆定额基价表"。

表1 轻型钢屋架安装、油漆定额基价表

定额编号			6-10	6-35	6-36
项目			成品钢屋架安装	钢结构油漆	钢结构防火漆
			t	m²	m²
定额基价/元			6854.10	40.10	21.69
其中	人工费/元		378.10	19.95	15.20
	材料费/元		6360.00	19.42	5.95
	机械费/元		116.00	0.73	0.54
名称	单位	单价/元			
综合工日	工日	95.00	3.98	0.21	0.16
成品钢屋架	t	6200.00	1.00		
油漆	kg	25.00		0.76	
防火漆	kg	17.00			0.30
其他材料费	元		160.00	0.42	0.85
机械费	元		116.00	0.73	0.54

注：本消耗定额基价表中费用均不包含增值税可抵扣进项税额。

问题：

1. 根据该轻型钢屋架工程施工图纸及技术参数，按《房屋建筑与装饰工程工程量计算规范》的计算规则，在答题卡"工程量计算表"中，列式计算该轻型钢屋架系统分部分项工程量。（屋架上、下弦水平支撑及垂直支撑仅在1~2、8~9、16~17轴线的柱间屋架上布置）

2. 经测算轻型钢屋架表面涂刷工程量按35m²/t计算；《房屋建筑与装饰工程工程量计算规范》（GB 50854—2013）钢屋架的项目编码为010602001，企业管理费按人工、材料、机械费之和的10%计取，利润按人工、材料、机械费、企业管理费之和的7%计取。按《建设工程工程量清单计价规范》的要求，结合轻型钢屋架消耗量定额基价表，列式计算每吨钢屋架油漆、防火漆的消耗量及费用、其他材料费用；并在答题卡"轻型钢屋架综合单价分析表"中编制轻型钢屋架综合单价分析表。

3. 根据问题1和问题2的计算结果，及答题卡中给定的信息，按《建设工程工程量清单计价规范》的要求，在答题卡"分部分项工程和单价措施项目清单与计价表"中，编制该机修车间钢屋架系统分部分项工程和单价措施项目清单及计价表。

4. 假定该分部分项工程费为**185000.00元**；单价措施项目费为**25000.00元**；总价措施

项目仅考虑安全文明施工费,安全文明施工费按分部分项工程费的 4.5% 计取;其他项目费为零;人工费占分部分项工程及措施项目费的 8%,规费按人工费的 24% 计取;增值税税率按 9% 计取,按《建设工程工程量清单计价规范》的要求,在答题卡中列式计算安全文明施工费、措施项目费、规费、增值税,并在表 5 "单位工程招标控制价汇总表"中编制该轻型钢屋架系统单位工程招标控制价。

上述各问题中提及的各项费用均不包含增值税可抵扣进项税额。

(所有计算结果保留 2 位小数)

参 考 答 案

1. (本小题 12.0 分)

答表 1 工程量计算表

序号	项目名称	单位	计算过程		计算结果
1	轻型钢屋架	t	TJW12:17×510/1000=8.67(t)	(1.0 分)	8.67 (1.0 分)
2	上弦水平支撑	t	SC:12×56/1000=0.67(t)	(1.0 分)	0.67 (1.0 分)
3	下弦水平支撑	t	XC:12×60/1000=0.72(t)	(1.0 分)	0.72 (1.0 分)
4	垂直支撑	t	CC:3×150/1000=0.45(t)	(1.0 分)	0.45 (1.0 分)
5	系杆 XG1	t	XG1:16×5-3=77(根) 77×45/1000=3.47(t)	(1.0 分)	3.47 (1.0 分)
6	系杆 XG2	t	XG2:16×3-3=45(根) 45×48/1000=2.16(t)	(1.0 分)	2.16 (1.0 分)

2. (本小题 15.0 分)

(1) 每吨钢屋架油漆消耗量:

35×0.76=26.60(kg) (1.0 分)

油漆材料费:

26.6×25=665.00(元) (1.0 分)

(2) 每吨钢屋架防火漆消耗量:

35×0.3=10.50(kg) (1.0 分)

防火漆材料费:

10.5×17=178.50(元) (1.0 分)

(3) 每吨钢屋架其他材料费:

160+35×(0.42+0.85)=204.45(元) (1.0 分)

答表2 轻型钢屋架综合单价分析表 （此表共计10.0分）

项目编码	010602001001		项目名称	轻型钢屋架		计量单位	t		工程量	8.67
清单综合单价组成明细										
定额编号	定额名称	定额单位	数量	单价				合价			

定额编号	定额名称	定额单位	数量	人工费	材料费	机械费	管理费和利润	人工费	材料费	机械费	管理费和利润
6-10	成品钢屋架安装	t	1.00	378.10	6360.00	116.00	1213.18	378.10	6360.00	116.00	1213.18
6-35	钢结构油漆	m²	35.00	19.95	19.42	0.73	7.10	698.25	679.70	25.55	248.50
6-36	钢结构防火漆	m²	35.00	15.20	5.95	0.54	3.84	532.00	208.25	18.90	134.40
人工日工资单价		小计						1608.35	7247.95	160.45	1596.08
95.00元/工日		未计价材料费						0.00			
		清单项目综合单价						10612.83			

材料费明细	主要材料名称、规格、型号	单位	数量	单价/元	合价/元	暂估单价/元	暂估合价/元
	成品钢屋架	t	1.00	6200.00	6200.00	—	—
	油漆	kg	26.60	25.00	665.00		
	防火漆	kg	10.50	17.00	178.50		
	其他材料费				204.45		
	材料费小计				7247.95		

3.（本小题6.0分）

答表3 分部分项工程和单价措施项目清单与计价表

序号	项目编码	项目名称	项目特征	计量单位	工程量	金额/元	
						综合单价	合价
一			分部分项工程				
1	010602001001	轻型钢屋架	材质 Q235	t	8.67	10612.83 （0.5分）	92013.24 （0.5分）
2	010606001001	上弦水平支撑	材质 Q235	t	0.67	9620.00	6445.40 （0.5分）
3	010606001002	下弦水平支撑	材质 Q235	t	0.72	9620.00	6926.40 （0.5分）
4	010606001003	垂直支撑	材质 Q235	t	0.45	9620.00	4329.00 （0.5分）
5	010606001004	系杆 XG1	材质 Q235	t	3.47	8850.00	30709.50 （0.5分）
6	010606001005	系杆 XG2	材质 Q235	t	2.16	8850.00	19116.00 （0.5分）

(续)

序号	项目编码	项目名称	项目特征	计量单位	工程量	金额/元	
						综合单价	合价
		分部分项工程小计					159539.54 (0.5分)
二		单价措施项目					
1		大型机械进出场及安拆费		台次	1.00	25000.00	25000.00 (0.5分)
		单价措施项目小计		元			25000.00 (0.5分)
		分部分项工程和单价措施项目合计		元			184539.54 (1.0分)

4. (本小题7.0分)

(1) 安全文明施工费：
185000×4.5%=8325.00（元） (1.0分)

(2) 措施项目费：
25000+8325=33325.00（元） (1.0分)

(3) 规费：
(185000+33325)×8%×24%=4191.84（元） (1.0分)

(4) 增值税：
(185000+33325+4191.84)×9%=20026.52（元） (1.0分)

答表4 单位工程招标控制价汇总表

序号	汇总内容	金额/元
1	分部分项工程	185000.00 (0.5分)
2	措施项目	33325.00 (0.5分)
2.1	其中：安全文明施工费	8325.00 (0.5分)
3	其他项目	0.00
4	规费	4191.84 (0.5分)
5	增值税	20026.52 (0.5分)
	招标控制价总价=1+2+3+4+5	242543.36 (0.5分)

案例十一 (2018年试题六改编)

某城市生活垃圾焚烧发电厂钢筋混凝土多管式(钢内筒)80m高烟囱基础,如图1"钢内筒烟囱基础平面布置图"、图2"旋挖钻孔灌注桩基础图"所示。已建成类似工程钢筋用量参考指标见表1"单位钢筋混凝土钢筋参考用量表"。

表1 单位钢筋混凝土钢筋参考用量表

序号	钢筋混凝土项目名称	参考钢筋含量/(kg/m³)	备注
1	钻孔灌注桩	49.28	
2	筏板基础	63.50	
3	FB辅助侧板	82.66	

问题:

1. 根据该多管式(钢内筒)烟囱基础施工图纸、技术参数及参考资料,及表2中给定的信息,按《房屋建筑与装饰工程工程量计算规范》的计算规则,在答题卡"工程量计算表"中,列示计算该烟囱钢筋混凝土基础分部分项工程量。(筏板上8块FB辅助侧板的斜面在混凝土浇捣时必须安装模板)。

表2 工程量计算表

序号	项目名称	单位	计算过程	工程量
1	C30混凝土旋挖钻孔灌注桩	m³		
2	C15混凝土筏板基础垫层	m³		
3	C30混凝土筏板基础	m³		
4	C30混凝土FB辅助侧板	m³		
5	灌注桩钢筋笼	t		
6	筏板基础钢筋	t		
7	FB辅助侧板钢筋	t		
8	混凝土垫层模板	m²		
9	筏板基础模板	m²		
10	FB辅助侧板模板	m²		

2. 根据问题1的计算结果,及表3中给定的信息,按照《建设工程工程量清单计价表规范》的要求,在答题卡"分部分项工程和单价措施项目清单与计价表"中,编制该烟囱钢筋混凝土基础分部分项工程和单价措施项目清单与计价表。

表3 分部分项工程和单价措施项目清单与计价表

序号	项目名称	项目特征	单位	工程数量	金额/元 单价	金额/元 合价
1	C30混凝土旋挖钻孔灌注桩	C30，成孔、混凝土浇筑	m³		1120.00	
2	C15混凝土筏板基础垫层	C15，混凝土浇筑	m³		490.00	
3	C30混凝土筏板基础	C30，混凝土浇筑	m³		680.00	
4	C30混凝土FB辅助侧板	C30，混凝土浇筑	m³		695.00	
5	灌注桩钢筋笼	HRB400	t		5800.00	
6	筏板基础钢筋	HRB400	t		5750.00	
7	FB辅助侧板钢筋	HRB400	t		5750.00	
		小计			元	
8	混凝土垫层模板	垫层模板	m²		28.00	
9	筏板基础模板	筏板模板	m²		49.00	
10	FB辅助侧板模板	FB辅助侧板模板	m²		44.00	
11	基础满堂脚手架	钢管	t	256.00	73.00	
12	大型机械进出场及安拆		台次	1.00	28000.00	
		小计			元	

3. 假定该整体烟囱分部分项工程费为2000000.00元；单价措施项目费为150000.00元，总价措施项目仅考虑安全文明施工费，安全文明施工费按分部分项工程费的3.5%计取；其他项目考虑基础基坑开挖的土方、护坡、降水专业工程暂估价为110000.00元（另计5%总承包服务费）；人工费占比分别为分部分项工程费的8%、措施项目费的15%；规费按照人工费的21%计取，增值税税率按9%计取。按《建设工程工程量清单计价规范》(GB 50500—2013) 的要求，在答题卡中列示计算安全文明施工费、措施项目费、人工费、总承包服务费、规费、增值税；并在表4"单位工程最高投标限价汇总表"中编制该钢筋混凝土多管式（钢内筒）烟囱单位工程最高投标限价。

（1）安全文明施工费

（2）措施项目费

（3）人工费

（4）总承包服务费

（5）规费

（6）增值税

表4 单位工程最高投标限价汇总表

序号	汇总内容	金额/元	其中暂估价/元
1	分部分项工程		
2	措施项目		

（续）

序号	汇总内容	金额/元	其中暂估价/元
2.1	其中：安全文明措施费		
3	其他项目费		
3.1	其中：专业工程暂估价		
3.2	其中：总承包服务费		
4	规费（人工费21%）		
5	增值税9%		
	最高总价合计＝1+2+3+4+5		

（上述问题中提及的各项费用均按不包含增值税可抵扣进项税额。所有计算结果均保留两位小数。）

参 考 答 案

1. （本小题 20.0 分）

答表1 工程量计算表

序号	项目名称	单位	计算过程	工程量
1	C30 混凝土旋挖钻孔灌注桩	m³	$3.14×(0.8/2)^2×12×25=150.72$（m³）（1.0分）	150.72（1.0分）
2	C15 混凝土筏板基础垫层	m³	$(14.4+0.1×2)×(14.4+0.1×2)×0.1=21.32$（m³）（1.0分）	21.32（1.0分）
3	C30 混凝土筏板基础	m³	$14.4×14.4×1.5=311.04$（m³）（1.0分）	311.04（1.0分）
4	C30 混凝土 FB 辅助侧板	m³	$[(0.6+0.6+1.3)×1.5/2+(0.6+1.3)×0.8]×0.5×8=13.58$（m³）（1.0分）	13.58（1.0分）
5	灌注桩钢筋笼	t	$150.72×49.28/1000=7.43$（t）（1.0分）	7.43（1.0分）
6	筏板基础钢筋	t	$311.04×63.50/1000=19.75$（t）（1.0分）	19.75（1.0分）
7	FB 辅助侧板钢筋	t	$13.58×82.66/1000=1.12$（t）（1.0分）	1.12（1.0分）
8	混凝土垫层模板	m²	$(14.4+0.1×2)×4×0.1=5.84$（m²）（1.0分）	5.84（1.0分）
9	筏板基础模板	m²	$14.4×4×1.5=86.40$（m²）（1.0分）	86.40（1.0分）
10	FB 辅助侧板模板	m²	$\{[(0.6+0.6+1.3)×1.5/2+(0.6+1.3)×0.8]×2+0.5×0.6+(1.3^2+1.5^2)^{0.5}×0.5\}×8=64.66$（m²）（1.0分）	64.66（1.0分）

2. (本小题 9.0 分)

答表 2　分部分项工程和单价措施项目清单与计价表

序号	项目名称	项目特征	计量单位	工程量	金额/元 综合单价	金额/元 合价
1	C30 混凝土旋挖钻孔灌注桩	C30，成孔、混凝土浇筑	m³	150.72	1120.00	168806.40 (0.5 分)
2	C15 混凝土筏板基础垫层	C15，混凝土浇筑	m³	21.32	490.00	10446.80 (0.5 分)
3	C30 混凝土筏板基础	C30，混凝土浇筑	m³	311.04	680.00	211507.20 (0.5 分)
4	C30 混凝土 FB 辅助侧板	C30，混凝土浇筑	m³	13.58	695.00	9438.10 (0.5 分)
5	灌注桩钢筋笼	HRB400	t	7.43	5800.00	43094.00 (0.5 分)
6	筏板基础钢筋	HRB400	t	19.75	5750.00	113562.50 (0.5 分)
7	FB 辅助侧板钢筋	HRB400	t	1.12	5750.00	6440.00 (0.5 分)
	小计		元			563295.00 (1.0 分)
8	混凝土垫层模板	垫层模板	m²	5.84	28.00	163.52 (0.5 分)
9	筏板基础模板	筏板模板	m²	86.40	19.00	4233.60 (0.5 分)
10	FB 辅助侧板模板	FB 辅助侧板模板	m²	64.66	44.00	2845.04 (0.5 分)
11	基础满堂脚手架	钢管	m²	256.00	73.00	18688.00 (0.5 分)
12	大型机械进出场及安拆		台次	1.00	28000.00	28000.00 (0.5 分)
	小计		元			53930.16 (1.0 分)
	分部分项工程及单价措施项目合计		元			617225.16 (1.0 分)

3. (本小题 11.0 分)

(1) 安全文明施工费：2000000.00×3.5% = 70000.00（元） (1.0 分)

(2) 措施项目费：150000.00+70000.00 = 220000.00（元） (1.0 分)

(3) 人工费：2000000.00×8%+220000.00×15% = 193000.00（元） (1.0 分)

(4) 总承包服务费：110000.00×5% = 5500.00（元） (1.0 分)

(5) 规费：193000.00×21% = 40530.00（元） (1.0 分)

(6) 增值税：(2000000+220000+110000+5500+40530)×9% = 213842.70（元）

(1.0 分)

答表3 单位工程最高投标限价汇总表

序号	汇总内容	金额/元	其中暂估价/元
1	分部分项工程	2000000.00（0.5分）	
2	措施项目	220000.00（0.5分）	
2.1	其中：安全文明措施费	70000.00（0.5分）	
3	其他项目费	115500.00（0.5分）	
3.1	其中：专业工程暂估价	110000.00（0.5分）	
3.2	其中：总承包服务费	5500.00（0.5分）	
4	规　费	40530.00（0.5分）	
5	增值税	213842.70（0.5分）	
最高投标限价总价合计＝1+2+3+4+5		2589872.70（1.0分）	

案例十二（2019年试题五）

某城市188m大跨度预应力拱形钢桁架结构体育场馆下部钢筋混凝土基础平面布置图及基础详图设计如图1"基础平面布置图"、图2"基础图"所示。中标项目的施工企业考虑为大体积混凝土施工，为成本核算和清晰掌握该分部分项工程实际成本，拟采用实物量法计算该分部分项工程费用目标管理控制造价。该施工企业内部相关单位工程量人、材、机消耗定额及实际掌握项目所在地除税价格见表1"企业内部单位工程量人、材、机消耗定额"。

表1 企业内部单位工程量人、材、机消耗定额

项目名称		单位	除税价	分部分项工程内容			
				C15基础垫层/m³	C30独立基础/m³	C30矩形柱/m³	钢筋/t
人材机	工日（综合）	工日	110.00	0.40	0.60	0.70	6.00
	C15商品混凝土	m³	400.00	1.02			
	C30商品混凝土	m³	460.00		1.02	1.02	
	钢筋（综合）	t	3600.00				1.03
	其他辅助材料费	元		8.00	12.00	13.00	117.00
	机械使用费（综合）	元		1.60	3.90	4.20	115.00

问题：

1. 根据该体育场馆基础设计图纸、技术参数及答题卡"工程量计算表"中给定的信息按《房屋建筑与装饰工程工程量计算规范》的计算规则在答题卡"工程量计算表"中，列式计算该大跨度体育场馆钢筋混凝土基础分部分项工程量。已知钢混凝土独立基础综合钢筋含量为 **72.50kg/m³** 钢筋混凝土矩形基础柱综合钢筋含量为 **118.70kg/m³**。

2. 根据问题 1 的计算结果、参考资料在答题卡中列式计算该分部分项工程人工、材料、机械使用费消耗量，并在答题卡"分部分项工程和措施项目人、材、机费计算表"中计算该分部分项工程和措施项目人、材、机费，施工企业结合相关方批准的施工组织设计测算的单价措施人、材、机费为 640000 元，施工企业内部规定，安全文明措施及其他总价措施费按分部分项工程人、材、机费及单价措施人、材、机费之和的 2.5% 计算。

3. 若施工过程中，钢筋混凝土独立基础和矩形基础柱使用的 C30 混凝土变更为 C40 混凝土（消耗定额同 C30 凝土，除税价 480 元/m^3），其他条件均不变，根据问题 1、2 的条件和计算结果，在答题卡中列式计算 C40 商品混凝土消耗量、C40 与 C30 商品混凝土除税价差、由于商品混凝土价差产生的该分部分项工程和措施项目人、材、机增加费。

4. 假定该钢筋混凝基础分部分项工程人、材、机费为 6600000 其中人工费占 13%；企业管理费按人、材、机费的 6% 计算，利润按人、材、机费和企业管理之和的 5% 计算，规费按人工费的 21% 计算，增值税税率按 9% 取，请在答题卡"分部项工程费用目标管理控制计表"中编制该钢筋混凝土基础分部分项程费用目标管理控制价。

（上述各问题中提及的各项费用均不包含增值税可抵扣进项税额，所有计算结果均保留两位小数）

参 考 答 案

1. （本小题 12.0 分）

答表 1　工程量计算表

序号	单位	项目名称	计算过程	计算结果
1	m^3	C15 混凝土垫层	基垫 1：(8+0.2)×(10+0.2)×0.1×18＝150.55（m^3）　（1.0 分） 基垫 2：(7+0.2)×(9+0.2)×0.1×16＝105.98（m^3）　（1.0 分） 合计：150.55+105.98＝256.53（m^3）　（0.5 分）	256.53 （0.5 分）
2	m^3	C30 混凝土独立基础	基础 1：[8×10×1+7×8×1+7×5×1]×18＝3078.00（m^3）　（1.0 分） 基础 2：[7×9×1+6×8×1]×16＝1776.00（m^3）　（1.0 分） 合计：3078.00+1776.00＝4854.00（m^3）　（0.5 分）	4854.00 （0.5 分）
3	m^3	C30 混凝土矩形基础柱	基础柱 1：2×2×4.7×2×18＝676.80（m^3）　（1.0 分） 基础柱 2：1.5×1.5×5.7×3×16＝615.60（m^3）　（1.0 分） 合计：615.60+676.80＝1292.40（m^3）　（0.5 分）	1292.40 （0.5 分）
4	t	钢筋（综合）	独立基础钢筋：4854.00×72.50＝351.92（t）　（1.0 分） 矩形基础柱钢筋：1292.40×118.70＝153.41（t）　（1.0 分） 合计：351.92+153.41＝505.33（t）　（0.5 分）	505.33 （0.5 分）

2. （本小题 17.0 分）

（1）人工消耗量：
256.53×0.40+4854.00×0.60+1292.40×0.70+505.33×6.00＝6951.67（工日）　（1.0 分）

（2）C15 商品混凝土消耗量：256.53×1.02＝261.66（m^3）　（1.0 分）

（3）C30 商品混凝土消耗量：(4854.00+1292.40)×1.02＝6269.33（m^3）　（1.0 分）

（4）钢筋（综合）消耗量：505.33×1.03＝520.49（t）　（1.0 分）

(5) 其他辅助材料费

256.53×8.00+4854.00×12.00+1292.40×13.00+505.33×117.00=136225.05（元）

（1.0分）

(6) 机械使用费（综合）：

256.53×1.60+4854.00×3.90+1292.40×4.20+505.33×115.00=82882.08（元）（1.0分）

答表2　分部分项工程和措施项目人、材、机费计算表

序号	项目名称	单位	消耗量	除税单价/元	除税合价/元
1	人工费（综合）	工日	6951.67	110.00	764683.70（1.0分）
2	C15商品混凝土	m³	261.66	400.00	104664.00（1.0分）
3	C30商品混凝土	m³	6269.33	460.00	2883891.80（1.0分）
4	钢筋（综合）	t	520.49	3600.00	1873764.00（1.0分）
5	其他辅助材料费	元	—	—	136225.05（1.0分）
6	机械使用费（综合）	元	—	—	82882.08（1.0分）
7	单价措施人、材、机费	项	—	—	640000.00（1.0分）
8	安全文明措施及其他总价措施人、材、机费	元			162152.77（2.0分）
9	人、材、机费合计	元			6648263.40（2.0分）

3.（本小题5.0分）

(1) C40消耗量：(4854.00+1292.40)×1.02=6269.33（m³）　　　　　（1.0分）

(2) 除税价差：480.00-460.00=20.00（元/m³）　　　　　　　　　　（1.0分）

(3) 增加费：

① 6269.33×20.00=125386.60（元）　　　　　　　　　　　　　　　（1.0分）

② 125386.60×2.5%=3134.67（元）　　　　　　　　　　　　　　　　（1.0分）

合计：125386.60+3134.67=128521.27（元）　　　　　　　　　　　　（1.0分）

4.（本小题6.0分）

答表3　分部分项工程费用目标管理控制价计算表

序号	费用名称	计费基础	金额/元
1	人、材、机费		6600000.00
	其中：人工费	6600000.00	858000.00（1.0分）
2	企业管理费	6600000.00	396000.00（1.0分）
3	利润	6600000.00+396000.00	349800.00（1.0分）
4	规费	858000.00	180180.00（1.0分）
5	增值税	6600000.00+396000.00+349800.00+180180.00	677338.20（1.0分）
	费用目标管理控制价合计	6600000.00+396000.00+349800.00+180180.00+677338.20	8203318.20（1.0分）

第六部分 管道工程计量与计价

提示：本部分所需分部分项工程量清单与计价表、综合单价分析表及案例中部分图纸可扫描二维码免费获取。

案例一（2012年试题六改编）

工程背景资料如下：图1为某泵房工艺管道系统安装图。

说明：

（1）本图所示为某加压泵房工艺管道系统安装图。泵的入口设计工作压力为1.0MPa，出口设计工作压力为2.0MPa。

（2）图注尺寸单位：标高以m计，其余尺寸以mm计。

（3）管道为碳钢无缝钢管，氩电联焊，采用成品管件。

（4）焊口100%超声波探伤，15%X射线复探。管道系统按设计工作压力的1.25倍进行水压试验。

（5）地上管道外壁喷砂除锈，环氧漆防腐；埋地管道外壁机械除锈，煤焦油漆防腐。

1. 设定该泵房工艺管道系统清单工程量有关情况如下：

φ219mm×6mm管道为9.5m；φ273mm×7mm管道为6.5m，其中地下2.0m；φ325mm×7mm管道为0.5m。

2. 管道安装工程的相关定额见下表。管理费和利润分别是人工费的85%和35%。

序号	项目名称	计量单位	安装基价/元			未计价主材	
			人工费	材料费	机械费	单价	耗量
1	中压碳钢管（电弧焊）φ219mm×6mm 安装	10m	158.00	37.00	154.00	6.00元/kg	9.5m
2	中压碳钢管（氩电联焊）φ219mm×6mm 安装	10m	185.00	40.00	180.00	6.00元/kg	9.5m
3	高压管道水压试验 DN200 以内	100m	360.00	120.50	90.00		
4	中低压管道水压试验 DN200 以内	100m	295.00	97.00	27.00		
5	管道机械除锈	10m²	31.25	18.60	41.50		
6	管道喷砂除锈	10m²	42.50	35.80	62.20		
7	煤焦油漆防腐	10m²	48.40	285.00	43.50		
8	环氧漆防腐	10m²	48.40	310.00	45.60		

3. 相关分部分项工程量清单统一项目编码见下表。

项目编码	项目名称	项目编码	项目名称
030801001	低压碳钢管	030805001	中压碳钢管件
030802001	中压碳钢管	030807003	低压法兰阀门
030804001	低压碳钢管件	030808003	中压法兰阀门

问题:

1. 按照图 1 所示内容,列式计算管道(区分地上、地下)、管件项目的清单工程量。

2. 按照背景资料 2、4 中给出的管道清单工程量及相关项目统一编码、图 1 中所示的阀门数量和规定的管道安装技术要求,在答表中,编制管道、阀门项目"分部分项工程量清单与计价表"。

3. 按照背景资料 3 中的相关定额,在答表中,编制 $\phi219mm\times6mm$ 管道(单重 31.6kg/m)的"工程量清单综合单价分析表"(计算结果保留两位小数)。

参 考 答 案

1. (本小题 14.0 分)

(1) 中压 $\phi219\times6$:

$(2.1-0.8)+(0.2+0.8+0.65)+(0.2+0.8+1.05+0.3+0.3+0.6)+(0.3+0.5)\times2+(1.7-0.5)+(2.1-0.5)=10.6$(m)　　　　　　　　　　　　　　　　　　　(3.0 分)

(2) 中压 $\phi273\times7$:

地上:$[(0.5+0.3)\times2+0.8+0.3+0.5]+(0.5+0.8+0.2+0.8)=5.50$(m)　(3.5 分)

地下:$0.5+1.05+0.5=2.05$(m)　　　　　　　　　　　　　　　　　　(1.0 分)

合计:$5.5+2.05=7.55$(m)　　　　　　　　　　　　　　　　　　　　(0.5 分)

(3) 低压 $\phi325\times7$:$0.3\times2=0.6$(m)　　　　　　　　　　　　　　　(1.0 分)

(4) 低压异径管 DN300×250:2 个　　　　　　　　　　　　　　　　　(1.0 分)

(5) 低压弯头 DN250:7 个　　　　　　　　　　　　　　　　　　　　(1.0 分)

(6) 低压三通 DN250:1 个　　　　　　　　　　　　　　　　　　　　(1.0 分)

(7) 中压弯头 DN200:6 个　　　　　　　　　　　　　　　　　　　　(1.0 分)

(8) 中压三通 DN200:1 个　　　　　　　　　　　　　　　　　　　　(1.0 分)

2. (本小题 9.0 分)

答表 1　分部分项工程量清单与计价表

序号	项目编码	项目名称	项目特征描述	计量单位	工程量
1	030802001001	中压碳钢管	$\phi219mm\times6mm$,碳钢无缝钢管、氩电联焊、水压试验	m	9.50
	(0.5 分)		(0.5 分)		(0.5 分)
2	030801001001	低压碳钢管	$\phi273mm\times7mm$,碳钢无缝钢管、氩电联焊、水压试验	m	6.50
3	030801001002	低压碳钢管	$\phi325mm\times7mm$,碳钢无缝钢管、氩电联焊、水压试验	m	0.50
4	030808003001	中压法兰阀门	法兰闸阀 Z41H-25C,DN200,法兰连接	个	3
5	030808003002	中压法兰阀门	法兰止回阀 H44H-25C,DN200,法兰连接	个	1
6	030807003001	低压法兰阀门	法兰闸阀 Z41H-16C,DN250,法兰连接	个	3

【评分说明:多个项目合计得 0.5 分的,全部正确者得 0.5 分,错一项不得分。其他项目的分值分布参见"序号 1"】

3.（本小题 11.0 分）

答表 2　工程量清单综合单价分析表

项目编码	030802001001	项目名称	φ219mm 中压碳钢管	计量单位	m	工程量	9.50
（0.5 分）			（0.5 分）	（0.5 分）		（0.5 分）	

清单综合单价组成明细

定额编号	定额名称	定额单位	数量	单价/元				合价/元			
				人工费	材料费	机械费	管和利	人工费	材料费	机械费	管和利
	中压碳钢管（氩电联焊）φ219mm×6mm	10m	0.10	185.00	40.00	180.00	222.00	18.50	4.00	18.00	22.20
	（0.5 分）			（1.0 分）				（1.0 分）			
	中低压管道水压试验 DN200 以内	100m	0.01	295.00	97.00	27.00	354.00	2.95	0.97	0.27	3.54
	（0.5 分）			（1.0 分）				（1.0 分）			
人工单价				小计				21.45	4.97	18.27	25.74
								（0.5 分）			
元/工日				未计价材料费/元				180.12（0.5 分）			
				清单项目综合单价/（元/m）				250.55（1.0 分）			

材料费明细	主要材料名称、规格、型号	单位	数量	单价/元	合价/元	暂估单价/元	暂估合价/元
	碳钢无缝钢管 φ219×6	kg	30.02	6.00	180.12		
	（0.5 分）			（0.5 分）			
	或碳钢无缝钢管 φ219×6	m	0.95	189.60	180.12		
	其他材料费	—			4.97		
					（0.5 分）		
	材料费小计	—			185.09		
					（0.5 分）		

案例二（2013 年试题六改编）

某工程背景资料如下：
1. 图 1 为某加压泵房工艺管道系统安装的截取图。
说明：
（1）本图为某加压泵房站工艺管道系统部分安装图。标高以 m 计，其余尺寸以 mm 计。
（2）管道材质为 20# 碳钢无缝钢管，管件为成品；法兰：进口管段为低压碳钢平焊法兰，出品管段为中压碳钢对焊法兰。均为氩电联焊。
（3）管道水压强度及严密性试验合格后，压缩空气吹扫。

(4) 地上管道外壁喷砂除锈，氯磺化聚乙烯防腐；地下管道外壁喷砂除锈、聚乙烯粘胶带防腐。

2. 假设管道的清单工程量如下：

(1) 低压管道 φ325mm×8mm 管道 21m；

(2) 中压管道 φ219mm×32mm 管道 32m；

(3) 中压管道 φ168mm×24mm 管道 23m；

(4) 中压管道 φ114mm×16mm 管道 7m。

3. 相关分部分项工程量清单统一项目编码见下表。

项目编码	项目名称	项目编码	项目名称
030801001	低压碳钢管	030810002	低压碳钢焊接法兰
030802001	中压碳钢管	030811002	中压碳钢焊接法兰

4. φ219mm×32mm 碳钢管道工程的相关定额见下表。

定额编号	项目名称	计量单位	安装基价/元			未计价主材	
			人工费	材料费	机械费	单价	耗量
8-1-25	低压碳钢管（电弧焊）DN200	10m	672.80	80.00	267.00	6.5 元/kg	9.38m
8-1-465	中压碳钢管（氩电联焊）DN200	10m	699.20	80.00	277.00	6.5 元/kg	9.38m
8-5-3	低、中压管道液压试验 DN200	100m	448.00	81.30	21.00		
12-1-53	管道喷砂除锈	100m²	164.80	30.60	236.80	115.00	0.83m³
12-2-1	氯磺化聚乙烯防腐	10m²	309.40	39.00	112.00	22.00	7.75kg
8-5-60	管道空气吹扫 DN200	100m	169.60	120.00	28.00		
8-5-53	管道水冲洗 DN200	100m	272.00	102.50	22.00	5.5	43.70

该工程的人工单价为 80 元/工日，企业管理费和利润分别是人工费的 83% 和 35%。

问题：

1. 按照图 1 所示内容，列式计算管道、管件安装项目的清单工程量。

2. 按背景资料 2、3 给出的管道工程量和相关分部分项工程量清单统一编码，图 1 规定的管道安装技术要求及所示法兰数量，根据《通用安装工程工程量计算规范》和《建设工程工程量清单计价规范》规定，编制管道、法兰安装项目的分部分项工程量清单，填入答题卡"分部分项工程量和单价措施项目与计价表"中。

3. 按照背景条件 4 中的相关定额，根据《通用安装工程工程量计算规范》和《建设工程工程量清单计价规范》规定，编制 φ219mm×32mm 管道（单重 147.5kg/m）安装分部分项"工程量清单综合单价分析表"。

（数量栏保留三位小数，其余保留两位小数）

参 考 答 案

1.（本小题 16.0 分）

(1) φ325×8：

① 地下：(1.8+0.5)+2+1+2.5+1=8.80（m） (1.0 分)

② 地上：1+(2.5+0.75+0.825+0.755)+1+1+(0.755+0.825+0.75+0.65)＝10.81（m）

(3.5分)

合计：8.8+10.81＝19.61（m） (0.5分)

(2) φ219×32：

① 地下：

1+(1.8+0.8×3)+1×4+［1+(0.75+2.5+0.5+0.8)+1+1+(1.8+0.5)］×2＝28.9（m）

(2.5分)

② 地上：

(1.0+2.5+0.75+0.825+0.755+1.0)×2+(1+0.825+0.755+1.0)×2+1.0+0.825+0.755+0.75+0.65＝24.8（m）

(4.0分)

合计：28.9+24.8＝53.7（m） (0.5分)

(3) 管件工程量：

① DN300：弯头：2+2+2+1＝7（个） (1.0分)

② DN200：弯头（2+2）×2+(1+2)×2+1×4+1+2+1＝22（个） (2.0分)

三通 1×2+1×3＝5（个） (1.0分)

2. （本小题9.0分）

答表1 分部分项工程量和单位措施项目与计价表

序号	项目编码	项目名称	项目特征描述	计量单位	工程量
1	030801001001	低压碳钢管	φ325mm×8mm，20钢无缝钢管、氩电联焊，水压及严密性试验，压缩空气吹扫	m	21.00
	(0.5分)		(0.5分)		(0.5分)
2	030802001001	中压碳钢管	φ219mm×32mm，20钢无缝钢管、氩电联焊，水压及严密性试验，压缩空气吹扫	m	32.00
3	030802001002	中压碳钢管	φ168mm×24mm，20钢无缝钢管、氩电联焊，水压及严密性试验，压缩空气吹扫	m	23.00
4	030802001003	中压碳钢管	φ114mm×16mm，20钢无缝钢管、氩电联焊，水压及严密性试验，压缩空气吹扫	m	7.00
5	030810002001	低压碳钢焊接法兰	DN300，低压碳钢平焊，氩电联焊	片	11.00
6	030811002001	中压碳钢焊接法兰	DN200，中压碳钢对焊，氩电联焊	片	21.00

3. （本小题13.0分）

答表2 工程量清单综合单价分析表

项目编码	030802001001	项目名称	中压碳钢管 φ219mm×32mm	计量单位	m	工程量	32.00

					清单综合单价组成明细						
定额编号	定额名称	定额单位	数量	单价/元				合价/元			
				人工费	材料费	机械费	管和利	人工费	材料费	机械费	管和利
8-1-465	中压碳钢管（氩电联焊）φ219mm×32mm	10m	0.100	699.20	80.00	277.00	825.06	69.92	8.00	27.70	82.51
8-5-43	中压管道液压试验 DN200	100m	0.010	448.00	81.30	21.00	528.64	4.48	0.81	0.21	5.29
8-5-60	管道空气吹扫 DN200	100m	0.010	169.60	120.00	28.00	200.13	1.70	1.20	0.28	2.00

（续）

人工单价		小计			76.10	10.01	28.19	89.80
80元/工日		未计价材料费/元			899.31			
清单项目综合单价/（元/m）						1103.41		
材料费明细	主要材料名称、规格、型号		单位	数量	单价/元	合价/元	暂估单价	暂估合价
	碳钢无缝钢管 φ219mm×32mm		kg	138.355	6.50	899.31		
	或碳钢无缝钢管 φ219mm×32mm		m	0.938	958.75	899.31		
	其他材料费				—	10.01		
	材料费小计				—	909.32		

【评分说明：参见 2017 管道综合单价分析表，多个项目合计得 0.5 分的，全部正确者得 0.5 分，错一项不得分。】

案例三（2014 年试题六）

工程背景资料如下：

1. 图 1 为某泵房工艺及伴热管道系统部分安装图。

说明：

（1）本图为某泵房工艺及伴热管道系统部分安装图，标高以 m 计，其余尺寸均以 mm 计。

（2）管道材质为 20# 碳钢无缝钢管，管件均为成品，法兰为对焊法兰。方式为氩电联焊。

（3）管道焊缝进行 X 射线无损检验，水压强度和严密性试验合格后，压缩空气吹扫。

（4）伴热管用镀锌铁丝捆绑在油管道外壁上，水平管段捆绑在油管下部两侧。图中标注的伴热管道标高、平面位置为示意，可视为与相应油管道等同。

（5）管道就位后，其外壁进行人工除锈，再刷红丹防锈漆两遍。

（6）管线采用岩棉保温，保温层厚度有伴热管的为 50mm，其他为 30mm，玻璃布防潮，0.5mm 厚铝皮保护。

（7）伴热管和泵后油管道设计压力为 2.0MPa，泵前油管道压力为 0.4MPa。

2. 假设管道安装工程的分部分项清单工程量如下：φ325mm×8mm 低压管道 7m；φ273.1mm×7.1mm 中压管道 15m；φ108mm×4.5mm 管道 5m，其中低压 2m，中压 3m；φ89mm×4.5mm 管道 1.5m，φ60mm×4mm 管道 40m，均为中压。

3. 相关分部分项工程量清单统一项目编码见下表。

项目编码	项目名称	项目编码	项目名称
030801001	低压碳钢管	030807003	低压法兰阀门
030802001	中压碳钢管	030808003	中压法兰阀门
030803001	高压碳钢管	030809002	高压法兰阀门
031201001	管道刷油	031208002	管道绝热

4. φ325mm×8mm 碳钢管道安装工程定额的相关数据见下表。

定额编号	项目名称	单位	基价/元			未计价主材	
			人工费	材料费	机械费	单价	耗用量
6-38	低压管道电弧焊安装	10m	244.32	54.67	223.20	6.50 元/kg	9.36m
6-56	低压管道氩电联焊安装	10m	262.03	63.02	257.60	6.50 元/kg	9.36m
6-413	中压管道氩电联焊安装	10m	341.38	88.66	321.86	6.50 元/kg	9.36m
6-2430	中低压管道水压试验	100m	623.35	204.60	24.62		
11-1	管道人工除锈	10m²	27.15	6.76			
6-2477	管道水冲洗	100m	373.84	242.72	48.95		
6-2484	管道空气吹扫	100m	205.63	272.94	32.60		
11-51、52	管道刷红丹防除锈漆二遍	10m²	43.89	4.06			

该管道安装工程的管理费和利润分别按人工费的 20% 和 10% 计。

问题：

1. 按照图 1 所示内容，列式计算管道、管件安装项目的分部分项清单工程量。

（注：其中伴热管道工程量计算，不考虑跨越三通、阀门处的煨弯增加量。图 1 中所标注伴热管道的标高、平面位置，按与相应油管道的标注等同计算）

2. 按照背景资料 2、3 中给出的管道工程量和相关分部分项工程量清单统一编码，以及图 1 的技术要求和所示阀门数量，根据《通用安装工程工程量计算规范》和《建设工程工程量清单计价规范》规定，编制管道、阀门安装项目的分部分项工程量清单，填入答题卡中。

3. 按照背景资料 4 中的相关定额，根据《通用安装工程工程量计算规范》和《建设工程工程量清单计价规范》规定，编制 φ325mm×8mm 低压管道（单重 62.54kg/m）安装分部分项工程量清单"综合单价分析表"，填入答题卡中。

（计算结果保留 2 位小数）

参 考 答 案

1.（本小题 16.0 分）

管道：

(1) φ32×2.5 中压管道：(1.75−1.45)×2 = 0.60（m） （1.0 分）

(2) φ60×4 中压管道：

① 泵前：

[1+0.8+1.5+(1+0.65+0.5)×2]×2 = 15.20（m） （1.0 分）

② 泵后：

[1+1+1.5+0.5×2+(2.25−1.15+0.8+1+0.65)×2]×2 = 23.20（m） （2.0 分）

合计：15.2+23.2 = 38.40（m） （1.0 分）

(3) φ89×4 中压管道：(0.15+0.5)×2 = 1.30（m） （1.0 分）

(4) φ273.1×7.1 中压管道：

$[(2.25-1.15)+(0.8+1+0.65)+(2.25-1.15)]×2+1+1+1.5+0.5+0.5=13.80$ （m）

(2.5分)

(5) ϕ325×8 低压管道：$1+0.8+1.5+(1+0.65+0.5)×2=7.60$ （m） (2.5分)

管件：

(1) 中压 DN50

① 弯头：$(2×6)+(2×2+2×4)=24$ （个） (1.5分)

② 三通 DN50：$1×2+1×2=4$ （个） (0.5分)

(2) 中压 DN80

① 三通：$1×2=2$ （个） (0.5分)

(3) 中压 DN250

① 弯头：6个 (0.5分)

② 三通：3个 (0.5分)

(4) 低压 DN300

① 弯头：4个 (0.5分)

② 三通：1个 (0.5分)

2. （本小题11.0分）

答表1　分部分项工程和单价措施项目清单与计价表

序号	项目编码	项目名称	项目特征描述	单位	工程量
1	030801001001	低压碳钢管	20#碳钢无缝钢管ϕ108mm×4.5mm，氩电联焊，水压强度和严密性试验，空气吹扫	m	2.00
			(0.5分)		(0.5分)
2	030801001002	低压碳钢管	20#碳钢无缝钢管ϕ325mm×8mm，氩电联焊，水压强度和严密性试验，空气吹扫	m	7.00
3	030802001001	中压碳钢管	20#碳钢无缝钢管ϕ60mm×4mm，氩电联焊，水压强度和严密性试验，空气吹扫	m	40.00
4	030802001002	中压碳钢管	20#碳钢无缝钢管ϕ89mm×4.5mm，氩电联焊，水压强度和严密性试验，空气吹扫	m	1.50
5	030802001003	中压碳钢管	20#碳钢无缝钢管ϕ108mm×4.5mm，氩电联焊，水压强度和严密性试验，空气吹扫	m	3.00
6	030802001004	中压碳钢管	20#碳钢无缝钢管ϕ273.1mm×7.1mm 氩电联焊，水压强度和严密性试验，空气吹扫	m	15.00
7	030807003001	低压法兰阀门	钢法兰闸阀DN300 Z41H-16，法兰连接	个	2.00
8	030808003001	中压法兰阀门	钢法兰闸阀DN20 Z41H-25，法兰连接	个	2.00
9	030808003002	中压法兰阀门	钢法兰闸阀DN80 Z41H-25，法兰连接	个	2.00
10	030808003003	中压法兰阀门	钢法兰闸阀DN250 Z41H-25，法兰连接	个	2.00
11	030808003004	中压法兰阀门	钢法兰止回阀DN250 H44H-25，法兰连接	个	2.00

3. （本小题 13.0 分）

答表 2 综合单价分析表

项目编码	030801001002	名称	低压碳钢管道 φ325mm×8mm		计量单位	m	工程量	7.00	
清单综合单价组成明细									
定额编号	定额项目名称	定额单位	数量	单价				合价	
				人工费	材料费	机械费	管和利	人工费	材料费	机械费	管和利
6-56	低压氩电联焊	10m	0.10	262.03	63.02	257.60	78.61	26.20	6.30	25.76	7.86
6-2430	中低压管道水压试验	100m	0.01	623.35	204.60	24.62	187.01	6.23	2.05	0.25	1.87
6-2484	管道空气吹扫	100m	0.01	205.63	272.94	32.60	61.69	2.06	2.73	0.33	0.62
人工单价			小计					34.49	11.08	26.34	10.35
—			未计价材料费/元					380.51 或 380.49			
清单项目综合单价/（元/m）								462.77 或 462.75			
材料明细	主要材料名称、规格、型号	单位	数量	单价	合价	暂估单价	暂估合价				
	20#碳钢无缝管 φ325×8	kg	58.54	6.50	380.51						
	或 20#碳钢无缝管 φ325×8	m	0.936	406.51	380.49						
	其他材料费				11.08						
	材料费小计/元				391.59						

案例四（2015 年试题六）

管道工程有关背景资料如下：

1. 某厂区室外消防给水管网平面图如图 1 所示。

说明：

（1）该图所示为某厂区室外消防给水管网平面图。管道系统工作压力为 1.0MPa。图中平面尺寸均以相对坐标标注，单位以 m 计；详图中标高以 m 计，其他尺寸以 mm 计。

（2）管道采用镀锌无缝钢管，管件采用碳钢成品法兰管件。各建筑物的进户管入口处设有阀门的，其阀门距离建筑物外皮为 2m，入口处没有设阀门的，其三通或弯头距离建筑物外墙皮为 4.5m；其规格除注明外均为 DN100。

（3）闸阀型号为 Z41T-16，止回阀型号为 H41T-16，安全阀型号为 A41H-16；地上式消火栓型号为 SS100-1.6，地下式消火栓型号为 SX100-1.6，消防水泵接合器型号为 SQ150-1.6；水表型号为 LXL-1.6，消防水泵接合器安装及水表组成敷设连接形式详见节点图 1、2、3、4。

（4）消防给水管网安装完毕进行水压试验和水冲洗。

2. 假设消防管网工程量如下：

管道 DN200 800m、DN150 20m、DN100 18m，室外消火栓地上 8 套、地下 5 套，消防水泵接合器 3 套，水表 1 组，闸阀 Z41T-16 DN200 12 个、止回阀 H41T-16 DN200 2 个、闸阀 Z41T-16 DN100 25 个。

3. 消防管道工程相关分项工程量清单项目的统一编码见下表。

项目编码	项目名称	项目编码	项目名称
030901002	消火栓钢管	031001002	低压碳钢管
030901011	室外消火栓	031003003	焊接法兰阀门
030301012	消防水泵接合器	030807003	低压法兰阀门
031003013	水表	030807005	低压安全阀门

注：编码前四位 0308 为《工业管道工程》，0309 为《消防工程》，0310 为《给排水、采暖燃气工程》。

4. 消防工程的相关定额见下表。

序号	工程项目及材料名称	计量单位	工料机单价/元			未计价材料	
			人工费	材料费	机械费	单价	耗用量
1	法兰镀锌钢管安装 DN100	10m	160.00	330.00	130.00	7.00 元/kg	9.81
2	室外地上消火栓 SS100	套	75.00	200.00	65.00	280.00 元/套	1.00
3	低压法兰阀门 DN100Z41T-16	个	85.00	60.00	45.00	260.00 元/个	1.00
4	地上式消火栓配套附件	套				90.00 元/套	1.00

注：1. DN100 镀锌无缝钢管的理论重量为 12.7kg/m；
　　2. 企管费、利润分别按人工费的 60%、40% 计。

问题：

1. 按照图 1 所示内容，列式计算室外管道、阀门、消火栓、消防水泵接合器、水表组成安装项目的分项清单工程量。

2. 根据背景资料 2、3，以及图 1 规定的管道安装技术要求，编列出管道、阀门、消火栓、消防水泵接合器、水表组成安装项目的分部分项工程量清单，填入答题卡"分部分项工程和单价措施项目清单与计价表"中。

3. 根据《通用安装工程工程量计算规范》和《建设工程工程量清单计价规范》的相关规定，按照背景资料 4 中的相关定额数据，编制室外地上式消火栓 SS100 安装项目的"综合单价分析表"。

4. 厂区综合楼消防工程单位工程最高投标限价中的分部分项工程费为 485000 元，中标人投标报价中的分部分项工程费为 446200 元。在施工过程中，发包人向承包人提出增加安装 2 台消防水炮的工程变更，消防水炮由发包方采购。合同约定：招标工程量清单中没有适用和类似项目，按照《建设工程工程量清单计价规范》规定和消防工程的报价浮动率确定清单综合单价。经查当地工程造价管理机构发布的消防水炮安装定额价目表为 290 元，其中人工费 120 元；消防水炮安装定额未计价主要材料费为 420 元/台，列式计算消防水炮安装项目的清单综合单价。

（计算结果保留 2 位小数）

参考答案

1.（本小题18.0分）

室外管道

(1) DN200：

① 环网：纵 4×(219-119)+横 2×(631-439)=4×100+2×192=784.00（m）　　（2.0分）

② 引入管：(645-625-2)+(631-625-2)+(119-105)=36.00（m）　　（1.5分）

小计 DN200：784+36=820（m）　　（0.5分）

(2) DN150：(227-219)+(119-111)+(0.7+1.1)×2=19.60（m）　　（2.0分）

(3) DN100：

① 接各建筑物支管：材料库（4×2）+综合楼（479-439）+(4.5-1.5)×2+4+预制 4+机制（539-509）+(4.5-1.5)×2+4+装配 4+机修 4+成品库（631-613）+(4.5-1.5)+包装（4×2）=139.00（m）　　（4.0分）

② 地上消火栓（2+0.45+1.1）×10=35.50（m）　　（1.5分）

③ 地下消火栓：(2+1.1-0.3)×4=11.20（m）　　（1.5分）

DN100 小计：139+35.5+11.2=185.70（m）　　（0.5分）

阀门：

① DN200 闸阀：7 个　　（0.5分）

② DN100：消火栓（10+4）+建筑物入口（2+2+1+2+1+1+1+2）=14+12=26（个）　　（2.0分）

消火栓：

① 地上式消火栓：10 套　　（0.5分）

② 地下式消火栓：4 套　　（0.5分）

消防水泵结合器：2 套　　（0.5分）

水表：1 组　　（0.5分）

2.（本小题10.0分）

答表1　分部分项工程和单价措施项目清单与计价表

序号	项目编码	项目名称	项目特征描述	单位	工程量
1	030901002001	消火栓钢管	室外镀锌无缝钢管 DN100，水压试验和水冲洗	m	18.00
		(0.5分)			(0.5分)
2	030901002002	消火栓钢管	室外镀锌无缝钢管 DN150，水压试验和水冲洗	m	20.00
3	030901002003	消火栓钢管	室外镀锌无缝钢管 DN200，水压试验和水冲洗	m	800.00
4	030901011001	室外消火栓	地上式消火栓 SS100-1.6（含弯管底座等附件）	套	8
5	030901011002	室外消火栓	地下式消火栓 SX-100-1.6（含弯管底座附件）	套	5
6	030901012001	消防水泵接合器	消防水泵接合器 SQ150-1.6（每套包含消防水泵结合器 SQ150-1.6 1套；DN150 闸阀 Z41T-16 1个；止回阀 H41T-16 1个；安全阀 A41T-16 1个及其他配套附件）	套	3

(续)

序号	项目编码	项目名称	项目特征描述	单位	工程量
7	030901013001	水表	水表 L×L-1.6（每组包含：水表 L×L-1.6 1个；DN200 闸阀 Z41T-16 2个；DN200 止回阀 H41T-16 1个；法兰及其他配套附件）	组	1
8	031003003001	焊接法兰阀门	闸阀 Z41T-16DN100，法兰连接	个	25
9	031003003002	焊接法兰阀门	闸阀 Z41T-16DN200，法兰连接	个	12
10	031003003003	焊接法兰阀门	止回阀 H41T-16DN200，法兰连接	个	2

3. （本小题 9.0 分）

答表 2 综合单价分析表

编码	030901011001		名称	室外地上式消火栓 SS100		单位	套	工程量		1
清单综合单价组成明细											
定额编号	定额项目名称		定额单位	数量	单价/元				合价/元			
					人工费	材料费	机械费	管和利	人工费	材料费	机械费	管和利
1	室外地上式消火栓 SS100		套	1.00	75.00	200.00	65.00	75.00	75.00	200.00	65.00	75.00
人工单价				小计					75.00	200.00	65.00	75.00
—				未计价材料费/元							370.00		
				清单项目综合单价/（元/m）							785.00		
材料费明细	主要材料名称、规格、型号		单位	数量		单价/元		合价/元		暂估单价/元		暂估合价/元	
	地上式消火栓 SS100		套	1.00		280.00		280.00				
	地上式消火栓 SS100 配套附件		套	1.00		90.00		90.00				
	其他材料费								200.00			
	材料费小计								570.00			

4. （本小题 3.0 分）

（1）承包人报价浮动率 = 1−（446200/485000）×100% = 8%   (1.5 分)

（2）消防水炮安装综合单价 = (290+120+420)×(1−8%) = 763.60（元/套）   (1.5 分)

案例五（2016年试题六）

工程有关背景资料如下：

1. 某工厂办公楼卫生间给排水施工图如图 1 所示。

说明：

（1）办公楼共三层，层高为 3.3m。图中尺寸标注标高以"m"计，其他均以"mm"计。

（2）卫生间盥洗间给水管道采用铝塑复合管及管件；大小便冲洗给水（中水）管道采用镀锌钢管及管件，螺纹连接。给水干管为埋地，立管为明设，支管为暗设。管道出入户穿外墙处设碳钢刚性防水套管。

(3) 阀门采用截止阀为 J11T-10。各类管道均采用成品管卡固定。

(4) 成套卫生器具安装按标准图集 99S304 要求施工，所有附件均随卫生器具配套供应。洗脸盆为单柄单孔台上式安装；大便器为感应式冲洗阀蹲式大便器，小便器为感应式冲洗阀壁挂式安装，污水池为混凝土落地式安装。

(5) 管道系统安装就位后，给水管道进行强度和严密性水压试验及水冲洗。

2. 假设给水管道的部分清单工程量如下：

铝塑复合管 dn40 25m，dn32 8.8m，镀锌钢管 DN32 20m，DN25 13m，其他技术要求和条件与图 1 所示一致。

3. 给排水工程相关分部分项工程量清单项目的统一编码见下表。

项目编码	项目名称	项目编码	项目名称
031001001	镀锌钢管	031001002	钢管
031001006	塑料管	031001007	复合管
031003001	螺纹阀门	031003003	焊接法兰阀门
031004003	洗脸盆	031004006	大便器
031004007	小便器	031002003	套管

4. 室内给水镀锌钢管 DN32 安装定额（TY02-31-2015）的相关数据资料见下表。

定额编号	项目名称	计量单位	安装基价/元			未计价材料	
			人工费	材料费	机械费	单价	耗量
10-1-15	镀锌钢管安装	10m	200.00	6.00	1.00	17.80 元/m	9.91m
	管件（综合）	个				5.00 元/个	9.83 个/10m
10-11-12	成品管卡安装	个	2.50	3.50		2.00 元/个	2.5 个/10m
10-11-81	套管制安	个	60.00	12.00	20.00		
	钢管	m				28.00 元/m	0.424m/个
10-11-121	水压试验	100m	280.00	90.00	30.00		

注：该工程的管理费和利润分别按人工费的 67% 和 33% 计。

问题：（综合单价分析表涉及数量栏的保留三位小数，其他计算结果保留两位小数）

1. 按照图 1 所示内容，分别列式计算卫生间给水（中水）系统中的管道和阀门安装项目分部分项清单工程量；管道工程量计算至支管与卫生器具相连的分支三通或末端弯头处。

2. 根据背景资料 2、3 设定的数据和图 1 所示要求，按《通用安装工程工程量计算规范》的规定，分别依次编列出卫生间给水镀锌钢管 DN32、DN25、铝塑复合管 dn40、dn32 和铝塑复合管给水系统中所有阀门，以及成套卫生器具（不含污水池）安装项目的分部分项工程量清单，并填入答题卡"分部分项工程和单价措施项目清单与计价表"中。

3. 按照背景资料 2、3、4 中的相关数据和图 1 中所示要求，根据《通用安装工程工程量计算规范》和《建设工程工程量清单计价规范》的规定，编制图1中室内给水管道DN32镀锌钢管安装项目分部分项工程量清单的综合单价，并填入答题卡"综合单价分析表"中。

4. 有一150t金属设备框架制作安装工程的发承包施工合同中约定：所用钢材由承包方采购供应，钢材单价变化超过5%时，其超过的部分按实际调整。该工程招标时，发包方招标控制价按当地造价管理部门发布的市场基准价（信息指导价）为4520元/t编制，承包方中标价为4500元/t。要求：（1）计算填"施工期间钢材价格动态情况"中各施工时段第四、五、六栏的内容；（2）列出第3时段钢材材料费当期结算值的计算式。

施工期间钢材价格动态情况

施工时段	钢材用量/t	当期市场价格/元	价格变化幅度（%）	是否调整及其理由	钢材材料费当期结算值/元
一	二	三	四	五	六
1	60	4640			
2	50	4683			
3	40	4941			

（计算结果保留2位小数）

参 考 答 案

1.（本小题16.5分）

（1）DN50镀锌钢管：

$[(1.9+0.55+0.2)+(3.6-1.6+0.25+0.2)+0.2\times2]+[(1.1-0.5)+(0.85+0.5)\times2]=8.80$（m） (3.5分)

（2）DN40镀锌钢管：$[(7.45-0.85)\times2]+[(0.2+0.25-0.08+1.04)\times6]=21.66$（m）

(2.5分)

（3）DN32镀锌钢管：$0.9\times6=5.40$（m） (1.0分)

（4）DN25镀锌钢管：

① 大便器：$0.9\times6=5.40$（m） (1.0分)

② 小便器给水系统：$(1.4-0.2+0.2)+(1.3+0.5)=3.20$（m） (1.5分)

小计：$5.4+3.2=8.60$（m） (1.0分)

（5）DN20镀锌钢管：$[0.2+(0.55-0.15-0.2)+0.62]\times3+(7.9-1.3)=9.66$（m）

(2.5分)

（6）DN15镀锌钢管：$(0.7+0.7)\times3=4.20$（m） (1.5分)

（7）阀门：

① DN50截止阀：$1+1+1=3$（个） (0.5分)

② DN40截止阀：$3\times2=6$（个） (0.5分)

③ DN25截止阀：1个 (0.5分)

④ DN20截止阀：$1\times3=3$（个） (0.5分)

2.（本小题 9.0 分）

答表 1　分部分项工程和单价措施项目清单与计价表

工程名称：某工厂　标段：办公楼卫生间给排水工程安装　第 1 页共 1 页

序号	项目编码	项目名称	项目特征描述	单位	数量
1	031001001001	镀锌钢管	DN32 室内给水（中水）镀锌钢管、水压试验及冲洗	m	20.00
			（0.5 分）		（0.5 分）
2	031001001002	镀锌钢管	DN25 室内给水（中水）镀锌钢管、水压试验及冲洗	m	13.00
3	031001007001	铝塑复合管	dn40 室内给水铝塑复合管、水压试验及冲洗	m	25.00
4	031001007002	铝塑复合管	dn32 室内给水铝塑复合管、水压试验及冲洗	m	8.80
5	031003001001	螺纹阀门	DN32 截止阀 J11T-10 螺纹连接	个	1
6	031003001002	螺纹阀门	DN25 截止阀 J11T-10 螺纹连接	个	3
7	031004003001	洗脸盆	陶瓷洗脸盆、台上式、单柄单孔，附件安装	组	9
8	031004006001	大便器	陶瓷蹲式大便器、感应式冲洗阀，附件安装	组	18
9	031004007001	小便器	陶瓷小便器、壁挂式、感应式冲洗阀，附件安装	组	9

3.（本小题 9.0 分）

答表 2　综合单价分析表

项目编码	031001001001		名称	DN32 镀锌管		计量单位	m	工程量	20.00		
	（0.5 分）			（0.5 分）			（0.5 分）		（0.5 分）		
清单综合单价组成明细											
定额编号	定额项目名称	定额单位	数量	单价				合价			
				人工费	材料费	机械费	管和利	人工费	材料费	机械费	管和利
10-1-15	给水镀锌钢管安装	10m	0.1	200.00	6.00	1.00	200.00	20.00	0.60	0.10	20.00
（0.5 分）				（1.0 分）				（0.5 分）			
人工单价				小计				20.00	0.60	0.10	20.00
								（1.0 分）			
—				未计价材料费/元				22.56（0.5 分）			
				清单项目综合单价/（元/m）				63.26（0.5 分）			
材料费明细	主要材料名称、规格、型号	单位	数量	单价/元		合价/元		暂估单价		暂估合价/元	
	DN32 镀锌钢管	m	0.991	17.80		17.64				
	（0.5 分）			（0.5 分）						
	DN32 管件（综合）	个	0.983	5.00		4.92				
	（0.5 分）			（0.5 分）						
	其他材料费			0.60		（0.5 分）				
	材料费小计			23.16		（0.5 分）				

4.（本小题 5.5 分）

（1）填列表中第四、五、六栏内容：

施工期间钢材价格动态情况

施工时段	钢材用量/t	当期市场价格/元	价格变化幅度（%）	是否调整及其理由	钢材材料费当期结算值/元
一	二	三	四	五	六
1	60	4640	2.65%（0.5分）	≤5%，故不调（0.5分）	270000（0.5分）
2	50	4683	3.61%（0.5分）	≤5%，故不调（0.5分）	225000（0.5分）
3	40	4941	9.31%（0.5分）	>5%，故应调增（0.5分）	187800（0.5分）

（2）第3时段材料费当期结算值40×[4500+(4941-4520×1.05)]=187800.00（元）（1.0分）

案例六（2017年试题六）

某管道工程有关背景资料如下：

1. 成品油泵房管道系统施工图如图1所示。
2. 假设成品油泵房的部分管道、阀门安装项目清单工程量如下：低压无缝钢管ϕ89mm×4mm 2.1m，ϕ159mm×5mm 3.0m，ϕ219mm×6mm 15m；中压无缝钢管ϕ89mm×6mm 25m，ϕ159mm×8.5mm 18m，ϕ219mm×9mm 6m。其他技术条件和要求与图1所示一致。
3. 工程相关分部分项工程量清单项目的统一编码见表1。

表 1

项目编码	项目名称	项目编码	项目名称
031001002	钢管	030801001	低压碳钢管
031003001	螺纹阀门	030802001	中压碳钢管
031003002	螺纹法兰阀门	030807003	低压法兰阀门
031003003	焊接法兰阀门	030808003	中压法兰阀门

4. 管理费和利润分别按人工费的60%和40%计算，安装定额的相关数据资料见表2（表内费用均不包含增值税可抵扣进项税额）。

表 2

定额编号	项目名称	计量单位	安装基价/元			未计价主材	
			人工费	材料费	机械费	单价	耗量
8-1-444	中压碳钢管（电弧焊）DN150	10m	226.20	140.00	180.00	4.5元/kg	8.845m
8-1-463	中压碳钢管（氩电联焊）DN150	10m	252.59	180.00	220.00	4.5元/kg	8.845m
8-5-3	低、中压管道液压试验DN200以内	100m	566.00	160.00	120.00		
8-5-53	管道水冲洗DN200以内	100m	340.00	530.00	80.00		

5. 假设承包商购买材料时增值税进项税率为13%，机械费增值税进项税率为15%（综合），管理和利润增值税进项税率为5%（综合）；当钢管由发包人采购时，中压管道DN150安装清单项目不含增值税可抵扣进项税额综合单价的人工费、材料费、机械费分别为38.00元，30.00元，25.00元。（销项税税率为9%）

说明：

1. 图中标注尺寸标高以 m 计，其他均以 mm 计。
2. 建筑物现浇混凝土墙厚按 300mm 计，柱截面均为 600mm×600mm，设备基础平面尺寸均为 700mm×700mm。
3. 管道均采用 20# 碳钢无缝钢管，管件均采用碳钢成品压制管件。成品油泵吸入管道系统介质工作压力为 1.2MPa，采用电弧焊焊接；截止阀为 J41H-16，配平焊碳钢法兰。成品油泵排出管道系统介质工作压力为 2.4MPa，采用氩电联焊焊接；截止阀为 J41H-40，止回阀为 H41H-40，配碳钢对焊法兰。成品油泵进出口法兰超出设备基础长度均按 120mm，如图 1 所示。
4. 管道系统中，法兰连接处焊缝采用超声波探伤，管道焊缝采用 X 射线探伤。
5. 管道系统安装完毕，进行水压强度试验合格后，使用干燥空气进行吹扫。
6. 未尽事宜均应符合相关工程建设技术标准规范要求。

设备材料表

序号	名称及规格型号	单位	数量
1	油泵 $H=40\text{m}$，$Q=20\text{m}^3/\text{h}$	台	2
2	油泵 $H=40\text{m}$，$Q=10\text{m}^3/\text{h}$	台	2

问题：

1. 按照图 1 所示内容，分别列式计算管道和阀门（其中 DN50 管道、阀门除外）安装工程项目分部分项清单工程量。

2. 按照背景 2、3 及图 1 所示要求，按《通用安装工程工程量计算规范》的规定，分别依次编列管道、阀门安装项目（其中 DN50 管道、阀门除外）的分部分项工程量清单，并填入答题卡"分部分项工程量和单价措施项目清单与计价表"中。

3. 背景资料 4 中的相关数据和图 1 中所示要求，根据《通用安装工程工程量计算规范》和《建设工程工程量清单计价规范》的规定，编制中压管道 DN150 安装项目分部分项工程量清单的综合单价，并填入答题卡"综合单价分析表"中。中压管道 DN150 理论重量按 32kg/m 计，钢管由发包人采购（价格为暂估价）。

4. 按照背景资料 5 中的相关数据列式计算中压管道 DN150 管道安装清单项目综合单价对应的含增值税综合单价，以及承包商应承担的增值税应纳税额（单价）。

（综合单价分析表涉及数量栏的保留 3 位小数，其他计算结果保留两位小数）

参考答案

1.（本小题 11.0 分）

（1）入口前低压管道：

① φ219mm×6mm：(0.3+0.3+4.7−1.5)×2+(0.85×2+1.2×3)=12.90（m） （1.5 分）

② φ159mm×5mm：(1.2−0.12)×2=2.16（m） （0.5 分）

③ φ89mm×4mm：(1.2−0.12)×2=2.16（m） （0.5 分）

（2）出口后中压管道：

① φ89×6：

0.3+2.4+0.85+1.2+4.7−1.5+0.3+0.3=8.55（m）

(1.2−0.12+2.9+0.3+4.7−1.5)×2+1.2=16.16（m）

小计 ϕ89mm×6mm：8.55+16.16=24.71（m） (2.5 分)

② ϕ159mm×8.5mm：(1.2−0.12+1.2+0.85+2.4)×2+(0.75+1.5+0.75)=14.06（m） (1.5 分)

③ ϕ219mm×9mm：0.3+0.75+0.75+1.5+0.75+0.75+0.4=5.20（m） (1.0 分)

（3）低压阀门：

① 截止阀 DN200：1+1=2（个） (0.5 分)

② 截止阀 DN150：1+1=2（个） (0.5 分)

③ 截止阀 DN80：1+1=2（个） (0.5 分)

（4）中压阀门：

① 截止阀 DN80：2+1+1=4（个） (0.5 分)

② 截止阀 DN150：1+1+1=3（个） (0.5 分)

③ 止回阀 DN150：2 个 (0.5 分)

④ 止回阀 DN80：2 个 (0.5 分)

2.（本小题 13.0 分）

答表 1　分部分项工程和单价措施项目清单与计价表

工程名称：成品油泵房　　　　　　　　　　标段：工艺管道系统安装

序号	项目编码	项目名称	项目特征描述	单位	工程量
1	030801001001	低压碳钢管	20# 碳钢无缝钢管 ϕ89mm×4mm，电弧焊，水压强度试验，空气吹扫	m	2.10
			(0.5 分)		(0.5 分)
2	030801001002	低压碳钢管	20# 碳钢无缝钢管 ϕ159mm×5mm，电弧焊，水压强度试验，空气吹扫	m	3.00
3	030801001003	低压碳钢管	20# 碳钢无缝钢管 ϕ219mm×6mm，电弧焊，水压强度试验，空气吹扫	m	15.00
4	030802001001	中压碳钢管	20# 碳钢无缝钢管 ϕ89mm×6mm，氩电联焊，水压强度试验，空气吹扫	m	25.00
5	030802001002	中压碳钢管	20# 碳钢无缝钢管 ϕ159mm×8.5mm，氩电联焊，水压强度试验，空气吹扫	m	18.00
6	030802001003	中压碳钢管	20# 碳钢无缝钢管 ϕ219mm×9mm，氩电联焊，水压强度试验，空气吹扫	m	6.00
7	030807003001	低压法兰阀门	DN200 截止阀 J41H-16，法兰连接	个	2
8	030807003002	低压法兰阀门	DN150 截止阀 J41H-16，法兰连接	个	2
9	030807003003	低压法兰阀门	DN80 截止阀 J41H-16，法兰连接	个	2
10	030808003001	中压法兰阀门	DN80 截止阀 J41H-40，法兰连接	个	4
11	030808003002	中压法兰阀门	DN150 截止阀 J41H-40，法兰连接	个	3
12	030808003003	中压法兰阀门	DN80 止回阀 H41H-40，法兰连接	个	2
13	030808003004	中压法兰阀门	DN150 止回阀 H41H-40，法兰连接	个	2

【评分说明：多个项目合计得 0.5 分的，全部正确者得 0.5 分，错一项不得分。其他项目的分值分布参见"序号 1"】

3. (本小题 13.0 分)

答表 2　综合单价分析表

工程名称：成品油泵房　　　　　　　　　　　　　　　　　　　　　　　标段：工艺管道系统安装

项目编码	030802001002	项目名称	中压碳钢管 φ159mm×8.5mm	计量单位	m	工程量	18.00
(0.5 分)			(0.5 分)	(0.5 分)		(0.5 分)	

清单综合单价组成明细

定额编号	定额名称	定额单位	数量	单价/元				合价/元			
				人工费	材料费	机械费	管利润	人工费	材料费	机械费	管利润
8-1-465	中压碳钢管（氩电联焊）DN150	10m	0.100	252.59	180.00	220.00	252.59	25.26	18.00	22.00	25.26
	(0.5 分)	(0.5 分)	(0.5 分)	(1.0 分)				(0.5 分)			
8-5-3	低、中压管道液压试验 DN200 以内	100m	0.010	566.00	160.00	120.00	566.00	5.66	1.60	1.20	5.66
	(0.5 分)	(0.5 分)	(0.5 分)	(1.0 分)				(0.5 分)			
8-5-53	管道空气吹扫 DN200 以内	100m	0.010	340.00	530.00	80.00	340.00	3.40	5.30	0.80	3.40
	(0.5 分)	(0.5 分)	(0.5 分)	(1.0 分)				(0.5 分)			
人工单价				小计				34.32	24.90	24.00	34.32
								(0.5 分)			
—				未计价材料费/元				127.37 (0.5 分)			
				清单项目综合单价/（元/m）				244.91 (0.5 分)			
材料费明细	主要材料名称、规格、型号		单位	数量		单价	合价		暂估单	暂估合	
	20#碳钢无缝钢管 D159×8.5		kg	28.304			4.50	127.37			
	(1.0 分)						(0.5 分)				
	其他材料费/元						24.90				
	材料费小计/元						24.90	127.37			
							(0.5 分)				

注：①本案例设计说明管道吹洗要求为水冲洗；②给出定额为空气吹扫，做本问时可将设计说明当中的水冲洗改为空气吹扫。

【评分说明：多个项目合计得 0.5 分的，全部正确者得 0.5 分，错一项不得分。】

4.（本小题 3.0 分）

（1）含税单价：

(38×2+30+25)×1.09=142.79（元）　　　　　　　　　　　　　　　　（1.0 分）

（2）进项抵扣额：

30×0.13+25×0.15+38×0.05=9.55（元/m）　　　　　　　　　　　　（1.0 分）

（3）应缴纳增值税额：

142.79/1.09×0.09-9.55＝2.24（元/m） (1.0分)

案例七（2018年试题六改编）

背景：
1. 某办公楼内卫生间的给水施工图如图1和图2所示。
设计说明：
（1）办公楼共6层，层高3.6m，墙厚200mm。图中尺寸标注标高以米计，其他均以毫米计。
（2）管道采用PP-R塑料管及成品管件，热熔连接，成品管卡。
（3）阀门采用螺纹球阀Q11F-16C，污水池上装铜质水嘴。
（4）成套卫生器具安装按标准图集要求施工，所有附件均随卫生器具配套供应。洗脸盆为单柄单孔台上式安装，大便器为感应式冲洗阀蹲式大便器，小便器为感应式冲洗阀壁挂式安装，污水池为成品落地安装。
（5）管道系统安装就位后，给水管道进行水压试验。

2. 假设按规定计算的该卫生间给水管道和阀门部分的清单工程量如下：PP-R塑料管：dn50，直埋3.0m；dn40，直埋5.0m，明设1.5m；dn32，明设25m；dn25，明设16m。阀门Q11F-16C DN40，2个；DN25，12个。其他安装技术要求和条件与图1和图2所示一致。

3. 根据《通用安装工程工程量计算规范》的规定，给排水工程相关分部分项工程量清单项目的统一编码见表1。

表1 相关分部分项工程量清单项目的统一编码

项目编码	项目名称	项目编码	项目名称
031001001	镀锌钢管	031004014	给水附件
031001006	塑料管	031001007	复合管
031003001	螺纹阀门	031003003	焊接法兰阀门
031004003	洗脸盆	031004006	大便器
031004007	小便器	031002003	套管

4. 塑料给水管定额相关数据见表2，表内费用均不包含增值税可抵扣进项税额。该工程的人工单价（包括普工、一般技工和高级技工）综合为100元/工日，管理费和利润分别占人工费的60%和30%。

表2 塑料给水管安装定额的相关数据表

定额编号	项目名称	单位	安装基价/元			未计价主材	
			人工费	材料费	机械费	单价/元	消耗量
10-1-257	室外塑料管热熔安装 dn32	10m	55.00	32.00	15.00		
	PP-R塑料管 dn32	m				10.00	10.20
	管件（综合）	个				4.00	2.83
10-1-325	室内塑料管热熔安装 dn32	10m	120.00	45.00	26.00		

(续)

定额编号	项目名称	单位	安装基价/元			未计价主材	
			人工费	材料费	机械费	单价/元	消耗量
	PP-R 塑料管 dn32	m				10.00	10.16
	管件（综合）	个				4.00	10.81
10-11-121	管道水压试验	100m	266.00	80.00	55.00		

问题：

1. 按照图1和图2所示内容，按直埋（指敷设于室内地坪下埋地的管段）、明敷（指沿墙面架空敷设于室内明处的管段）分别列式计算给水管道安装项目分部分项清单工程量（注：管道工程量计算至支管与卫生器具相连的分支三通或末端弯头处止）。

2. 根据《通用安装工程工程量计算规范》和《建设工程工程量计价规范》的规定，编制管道、阀门、卫生器具（污水池除外）安装项目的分部分项工程和单价措施项目清单与计价表。

3. 根据表2给出的相关内容，编制 dn32 PP-R 室内明敷塑料给水管道分部分项工程综合单价分析表。

（计算结果保留2位小数）

参 考 答 案

1.（本小题15.0分）

(1) dn65 直埋：2.60+0.15=2.75（m） （1.0分）

(2) dn50 直埋：(2.20+2.80-0.15-0.15)+(0.60+0.60)=5.90（m） （2.0分）

明敷：3.60×3+1.30+3.60×3+0.40=23.30（m） （2.0分）

(3) dn40 明敷：3.60+3.60=7.20（m） （1.0分）

(4) dn32 明敷：

① 主管：3.60+3.60=7.20（m） （1.0分）

② L1 支管[(1.80+4.40-0.15×2)+(0.70+0.90-0.15)+(1.30-0.8)]×6=47.10（m）

（2.5分）

③ L2 支管：[(3.90+2.30-0.15×2)+(2.80-0.15×2)+(0.70+0.90-0.15)+(0.80-0.40)]×6=61.50（m） （2.5分）

合计：7.20+47.10+61.50=115.80（m） （1.0分）

(5) dn25 明敷[(1.30-1.00)+(2.20-0.15-0.30)+(0.70+0.50-0.15)]×6=18.60（m）

（2.0分）

2.（本小题15.0分）

答表1 分部分项工程和单价措施项目清单与计价表

序号	项目编码	项目名称	项目特征	计量单位	工程量
1	031001006001	塑料管	dn50，PP-R 塑料给水管，室内直埋，热熔连接，水压试验	m	3.00
	（0.5分）		（0.5分）		（0.5分）
2	031001006002	塑料管	dn40，PP-R 塑料给水管，室内直埋，热熔连接，水压试验	m	5.00

（续）

序号	项目编码	项目名称	项目特征	计量单位	工程量
3	031001006003	塑料管	dn40，PP-R 塑料给水管，室内明敷，热熔连接，水压试验	m	1.50
4	031001006004	塑料管	dn32，PP-R 塑料给水管，室内明敷，热熔连接，水压试验	m	25.00
5	031001006005	塑料管	dn25，PP-R 塑料给水管，室内明敷，热熔连接，水压试验	m	16.00
6	031003001001	螺纹阀门	球阀 DN40，PN16 Q11F-16C	个	2
7	031003001002	螺纹阀门	球阀 DN25，PN16 Q11F-16C	个	12
8	031004006001	大便器	陶瓷，蹲式，感应式冲洗阀，附件安装	组	24
9	031004003001	洗脸盆	陶瓷，单冷，单柄单孔台上式附件安装	组	12
10	031004007001	小便器	陶瓷，壁挂式，感应式冲洗阀附件安装	组	12

【评分说明：多个项目合计得 0.5 分的，全部正确者得 0.5 分，错一项不得分。其他项目的分值分布参见"序号 1"】

3.（本小题 10.0 分）

答表 2　dn32 室内明敷 PP-R 塑料给水管道分部分项工程综合单价分析表

项目编码	031001006004	项目名称	dn32，室内明敷 PP-R 塑料给水管道安装	计量单位	m	工程量	25.00
(0.5 分)		(0.5 分)		(0.5 分)		(0.5 分)	

清单综合单价组成明细

定额编号	定额名称	定额单位	数量	单价/元				合价/元			
				人工费	材料费	机械费	管和利	人工费	材料费	机械费	管和利
10-1-325	塑料管安装 dn32	10m	0.10	120.00	45.00	26.00	108.00	12.00	4.50	2.60	10.80
	(0.5 分)			(0.5 分)				(0.5 分)			
综合人工单价			小计					12.00	4.50	2.60	10.80
								(0.5 分)			
100 元/工日（0.5 分）			未计价材料费					14.52（0.5 分）			
清单项目综合单价/元								44.42（0.5 分）			

	主要材料名称、规格、型号	单位	数量	单价/元	合价/元	暂估单价/元	暂估合价/元
材料费明细	PP-R 塑料管 dn32	m	1.02	10	10.20		
	(0.5 分)				(1.0 分)		
	管件（综合）dn32	个	1.08	4	4.32		
	(0.5 分)				(1.0 分)		
	其他材料费				4.50	(0.5 分)	
	材料费小计				19.02	(0.5 分)	

【评分说明：多个项目合计得 0.5 分的，全部正确者得 0.5 分，错一项不得分。】

第七部分 电气工程计量与计价

提示：本部分所需分部分项工程量清单与计价表、综合单价分析表及案例中部分图纸可扫描二维码免费获取。

案例一（2014年试题六）

工程背景资料，如下：

1. 图1所示为某汽车库动力配电平面图。

说明：

（1）管路为钢管沿地坪暗敷，水平管路均敷设在地坪下0.1m处，电机出线口处高出地坪0.5m，管口导线预留长度为1m。管路旁括号内数字为该管的水平长度，单位为m。

（2）动力配电箱JL1和插座箱均为成套产品，嵌入式安装，底边距地1.4m，动力配电箱箱体尺寸为800mm×700mm×200mm（宽×高×厚），插座箱箱体尺寸为300mm×200mm×150mm（宽×高×厚）。

2. 动力配电工程的相关定额见下表（本题不考虑焊压铜接线端子工作内容）。

定额编号	项目名称	定额单位	安装基价/元			主材	
			人工费	材料费	机械费	单价	损耗率
2-263	成套动力配电箱嵌入式安装（半周长0.5m以内）	台	135.00	63.66	0	2000元/台	
2-264	成套动力配电箱嵌入式安装（半周长1.0m以内）	台	162.00	68.78	0	5000元/台	
2-265	成套动力配电箱嵌入式安装（半周长1.5m以内）	台	207.00	73.68	0	8000元/台	
2-266	成套动力配电箱嵌入式安装（半周长2.5m以内）	台	252.00	62.50	7.14	11000元/台	
2-263	成套动插座箱嵌入式安装（半周长0.5m以内）	台	135.00	63.66	0	1500元/台	
2-438	小型交流异步电动机检查接线（功率3kW以下）	台	120.60	39.24	14.62		
2-439	小型交流异步电动机检查接线（功率13kW以下）	台	230.40	66.98	16.76		
2-440	小型交流异步电动机检查接线（功率30kW以下）	台	360.90	88.22	22.44		

(续)

定额编号	项目名称	定额单位	安装基价/元			主材	
			人工费	材料费	机械费	单价	损耗率
2-1010	钢管φ25mm沿砖、混凝土结构暗配	100m	785.70	144.94	41.50	9.30元/m	3%
2-1012	钢管φ40mm沿砖、混凝土结构暗配	100m	1341.60	248.40	59.36	12.80元/m	3%
2-1198	管内穿线动力线路BV2.5mm²	100m	63.00	34.86	0	1.40元/m	5%
2-1203	管内穿线动力线路BV25mm²	100m	123.30	57.44	0	14.60元/m	5%

3. 该工程的管理费和利润分别按人工费的30%和10%计算。表中的费用均不包含增值税可抵扣进项税额。

4. 相关分部分项工程最清单项目统一编码见下表。

项目编码	项目名称	项目编码	项目名称
030404017	配电箱	030411001	配管
030404018	插座箱	030411004	配线
030406006	低压交流异步电动机		

问题：

1. 按照背景资料1~4和图1所示内容，根据《建设工程工程量清单计价规范》和《通用安装工程工程量计算规范》的规定，分别列式计算管、线工程量（不计算进线电缆部分），将计算式与结果填入答题卡中，并在答题卡"分部分项工程和单价措施项目清单与计价表"中计算和编制该分项工程的各分部分项工程清单的综合单价与合价。

2. 本工程在编制招标控制价时的数据设定如下：分部分项工程量清单费用为200万元，其中人工费为34万元，发包人提供材料为20万元，总价项目措施费为8万元，单价项目措施费为6万元，暂列金额为12万元，材料暂估价为18万元，发包人发包专业工程暂估价为13万元，计日工为1.5万元，总承包服务费率（发包人发包专业工程）按3%计，总承包服务费率（发包人提供材料）按1%计，规费、税金为15万元。

请根据上述给定的数据，在答题卡"其他项目清单与计价汇总表"中计算并填写其他项目中各项费用的金额；在答题卡"单位工程招标控制价汇总表"中计算并填写本工程招标控制价中各项费用的金额。

（计算结果保留2位小数）

参 考 答 案

1. （本小题27.0分）

（1）钢管φ25mm

① [（1.4+0.1）×2+6.5+3.5+（0.5+0.1）×2] = 14.20（m） (2.0分)

② [（6+6）+（1.4+0.1）×3+（1.4+0.1-0.2）] = 17.80（m） (2.0分)

合计：32.00（m） (1.0分)

（2）钢管φ40mm

(1.4+0.1)×2+4+8+(0.5+0.1)×2=16.20（m）　　　　　　　　　　　（2.0分）

（3）BV-2.5

① [(0.7+0.8)×2+14.2+1×2]×4=76.80（m）　　　　　　　　　　　（2.0分）

② [(0.7+0.8)+17.8+(0.2+0.3)×3]×5=104.00（m）　　　　　　　（2.0分）

合计：180.80（m）　　　　　　　　　　　　　　　　　　　　　　（1.0分）

（4）BV-25

[(0.7+0.8)×2+16.2+1×2]×4=84.80（m）　　　　　　　　　　　　（2.0分）

（5）填表　　　　　　　　　　　　　　　　　　　　　　　　　　（13.0分）

答表1 分部分项工程和单价措施项目清单与计价表

工程名称：汽车库动力配电

序号	项目编码	项目名称	项目特征描述	计量单位	工程量	金额/元		
						综合单价	合价	暂估价
1	030404017001	配电箱	动力配电JL1，嵌入式安装，底边距地1.4m；尺寸 800mm×700mm×200mm（高×宽×厚）	台	1	8363.48	8363.48	
			(0.5分)		(0.5分)		(0.5分)	
2	030404018001	插座箱	插座箱嵌入式安装，底边距地1.4m，尺寸300mm×200mm×150mm（高×宽×厚）	台	2	1752.66	3505.32	
3	030406006001	低压交流异步电动机	干燥机电动机检查接线（功率1kW）	台	2	222.70	445.40	
4	030406006002	低压交流异步电动机	空压机电动机检查接线（功率22kW）	台	2	615.92	1231.84	
5	030411001001	配管	钢管φ25mm沿砖、混凝土结构暗配	m	32.00	22.44	718.08	
6	030411001002	配管	钢管φ40mm沿砖、混凝土结构暗配	m	16.20	35.04	567.65	
7	030411004001	配线	管内穿线动力线路BV-2.5mm^2	m	180.80	2.70	488.16	
8	030411004002	配线	管内穿线动力线路BV-25mm^2	m	84.80	17.63	1495.02	
			本页小计				16814.95	
							(1.0分)	

【评分说明：多个项目合计得0.5分的，全部正确者得0.5分，错一项不得分。其他项目的分值分布参见"序号1"。】

2.（本小题 8.0 分）
（1）汇总表

答表 2　其他项目清单与计价汇总表

序号	项目名称	金额/万元	结算金额/万元	备注
1	暂列金额	12.00		(0.5分)
2	暂估价	13.00		(0.5分)
2.1	材料暂估价	—		
2.2	专业工程暂估价	13.00		(0.5分)
3	计日工	1.50		(0.5分)
4	总包服务费	0.59		(0.5分)
4.1	其中：发包人发包专业工程	0.39		(0.5分)
4.2	其中：发包人提供材料	0.20		(0.5分)
	合计	27.09		(0.5分)

（2）汇总表

答表 3　单位工程招标控制价汇总表

序号	项目名称	金额/万元	其中：暂估价/万元
1	分部分项工程	200.00	(0.5分)
2	措施项目	14.00	(0.5分)
2.1	其中：单价措施项目	6.00	(0.5分)
2.2	其中：总价措施项目	8.00	(0.5分)
3	其他项目	27.09	(0.5分)
4	规费	15.00	(0.5分)
5	税金		
	招标控制价合计	256.09（1.0分）	

案例二（2012 年试题六改编）

工程背景资料如下：

1. 图 1~图 3 所示为某变电所变配电工程的平面图和高、低压配电系统图，图中③号高压成套配电柜到电力变压器的电缆管线的清单工程量设定为：φ100mm 钢管暗敷为 9m；电力电缆穿管敷设 YJV-10kV-3×70mm² 为 10m，其另应增加的预留附加长度为 3.5m。

2. 工程的相关定额见下表。

序号	项目名称	计量单位	安装基价/元			未计价主材	
			人工费	材料费	机械费	单价	损耗率（%）
1	敷设电力电缆 YJV-10kV-3×70mm²	m	10.14	4.08	0.72	200.00 元/m	1
2	户内热缩式电力电缆终端头制作安装 10kV，YJV3×70mm²	个	136.00	249.18		100.00 元/个	2

3. 该工程变配电装置中的全部母线，均由生产厂家制作安装。人工费单价为 80 元/工日，管理费和利润分别按人工费的 60%和 40%计算。
4. 相关分部分项工程量清单统一项目编码见下表。

项目编码	项目名称	项目编码	项目名称
030401001	油浸电力变压器	030404004	低压开关柜（屏）
030401002	干式变电器	030408001	电力电缆
030402006	隔离开关	030408003	电缆保护管
030402010	避雷器	030408006	电力电缆头
030402017	高压成套配电柜		

问题：

1. 按照背景资料 1、3、4 和图 1~图 3 所示内容，在答题卡中，编制工程变配电装置安装和电缆管线的"分部分项工程量清单与计价表"。（不计算计价部分）

2. 根据背景 2 中的相关定额，编制"电力电缆和电力电缆头项目综合单价分析表"。
（"数量"栏保留 3 位小数，其余保留 2 位小数）

参考答案

1.（本小题 19.5 分）

答表1 分部分项工程量清单与计价表

序号	项目编码	项目名称	项目特征描述	计量单位	工程量
1	030401001001	油浸电力变压器	油浸式变压器安装 SL7-1000 10/0.4kV	台	1
	(0.5 分)		(0.5 分)		(0.5 分)
2	030402006001	隔离开关	隔离开关安装 GN8-10 户内安装	组	1
3	030402010001	避雷器	避雷器安装 FS-40 电压等级 10kV	组	2
4	030402017001	高压成套配电柜	电压互感器柜 GG-1A-65 2200mm×1200mm×1200mm（高×宽×深）10#槽钢基础制作安装，4.8m	台	1

176

(续)

序号	项目编码	项目名称	项目特征描述	计量单位	工程量
5	030402017002	高压成套配电柜	总进线柜 GG-1A-15 2200mm×1200mm×1200mm（高×宽×深）10#槽钢基础制作安装，4.8m	台	1
6	030402017003	高压成套配电柜	变压器柜 GG-1A-11 2200mm×1200mm×1200mm（高×宽×深）10#槽钢基础制作安装，4.8m	台	2
7	030404004001	低压开关柜	1号配电柜 PGL-1-04 2000mm×900mm×600mm（高×宽×深）10#槽钢基础制作安装，3m	台	1
8	030404004002	低压开关柜	2号配电柜 PGL-1-23 2000mm×900mm×600mm（高×宽×深）10#槽钢基础制作安装，3m	台	1
9	030404004003	低压开关柜	3号配电柜 PGL-1-20 2000mm×900mm×600mm（高×宽×深）10#槽钢基础制作安装，3m	台	1
10	030404004004	低压开关柜	4号配电柜 PGL-1-41 2000mm×900mm×600mm（高×宽×深）10#槽钢基础制作安装，3m	台	1
11	030408001001	电力电缆	电力电缆敷设 YJV-10kV-3×70mm^2	m	13.50
12	030408006001	电力电缆头	户内热缩式电力电缆终端头制作安装，10kV，YJV3×70mm^2	个	2
13	030408003001	电缆保护管	焊接钢管 ϕ100mm 埋地暗敷	m	9.00
			合　计		

【评分说明：多个项目合计得0.5分的，全部正确者得0.5分，错一项不得分。其他项目的分值分布参见"序号1"】

2.（本小题16.0分）

答表2　电力电缆和电力电缆头项目综合单价分析表

工程量清单综合单价分析					
项目编码	030408001001	项目名称	电力电缆 YJV-10kV-3×70mm^2 敷设	计量单位	m	工程量	13.50

清单综合单价组成明细										
定额编号	定额名称	定额单位	数量	单价/元				合价/元			
				人工费	材料费	机械费	管和利	人工费	材料费	机械费	管和利
	电力电缆设 YJV-10kV-3×70	m	1.000	10.14	4.08	0.72	10.14	10.14	4.08	0.72	10.14
人工单价				小计				10.14	4.08	0.72	10.14
80元/工日				未计价材料费/元				202.00			

(续)

	清单项目综合单价/(元/m)				227.08		
材料费明细	主要材料名称、规格、型号	单位	数量	单价/元	合价/元	暂估单价	暂估合价
	电力电缆 YJV-10kV -3×70	m	1.010	200.00	202.00		
	其他材料费				4.08		
	材料费小计/元				206.08		

【评分说明：参见 2018 年电气真题综合单价分析表，多个项目合计得 0.5 分的，全部正确者得 0.5 分，错一项不得分。】

项目编码	030408006001	项目名称	电力电缆头	计量单位	个	工程量	2

清单综合单价组成明细

定额编号	定额名称	定额单位	数量	单价/元				合价/元			
				人工费	材料费	机械费	管和利	人工费	材料费	机械费	管和利
	户内热缩式电力电缆头制作安装 YJV-10kV-3×70	个	1.000	136.00	249.18	0.00	136.00	136.00	249.18	0.00	136.00
人工单价		小计						136.00	249.18	0.00	136.00
80元/工日		未计价材料费/元						102.00			
	清单项目综合单价/(元/m)							623.18			

材料费明细	主要材料名称、规格、型号	单位	数量	单价/元	合价/元	暂估单价	暂估合价
	户内热缩式电力电缆头制作安装 YJV-10kV-3×70	个	1.020	100.00	102.00		
	其他材料费				249.18		
	材料费小计/元				351.18		

案例三（2015 年试题六）

工程背景资料如下：

1. 图 1 所示为某标准厂房防雷接地平面图。

说明：

（1）室内地坪高差 0.60m，不考虑墙厚，也不考虑引下线与避雷网、引下线与断接卡子的连接耗量。

（2）避雷网采用 25mm×4mm 镀锌扁钢，沿屋顶女儿墙敷设。

（3）引下线采用建筑物柱内主筋引下，每一处引下线均需焊接 2 根主筋，每一引下线离地 1.8m 处设一断接卡子。

(4) 户外接地母线均采用40mm×4mm镀锌扁钢，埋深0.7m。

(5) 接地极采用L50×50×5镀锌角钢制作，$L=2.5m$。

(6) 接地电阻要求小于10Ω。图中标高单位以m计，其余均为mm。

2. 防雷接地工程的相关定额见下表。

定额编号	项目名称	定额单位	安装基价/元			主材	
			人工费	材料费	机械费	单价	损耗
2-691	角钢接地极制作、安装	根	50.35	7.95	19.26	42.4元/根	3%
2-748	避雷网安装	10m	87.4	34.23	13.92	3.9元/m	5%
2-746	避雷引下线敷设，利用建筑物主筋引下	10m	77.9	16.35	67.41		
2-697	户外接地母线敷设	10m	289.75	5.31	4.29	6.30元/m	5%
2-747	断接卡子制作、安装	10套	342	108.42	0.45		
2-886	接地网调试	系统	950	13.92	756		

3. 该工程的管理费和利润分别按人工费的30%和10%计算，人工单价为95元/工日。表中的费用均不包含增值税可抵扣进项税额。

4. 相关分部分项工程量清单项目统一编码见下表。

项目编码	项目名称	项目编码	项目名称
030409001	接地极	030409005	避雷网
030409002	接地母线	030414011	接地装置调试
030409003	避雷引下线		

问题：

1. 按照背景资料1~4和图1所示内容，根据《建设工程工程量清单计价规范》和《通用安装工程工程量计算规范》的计算避雷网、避雷引下线（利用建筑物主筋作引下线不计附加长度）和接地母线的工程量，将计算式与结果填写在答题卡上，并在答题卡"分部分项工程和单价措施项目清单与计价表"中计算和编制各分部分项工程的综合单价与合价。

2. 设定该工程"避雷引下线"项目的清单工程量为**120m**，其余条件均不变。根据背景材料**2**中的相关定额，在答题卡"综合单价分析表"中，计算该项目的综合单价。

（"数量"栏保留3位小数，其余均保留2位小数）

参考答案

1.（本小题**14.5**分）

(1) 避雷网：$[(8+14+8)\times2+(2.5+11.5)\times4+(21-18)\times4]\times1.039=132.99$（m）

(2.0分)

(2) 引下线：$(21-1.8+0.6)\times4+(18-1.8+0.6)\times2=112.80$（m）

(2.0分)

(3) 接地母线：$[5\times7\times2+5\times4+3\times6+2.5)+(1.8+0.7)\times6]\times1.039=130.39$（m）

(2.0分)

(4) (8.5分)

答表1 分部分项工程和单价措施项目清单与计价表

工程名称：标准厂房　　　　　　　　　　　　　　　标段：防雷接地工程

序号	项目编码	项目名称	项目特征描述	计量单位	工程量	金额/元		
						综合单价	合价	暂估价
1	030409001001	接地极	镀锌角钢接地极 L50×50×5，L=2.5m，埋深0.7m	根	19	141.37	2686.03	
	(0.5分)			(0.5分)		(0.5分)		
2	030409002001	接地母线	镀锌扁钢接地母线 40mm×4mm 埋深0.7m	m	130.39	48.14	6276.97	
3	030409003001	避雷引下线	利用柱内主筋引下；每处引下线焊接两根主筋；每一引下线离地坪1.8m处设一断接卡子，共6处	m	112.8	22.41	2527.85	
4	030409005001	避雷网	镀锌扁钢避雷网 25mm×4mm 沿屋顶女儿墙敷设	m	132.99	21.15	2812.74	
5	030414011001	接地装置调试	避雷网接地电阻测试	系统	1	2099.92	2099.92	
			合计				16403.51	
							(1.0分)	

【评分说明：多个项目合计得0.5分的，全部正确者得0.5分，错一项不得分。其他项目的分值分布参见"序号1"】

2．（本小题10.0分）

答表2 综合单价分析表

工程名称：标准厂房　　　　　　　　　　　　　　　标段：防雷接地工程

项目编码	030409003001	项目名称	避雷引下线	单位	m	工程量	120.00
	(0.5分)		(0.5分)		(0.5分)		(0.5分)

清单综合单价组成明细

定额编号	定额名称	定额单位	数量	单价				合价			
				人工费	材料费	机械费	管和利	人工费	材料费	机械费	管和利
2-746	避雷	10m	0.100	77.90	16.35	67.41	31.16	7.79	1.64	6.74	3.12
	(0.5分)	(0.5分)		(0.5分)				(1.0分)			
2-747	断接卡子制作安装	10套	0.005	342.00	108.42	0.45	136.80	1.71	0.54	0.00	0.68
	(0.5分)	(0.5分)		(0.5分)				(1.0分)			
人工单价			小计					9.50	2.18	6.74	3.80
										(0.5分)	
95元/工日 (0.5分)			未计价材料费					0.00 (0.5分)			

180

第七部分 电气工程计量与计价

（续）

材料费明细	清单项目综合单价				22.22（0.5分）		
	主要材料名称、规格	单位	数量	单价/元	合价/元	暂估单价	暂估合价
	其他材料费				2.18 （0.5分）		
	材料费小计				2.18 （0.5分）		

【评分说明：多个项目合计得0.5分的，全部正确者得0.5分，错一项不得分。】

案例四（2016年试题六）

工程背景资料如下：

1. 图1所示为某办公楼一层插座平面图，该建筑物为砖、混凝土结构。

说明：

（1）照明配电箱 AL1 电源由本层总配电箱引入。

（2）管路为钢管 DN15 或 DN20 沿地坪暗配，配管敷设标高为-0.05m，管内穿绝缘导线 BV 2.5mm² 或 BV 4mm²。

（3）室内外高差 0.8m。

（4）配管水平长度见括号内数字，单位"m"。

2. 该工程的人工单价（综合普工、一般技工和高级技工）为100元/工日。管理费和利润分别按人工费的30%和10%计算。

3. 该工程的相关定额、主材单价及损耗率见下表。

定额编号	项目名称	定额单位	安装基价/元			主材	
			人工费	材料费	机械费	单价	损耗率
4-2-76	照明配电箱 嵌入式安装 半周长≤1.0m	台	102.30	10.60	0	900元/台	
4-2-76	插座箱 嵌入式安装半周长≤1.0m	台	102.30	10.60	0	500元/台	
4-12-34	砖、混凝土结构暗配钢管 DN15	10m	46.80	9.92	3.57	5元/m	3%
4-12-35	砖、混凝土结构暗配钢管 DN20	10m	46.80	17.36	3.65	6.5元/m	3%
4-13-5	管内穿照明线 BV2.5mm²	10m	8.10	2.70	0	3元/m	16%
4-13-6	管内穿照明线 BV4mm²	10m	5.40	3.00	0	4.2元/m	10%
4-13-178	暗装插座盒 86H50型	个	3.30	0.96	0	3元/个	2%
4-13-178	暗装地坪插座盒 100H60型	个	3.30	0.96	0	10元/个	2%
4-14-401	单相带接地暗插座 10A	套	6.80	1.85	0	12元/套	2%
4-14-401	单相带接地地坪暗插座 10A	套	6.80	1.85	0	90元/套	2%

4. 相关分部分项工程量清单项目编码及项目名称见下表。

项目编码	项目名称	项目编码	项目名称
030404017	配电箱	030411001	配管
030404018	插座箱	030411004	配线
030404031	小电器	030411005	接线箱
030404035	插座	030411006	接线盒
030404036	其他电器		

问题：

1. 按照背景资料 1~4 和图 1 所示内容，根据《建设工程工程量清单计价规范》和《通用安装工程工程量计算规范》的规定，计算各分部分项工程量，并将配管（DN15、DN20）和配线（BV2.5mm^2、BV4mm^2）的工程量计算式与结果填写在答题卡指定位置；计算各分部分项工程的综合单价与合价，编制完成答题卡"分部分项工程和单价措施项目清单与计价表"。

2. 设定该工程"管内穿线 BV2.5mm^2"的清单工程量为 300m，其余条件均不变，依据背景材料 2 中的相关数据，编制完成答题卡"综合单价分析表"。

（计算结果均保留 2 位小数）

参 考 答 案

1.（本小题 26.5 分）

（1）钢管 DN15：

N1：(1.5+0.05)+2.0+3×6+4+4+4.5+2+2=38.05（m） （2.0 分）

N3：(1.5+0.05)+2.0+4.5×6+4×5+5+(0.3+0.05)×25=64.30（m） （2.0 分）

合计：38.05+64.30=102.35（m） （1.0 分）

（2）钢管 DN20：N2：(1.5+0.05)+20+(1.5-0.8+0.05)=22.30（m） （2.0 分）

（3）BV2.5mm^2：102.35×3+(0.5+0.3)×3×2=311.85（m） （2.0 分）

（4）BV4.0mm^2：22.30×3+(0.5+0.3)×3+(0.4+0.6)×3=72.30（m） （2.0 分）

（5）填表 （15.5 分）

答表 1　分部分项工程和单价措施项目清单与计价表

工程名称：办公楼　　　　　　　　　　　　　　　　　　　　　　　标段：一层插座

序号	项目编码	项目名称	项目特征描述	计量单位	工程量	金额/元		
						综合单价	合价	暂估价
1	030404017001	配电箱	照明配电箱 AL1，BQDC101 500mm×300mm×120mm（宽×高×厚），嵌入式安装，底边距地 1.5m	台	1	1053.82	1053.82	
		（0.5 分）		（0.5 分）		（0.5 分）		
2	030404018001	插座箱	户外插座箱 AX，防护等级 IP65 400mm×600mm×180mm（宽×高×厚），嵌入式安装，底边距地 1.5m	台	1	653.82	653.82	

182

(续)

序号	项目编码	项目名称	项目特征描述	计量单位	工程量	金额/元		
						综合单价	合价	暂估价
3	030404035001	插座	单相带接地暗插座 10A 安装高度 0.3m	个	13	23.61	306.93	
4	030404035002	插座	地坪暗插座，单相带接地 10A 型号：MDC-3T/130，地坪暗装	个	12	103.17	1238.04	
5	030411006001	接线盒	暗装插座盒 86H50 型	个	13	8.64	112.32	
6	030411006002	接线盒	暗装地坪插座盒 100H60 型	个	12	15.78	189.36	
7	030411001001	配管	钢管 DN15 砖、混凝土结构暗配	m	102.35	13.05	1335.67	
8	030411001002	配管	钢管 DN20 砖、混凝土结构暗配	m	22.30	15.35	342.31	
9	030411004001	配线	管内穿照明线 BV 2.5mm^2	m	311.85	4.88	1521.83	
10	030411004002	配线	管内穿照明线 BV 4mm^2	m	72.30	5.68	410.66	
			合计				7164.76	
							(0.5 分)	

【评分说明：多个项目合计得 0.5 分的，全部正确者得 0.5 分，错一项不得分。其他项目的分值分布参见"序号 1"】

2.（本小题 8.0 分）

答表 2 综合单价分析表

项目编码	030411004001		项目名称		管内穿线 BV2.5mm^2		计量单位		m	工程量		300.00
清单综合单价组成明细												
定额编号	定额名称		定额单位	数量	单价				合价			
					人工	材料	机械	管利	人工	材料	机械	管利
4-13-5	管内穿线照明线 BV 2.5mm^2		10m	0.10	8.10	2.70	0	3.24	0.81	0.27	0	0.32
人工单价			小计						0.81	0.27	0	0.32
人工单价：100 元/工日			未计价材料费						3.48			
			清单项目综合单价						4.88			
材料费明细			主要材料名称、规格、型号			单位	数量	单价	合价	暂估	暂估	
			绝缘导线 BV 2.5mm^2			m	1.16	3.00	3.48			
			其他材料费						0.27			
			材料费小计						3.75			

【评分说明：参见 2018 年电气真题综合单价分析表，多个项目合计得 0.5 分的，全部正确者得 0.5 分，错一项不得分。】

案例五（2017年试题六）

工程背景资料如下：

1. 图 1 为某配电房电气平面图，图 2 为配电箱系统图，设备材料表见表 1。该建筑物为单层平面砖、混凝土结构，建筑物室内净高为 4.00m。

图中括号内数字表示线路水平长度，配管进入地面或顶板内深度均按 0.05m，穿管规格：BV2.5 导线穿 3~5 根，均采用刚性阻燃管 PC20，其余按系统图。

表 1 设备材料表

序号	图例	材料/设备名称	规格型号	单位	备注
1		总照明配电箱 AL	非标准定制，600mm×800mm×300mm（宽×高×厚）	台	嵌入式，底边距地 1.5m
2		插座箱 AX	300mm×300mm×120mm（宽×高×厚）	台	嵌入式，底边距地 0.5m
3		吸顶灯	1×22W	套	吸顶
4		双管荧光灯，自带蓄电池	2×28W	套	应急时间不小于 90min，吸顶
5		单管荧光灯，自带蓄电池	1×28W	套	应急时间不小于 90min，吸顶
6		四联单控暗开关	250V 10A	个	安装高度离地 1.3m

2. 该工程的相关定额，主材单价及损耗率见表 2。

表 2 主材单价及损耗率

定额编号	项目名称	定额单位	安装基价/元			主材	
			人工费	材料费	机械费	单价	损耗率（%）
4-2-76	成套插座箱安装 嵌入式 半周长≤1.0m	台	102.30	34.40	0	500.00 元/台	
4-2-77	成套配电箱安装 嵌入式 半周长≤1.5m	台	131.50	37.90	0	4000.00 元/台	
4-1-14	无端子外部接线 导线截面≤2.5mm²	个	1.20	1.44	0		
4-4-26	压铜接线端子 导线截面≤16mm²	个	2.50	3.87	0		
4-12-133	砖、混凝土结构暗配 刚性阻燃管 PC20	10m	54.00	5.20	0	2.00 元/m	6
4-12-137	砖、混凝土结构暗配 刚性阻燃管 PC40	10m	66.60	14.30	0	5.00 元/m	6
4-13-5	管内穿照明线 铜芯 导线截面≤2.5mm²	10m	8.10	1.50	0	1.80 元/m	16

(续)

定额编号	项目名称	定额单位	安装基价/元			主材	
			人工费	材料费	机械费	单价	损耗率（%）
4-13-28	管内穿照明线 铜芯 导线截面≤16mm²	10m	8.10	1.80	0	11.50元/m	5
4-14-2	吸顶灯具安装 灯罩周长≤1100mm	套	13.80	1.90	0	100.00元/套	1
4-14-204	荧光灯具安装 吸顶式 单管	套	13.90	1.50	0	120.00元/套	1
4-14-205	荧光灯具安装 吸顶式 双管	套	17.50	1.50	0	180.00元/套	1
4-14-380	四联单控暗开关安装	个	7.00	0.80	0	15.00元/个	2

3. 该工程的人工单价（综合普工、一般技工和高级技工）为100元/工日。管理费和利润分别按人工费的40%和20%计算。

4. 相关分部分项工程量清单项目编码及项目名称见表3。

表3 项目编码及项目名称

项目编码	项目名称	项目编码	项目名称
030404017	配电箱	030411001	配管
030404018	插座箱	030411004	配线
030404034	照明开关	030412005	荧光灯
030404031	小电器	030412001	普通灯具

问题：

1. 按照背景资料1~4和图1及图2所示内容，根据《建设工程工程量清单计价规范》和《通用安装工程工程量计算规范》的规定，计算各分部分项工程量，并将配管（PC20、PC40）和配线（BV2.5mm²、BV16mm²）的工程量计算式与结果填写在答题卡指定位置；计算各分部分项工程的综合单价与合价，编制完成答题卡"分部分项工程和单价措施项目清单与计价表"。（答题时不考虑总照明配电箱的进线管道和电缆，不考虑开关盒和灯头盒）

2. 设定该工程"总照明配电箱AL"的清单工程量为1台，其余条件均不变，依据背景材料2中的相关数据，编制完成答题卡"综合单价分析表"。

（计算结果均保留2位小数）

参 考 答 案

1.（本小题30.0分）

（1）PC20：

三线：(4+0.05-0.8-1.5)+1.88+1.43+3.1+3.1+2.4+3.6+3.1+3.1+3.1+3.6=30.16（m）

四线：3.1+3.6+3.1+3.6=13.40（m）

五线：0.7+1.95+(4+0.05-1.3)×2=8.15（m）

PC20合计：30.16+13.40+8.15=51.71（m）　　　　　　　　　　　　　　（7.5分）

（2）PC40：(1.5+0.05)+12.6+(0.5+0.05)=14.70（m）　　　　　　　　　（2.5分）

(3) BV2.5mm²：30.16×3+13.40×4+8.15×5+(0.6+0.8)×3=189.03（m） (2.0 分)

(4) BV16mm²：[14.7+(0.6+0.8)+(0.3+0.3)]×5=83.50（m） (2.0 分)

(5) 填表 (16.0 分)

答表 1　分部分项工程和单价措施项目清单与计价表

工程名称：配电房　　　　　　　　　　　　　　　　　　　　　　标段：电气工程

序号	项目编码	项目名称	项目特征描述	计量单位	工程量	金额/元		
						综合单价	合价	暂估价
1	030404017001	配电箱	总照明配电箱 AL，非标定制，600mm×800mm×300mm（宽×高×厚），嵌入式安装，底边距地 1.5m，无端子外部接线 2.5mm² 3 个，压铜接线端子 16mm² 5 个	台	1.00	4297.73	4297.73	
	(0.5 分)				(0.5 分)		(0.5 分)	
2	030404018001	插座箱	插座箱 AX，300mm×300mm×120mm（宽×高×厚），嵌入式安装，底边距地 0.5m	台	1.00	698.08	698.08	
3	030404034001	照明开关	四联单控暗开关　250V/10A 底边距地 1.3m 安装	个	2.00	27.30	54.60	
4	030411001001	配管	刚性阻燃管 PC20 砖、混凝土结构暗配	m	51.71	11.28	583.29	
5	030411001002	配管	刚性阻燃管 PC40 砖、混凝土结构暗配	m	14.70	17.39	255.63	
6	030411004001	配线	管内穿线 BV2.5mm²	m	189.03	3.53	667.28	
7	030411004002	配线	管内穿线 BV16mm²	m	83.50	13.55	1131.43	
8	030412001001	普灯具	吸顶灯 1×32W	套	2.00	124.98	249.96	
9	030412005001	荧光灯	单管荧光灯，自带蓄电池 1×28W 应急时间不小于 120min，吸顶安装	套	8.00	144.94	1159.52	
10	030412005002	荧光灯	双管荧光灯，自带蓄电池 2×28W 应急时间不小于 120min，吸顶安装	套	4.00	211.30	845.20	
			合计				9942.72 (1.0 分)	

【评分说明：多个项目合计得 0.5 分的，全部正确者得 0.5 分，错一项不得分。其他项目的分值分布参见"序号 1"】

2. (本小题 10.0 分)

答表 2 综合单价分析表

工程名称：配电房　　　　　　　　　　　　　　　　　　　　　　标段：电气工程

项目编码	030404017001	项目名称	总照明配电箱 AL	计量单位	台	工程量	1.00

清单综合单价组成明细

定额编号	定额名称	定额单位	数量	单价/元				合价/元			
				人工费	材料费	机械费	管和利	人工费	材料费	机械费	管和利
4-2-77	成套配电箱安装 嵌入式 半周长≤1.5m	台	1.00	131.50	37.90	0	78.90	131.50	37.90	0	78.90
4-1-14	无端子外部接线 导线截面≤2.5mm²	个	3.00	1.20	1.44	0	0.72	3.60	4.32	0	2.16
4-4-26	压铜接线端子 导线截面≤16mm²	个	5.00	2.50	3.87	0	1.50	12.50	19.35	0	7.50
人工单价			小计					147.60	61.57	0	88.56
100 元/工日			未计价材料费/元					4000.00			
			清单项目综合单价/（元/m）					4297.73			

材料费明细	主要材料名称、规格、型号	单位	数量	单价/元	合价/元	暂估单价	暂估合价
	总照明配电箱 AL	台	1.00	4000.00	4000.00		
	其他材料费				61.57		
	材料费小计/元				4061.57		

【评分说明：参见 2018 年电气真题综合单价分析表，多个项目合计得 0.5 分的，全部正确者得 0.5 分，错一项不得分。】

案例六（2018 年试题六）

1. 图 1 为某配电间电气安装工程平面图、图 2 为防雷接地安装工程平面图、图 3 为配电箱系统接线图及设备材料表，该建筑物为单层平屋面砖、混凝土结构，建筑物室内净高为 4.40m。

图中括号内数字表示线路水平长度，配管进入地面或顶板内深度均按 0.05m；穿管规格：2~3 根 BV2.5mm² 穿 SC15，4~6 根 BV2.5mm² 穿 SC20，其余按系统接线图。

说明：

（1）接闪带采用镀锌圆钢 φ10mm 沿女儿墙支架明敷，支架水平间距 1.0m，转弯处为 0.5m；屋面上镀锌圆钢沿混凝土支墩明敷，支架间距 1.0m。

（2）利用建筑物柱内主筋（≥φ16mm）作为引下线，作为引下线的两根主筋从下至上需采用电焊联通方式，共 8 处。

（3）柱（墙外侧）离室外地坪上面 0.5m 处预埋一只接线盒作接地电阻测量点，共 4 处。

（4）柱（墙外侧）离室外地坪下面 0.8m 处预埋一块钢板以作增加人工接地体用，共 4 处。

2. 该工程的相关定额、主材单价及损耗率见表1。

表1 相关定额、主材单价及损耗率表

定额编号	项目名称	定额单位	安装基价/元			主材	
			人工费	材料费	机械费	单价	损耗率（%）
4-2-76	成套配电箱安装嵌入式半周长≤1.0m	台	102.30	34.40	0	1500.00元/台	
4-4-14	无端子外部接线导线截面≤2.5mm²	个	1.20	1.44	0		
4-12-34	砖、混凝土结构暗配钢管 SC15	10m	46.80	33.00	0	5.30元/m	3
4-12-35	砖、混凝土结构暗配钢管 SC20	10m	46.80	41.00	0	6.90元/m	3
4-13-5	管内穿照明线铜芯导线截面≤2.5mm²	10m	8.10	1.50	0	1.60元/m	16
4-14-2	吸顶灯具安装灯罩周长≤1100mm	套	13.80	1.90	0	80.00元/套	1
4-14-205	荧光灯具安装吸顶式双管	套	17.50	1.50	0	120.00元/套	1
4-14-380	四联单控暗开关安装	个	7.00	0.80	0	15.00元/个	2
4-14-401	单相带接地暗插座≤15A	个	6.80	0.80	0	10.00元/个	2
4-10-44	避雷网沿混凝土块敷设镀锌圆钢φ10mm	m	8.20	1.55	0.24	3.70元/m	5
4-10-45	避雷网沿折板支架敷设镀锌圆钢φ10mm	m	16.20	3.50	0.48	3.70元/m	5
4-10-46	均压环敷设利用圈梁钢筋	m	2.40	0.80	0.32		

注：表内费用均不包含增值税可抵扣进项税额。

3. 该工程的人工费单价（普工、一般技工和高级技工）综合为100元/工日，管理费和利润分别按人工费的45%和15%计算。

4. 相关分部分项工程量清单项目编码及项目名称见表2。

表2 相关分部分项工程量清单项目编码及项目名称表

项目编码	项目名称	项目编码	项目名称
030404017	配电箱	030411001	配管
030404034	照明开关	030411004	配线
030404035	插座	030412001	普通灯具
030409004	均压环	030412005	荧光灯
030409005	避雷网		

问题：

1. 按照背景资料1~4和图1~图3所示内容，根据《建设工程工程量清单计价规范》和《通用安装工程工程量计算规范》的规定，计算各分部分项工程量，并将配管（SC15、SC20）、配线（BV2.5）、避雷网及均压环的工程量计算式与结果填写在答题卡指定位置；计算各分部分项工程的综合单价与合价，编制完成答题卡"分部分项工程和单价措施项目清单与计价表"。（答题时不考虑配电箱的进线管道和电缆，不考虑开关盒和灯头盒，防雷接地不考虑除避雷网、均压环以外的部分。）

2. 假定该工程"沿女儿墙敷设的避雷网"清单工程量为80m，其余条件均不变，根据背景资料2中的相关数据，编制完成答题卡"综合单价分析表"。

(计算结果保留 2 位小数)

参 考 答 案

1. (本小题 15.0 分)

(1) 配管

① WL1：

3 线 SC15：(3+0.05-1.3)+0.9=2.65（m）

4 线 SC20：(4.4+0.05-1.5-0.45)+1.9+4×6+3.2=31.6（m）

5 线 SC20：3.20m

6 线 SC20：(4.4+0.05-1.3)+1.1=4.25（m）

小计：

SC15：2.65m

SC20：31.6+3.2+4.25=39.05（m）

② WL2：

3 线 SC15：(3.4+0.05-1.3)+1.3=3.45（m）

4 线 SC20：(4.4+0.05-1.5-0.45)+14.5+4×6+3.2=44.2（m）

5 线 SC20：3.20m

6 线 SC20：(4.4+0.05-1.3)+0.8=3.95（m）

小计：

SC15：3.45m

SC20：44.2+3.2+3.95=51.35（m）

③ WX1：

3 线 SC15：(0.05+1.5)+6.3+6.4+7.17+7.3+6.4+7.17+(0.3+0.05)×11=46.14（m）

合计：

SC15：2.65+3.45+46.14=52.24（m） (3.0 分)

SC20：39.05+51.35=90.40（m） (4.0 分)

(2) 配线 BV2.5

① WL1：(0.3+0.45)×4+2.65×3+31.6×4+3.2×5+4.25×6=178.85（m） (1.5 分)

② WL2：(0.3+0.45)×4+3.45×3+44.2×4+3.2×5+3.95×6=229.85（m） (1.5 分)

③ WX1：[(0.3+0.45)+46.14]×3=140.67（m） (1.0 分)

BV2.5 小计：140.67+178.85+229.85=549.37（m） (0.5 分)

(3) 避雷网

① 折板支架敷设：

[(8.4+24.2)×2+(5.1-4.5)×2]×1.039=68.99（m） (1.5 分)

② 混凝土块敷设：

8.4×1.039=8.73（m） (1.0 分)

(4) 均压环

(24.2+8.4)×2=65.20（m） (1.0 分)

2. (本小题 17.0 分)

答表 1　分部分项工程和单价措施项目清单与计价表

序号	项目编码	项目名称	项目特征描述	计量单位	工程量	综合单价	合价
1	030404017001	配电箱	配电箱 ALD　PZ30 R-45 300mm×450mm×120mm（宽×高×厚）底边距地 1.5m 嵌入式安装 BV2.5 无端子外部接线 11 个	台	1	1735.04	1735.04
	(0.5 分)		(0.5 分)			(0.5 分)	
2	030404034001	照明开关	暗装四极开关 86K41-10 距地 1.3m	个	2	27.30	54.60
3	030404035001	插座	单相二、三极暗插座 86Z223-10 距地 0.3m	个	6	21.88	131.28
4	030409004001	均压环	利用基础钢筋网（基础外圈两根 ≥φ10mm 主筋）作为共用接地装置，$R_d ≤ 1Ω$	m	65.20	4.96	323.39
5	030409005001	避雷网	镀锌圆钢 φ10mm 沿折板支架敷设	m	68.99	33.79	2331.17
6	030409005002	避雷网	镀锌圆钢 φ10mm 沿混凝土块敷设	m	8.73	18.80	164.12
7	030411001001	配管	砖混凝土结构暗配钢管 SC15	m	52.24	16.25	848.90
8	030411001002	配管	砖、混凝土结构暗配钢管 SC20	m	90.40	18.70	1690.48
9	030411004001	配线	管内穿照明线 BV2.5mm^2	m	549.37	3.30	1812.92
10	030412001001	普通灯具	节能灯 22W φ350mm，吸顶安装	套	2	104.78	209.56
11	030412005001	荧光灯	双管荧光灯 2×28W 带应急（时间 180min），吸顶安装	套	18	150.70	2712.60
			合计				12014.06
							(0.5 分)

【评分说明：多个项目合计得 0.5 分的，全部正确者得 0.5 分，错一项不得分。其他项目的分值分布参见"序号 1"】

3. (本小题 8.0 分)

答表 2　综合单价分析表

项目编码	030409005001			项目名称		避雷网		计量单位		m	工程量	80.00
	(0.5 分)					(0.5 分)				(0.5 分)		(0.5 分)
					清单综合单价组成明细							
定额编号	定额名称	定额单位	数量	单价/元				合价/元				
				人工费	材料费	机械费	管和利	人工费	材料费	机械费		管和利
4-10-45	避雷网沿折板支架敷设镀锌圆钢 φ10mm	m	1	16.20	3.50	0.48	9.72	16.20	3.50	0.48		9.72
	(0.5 分)				(1.0 分)				(0.5 分)			

(续)

人工单价	小计	16.20	3.50	0.48	9.72
		(0.5分)			
100元/工日（0.5分）	未计价材料费/元	3.89（0.5分）			
	清单项目综合单价/（元/m）	33.79（0.5分）			
材料费明细	主要材料名称、规格、型号	单位	数量	单价/元	合价/元	暂估单价/元	暂估合价/元
	镀锌圆钢 φ10mm	m	1.05	3.70	3.89		
	(0.5分)			(0.5分)			
	其他材料费/元				3.50 (0.5分)		
	材料费小计/元				7.39 (0.5分)		

【评分说明：多个项目合计得0.5分的，全部正确者得0.5分，错一项不得分】

案例七（2019年试题五）

工程背景资料如下：

1. 图1为某大厦公共厕所电气平面图，图2为配电系统图及主要材料设备图例表。该建筑物为砖、混凝土结构，单层平屋面，室内净高为3.3m。图中括号内数字表示线路水平长度，配管嵌入地面或顶板内深度均按0.1m计算。配管配线规格为：BV2.5mm² 2~3根穿刚性阻燃管PC20；BV4mm² 3根穿刚性阻燃管PC25。

2. 该工程的相关定额、主材单价及损耗率率见表1。

表1 相关定额、主材单价及损耗率表

定额编号	项目名称	定额单位	安装基价/元			主材	
			人工费	材料费	机械费	单价	损耗率
4-2-78	成套配电箱安装嵌入式半周长≤1.5m	台	157.80	37.90	0	4500.00元/台	
4-4-15	无端子外部接线导线截面≤2.5mm²	个	1.44	1.44	0		
4-4-14	无端子外部接线导线截面≤6mm²	个	2.04	1.44	0		
4-12-133	砖、混凝土结构暗配刚性阻燃管PC20	10m	64.80	5.20	0	2.00元/m	6%
4-12-132	砖、混凝土结构暗配刚性阻燃管PC25	10m	67.20	5.80	0	2.50元/m	6%
4-13-6	管内穿照明线铜芯导线截面≤2.5mm²	10m	9.72	1.50	0	1.60元/m	16%
4-13-7	管内穿照明线铜芯导线截面≤4mm²	10m	6.48	1.45	0	2.56元/m	10%
4-14-373	跷板暗开关 单联单控	个	6.84	0.80	0	8.00元/个	2%

(续)

定额编号	项目名称	定额单位	安装基价/元			主材	
			人工费	材料费	机械费	单价	损耗率
4-14-376	跷板暗开关 双联单控	个	6.84	0.80	0	10.00 元/个	2%
4-14-405	单相带接地暗插座≤15A	个	8.16	0.80	0	10.00 元/个	2%
4-14-401	单相带接地紧闭暗插座≤15A	个	8.16	0.80	0	20.00 元/个	2%
4-14-2	吸顶灯具安装灯罩周长≤1100mm	套	16.56	1.90	0	80.00 元/套	1%
4-14-80	普通壁灯	套	15.60	1.90	0	120.00 元/套	1%
4-14-220	防水防尘灯安装 吸顶式	套	23.04	2.20	0	220.00 元/套	1%

注：表内费用均不含增值税可抵扣进项税。

3. 该工程的管理费和利润分别按人工费的45%和15%计算。
4. 相关分部分项工程量清单项目编码及项目名称见表2。

表2 相关分部分项工程量清单项目的统一编码

项目编码	项目名称	项目编码	项目名称
030404017	配电箱	030412002	工厂灯
030404034	照明开关	030412005	荧光灯
030404035	插座	030411001	配管
030412001	普通灯具	030411004	配线

5. 答题时不考虑配电箱的进线管和电缆，不考虑开关盒、灯头盒和接线盒。

问题：

1. 按照背景资料1~5和图1及图2所示，根据《建设工程工程量清单计价规范》和《通用安装工程工程量计算规范》的规定，计算WL1~WL3配管、配线的工程量，计算式与结果填写在答题卡指定位置。

2. 假定PC20工程量为60m、PC25工程量为25m、BV2.5mm^2工程量为130m、BV4mm^2工程量为70m，其他工程量根据给定图纸计算，编制分部分项工程量清单，并计算各分部分项工程的综合单价与合价。完成答题卡"分部分项工程和单价措施目清单与计价表"。（计算过程和结果数据均保留2位小数）

3. 假定该工程分部分项工程费为30000.00元，单价措施项目费为1000.00元，总价措施项目仅考虑安全文明施工费，安全文明施工费按分部分项工程费的2%计取；计日工10个，单价300.00元/工日；人工费占分部分项工程和措施项目费的10%，规费按人工费的20%计取，其他未提及项目不考虑；增值税税率按9%计取，按《建设工程工程量清单计价规范》的要求，在答题卡"最高投标限价"表中列式计算该单位工程最高投标限价。

本题中各项费用均不包含增值税可抵扣进项税额。

（计算过程和结果数据均保留2位小数）

参 考 答 案

1. (本小题16.5分)

(1) PC20：

① 二线：(3.3+0.1-1.5-0.8)+1.3+2.2+2.7+2.4+2.4+1.8+1.8+0.6+2.7+3.5+3.8+3.5+(3.3+0.1-1.3)×2+(3.3+0.1-2.5)×2=35.80 (m)

② 三线：1.5+1.8+1.8+1.8+(3.3+0.1-1.3)×4=15.30 (m)

PC20 合计：35.8+15.3=51.10 (m)   (7.5分)

(2) PC25：

① WL2：(1.5+0.1)+0.9+2+1.0+(0.3+0.1)×5=7.50 (m)

② WL3：(1.5+0.1)+3+2.3+(1.4+0.1)×3=11.40 (m)

PC25 合计：7.5+11.4=18.90 (m)   (4.0分)

(3) BV2.5mm²：

35.8×2+15.3×3+(0.6+0.8)×2=120.30 (m)   (2.5分)

(4) BV4mm²：

18.9×3+(0.6+0.8)×3×2=65.10 (m)   (2.5分)

2. (本小题19.0分)

答表1　分部分项工程和单价措施目清单与计价表

序	项目编码	项目名称	项目特征	单位	工程量	综合单价	合价
1	030404017001	配电箱	照明配电箱 AZL 800mm×600mm×200mm（高×宽×深）嵌入式安装，下沿距地1.5m，2个无端子外部接线 BV2.5mm²，6个无端子外部接线 4mm²	台	1	4826.09	4826.09
			(0.5分)		(0.5分)		(0.5分)
2	030404034001	照明开关	暗装单联开关 K86F9951-10A，距地1.3m	个	2	19.90	39.80
3	030404034002	照明开关	暗装双联开关 K86F9952-10A，距地1.3m	个	4	21.94	87.76
4	030404035001	插座	暗装单相二、三极安全型插座，距地0.3m	个	3	24.06	72.18
5	030404035002	插座	暗装单相二、三极安全密闭型插座，距地1.4m	个	2	34.26	68.52
6	030412001001	普通灯具	节能型吸顶灯 23W，φ300mm 吸顶安装	套	4	109.20	436.80
7	030412001002	普通灯具	节能型壁灯 23W，距地2.5m	套	2	148.06	296.12
8	030412002001	工厂灯	节能型防水防尘灯 23W，吸顶安装	套	4	261.26	1045.04
9	030411001001	配管	砖、混凝土结构暗配刚性阻燃管 PC20	m	60.00	13.01	780.60
10	030411001002	配管	砖、混凝土结构暗配刚性阻燃管 PC25	m	25.00	13.98	349.50
11	030411004001	配线	管内穿照明线 BV2.5mm²	m	130.00	3.56	462.80
12	030411004002	配线	管内穿照明线 BV4mm²	m	70.00	4.00	280.00
			合计				8745.21 (1.0分)

【评分说明：多个项目合计得0.5分的，全部正确者得0.5分，错一项不得分。其他项目的分值分布参见"序号1"。】

3. （本小题4.5分）

答表2 最高投标限价

序号	汇总内容	计算公式	金额/元	
1	分部分项工程		30000.00	(0.5分)
2	措施项目	1000+600	1600	(0.5分)
2.1	其中：单价措施项目		1000.00	(0.5分)
2.2	其中：安全文明施工费	30000×2%	600.00	(0.5分)
3	其他项目		3000.00	(0.5分)
3.1	其中：计日工	300×10	3000.00	(0.5分)
4	规费	(30000+1600)×10%×20%	632.00	(0.5分)
5	税金	(30000+1600+3000+632)×9%	3170.88	(0.5分)
招标控制价		30000+1600+3000+632+3170.88	38402.88	(0.5分)

附录 2020年全国一级造价工程师职业资格考试《建设工程造价案例分析》预测模拟试卷

提示：试题中的部分图纸可扫描二维码免费获得。

附录A 预测模拟试卷（一）

试题一（20分）

某大型民营企业拟投资建设一个工业项目，生产市场急需的某种环保产品。该项目建设期1年，运营期6年。

项目投产第一年可获得当地政府扶持该产品生产的补贴收入100万元（免缴所得税）。项目建设的其他基本数据如下：

1. 项目建设投资估算1000万元（包含可抵扣固定资产进项税额80万元），不含可抵扣固定资产进项税的建设投资预计全部形成固定资产，固定资产使用年限10年，按直线法折旧，期末净残值率4%。投产当年需要投入流动资金200万元。

2. 正常年份年营业收入为678万元（其中销项税额为78万元），经营成本为350万元（其中进项税额为25万元）；增值税附加按应纳增值税的10%计算，所得税税率为25%。

3. 投产第一年仅达到设计生产能力的80%，假设该年的经营成本及其所含进项税额均为正常年份的80%；以后各年均达到设计生产能力。

4. 如果该项目的初步融资方案为：贷款400万元用于建设投资，贷款年利率为10%，还款方式为运营期前3年等额还本、利息照付。其余建设投资及流动资金来源于项目资本金。

问题：
1. 列式计算融资前的计算期第2年净现金流量。
2. 列式计算融资后的计算期第2年净利润。
3. 列式计算该项目正常年份的总投资收益率。

（计算结果均保留2位小数）

参 考 答 案

1.（本小题8.5分）

（1）现金流入

1）营业收入：600×80% = 480.00（万元） (0.5分)

2）销项税：78×80% = 62.40（万元） (0.5分)

3）补贴收入：100.00 万元

合计：642.40 万元 (1.0 分)

（2）现金流出

1）流动资金：200.00 万元

2）经营成本：325×80%=260.00（万元） (0.5 分)

3）进项税：25×80%=20.00（万元） (0.5 分)

4）增值税：0，（因 62.4-20-80=-37.60 万元<0。） (0.5 分)

5）附加税：0 (0.5 分)

6）调整所得税

① 营业收入：480.00 万元

② 附加税：0

③ 总成本

经营成本：260.00 万元

折旧：(1000-80)×(1-4%)/10=88.32（万元） (0.5 分)

小计：348.32 万元 (0.5 分)

④ 补贴收入：100.00 万元

⑤ 利润总额：480-348.32+100=231.68（万元） (0.5 分)

⑥ 应纳税所得额：231.68-100=131.68（万元） (0.5 分)

⑦ 所得税：131.68×25%=32.92（万元） (0.5 分)

合计：200+260+20+32.92=512.92（万元） (1.0 分)

（3）净流量：642.4-512.92=129.48（万元） (1.0 分)

2.（本小题 7.0 分）

（1）营业收入：480.00 万元

（2）附加税：0

（3）总成本：

1）经营成本：260.00 万元

2）折旧

① 建设期利息：400/2×10%=20.00（万元） (1.0 分)

② 折旧：(1000+20-80)×(1-4%)/10=90.24（万元） (1.0 分)

3）利息：420×10%=42.00（万元） (1.0 分)

小计：260+90.24+42=392.24（万元） (0.5 分)

（4）补贴收入：100.00 万元

（5）利润总额：480-0-392.24+100=187.76（万元） (1.0 分)

（6）应纳税所得额：187.76-100=87.76（万元） (1.0 分)

（7）所得税：87.76×25%=21.94（万元） (0.5 分)

（8）净利润：187.76-21.94=165.82（万元） (1.0 分)

3.（本小题 4.5 分）

（1）营业收入：600.00 万元

（2）附加税：

（78-25）×10%=5.30（万元） (1.0分)

（3）息前总成本：

325+90.24=415.24（万元） (1.0分)

（4）息税前利润：

600-5.3-415.24=179.46（万元） (0.5分)

总投资：1000+20+200=1220.00（万元） (1.0分)

总投资收益率：179.46/1220=14.71% (1.0分)

试题二（20分）

某咨询公司受业主委托，对某设计院提出屋面工程的三个设计方案进行评价。相关信息见表 A-1。

表 A-1 设计方案信息表

序号	项目	方案一	方案二	方案三
1	防水层综合单价/（元/m²）	合计 260.00	90.00	80.00
2	保温层综合单价/（元/m²）		35.00	35.00
3	防水层寿命/年	30	15	10
4	保温层寿命/年		50	50
5	拆除费用/（元/m²）	按防水层、保温层费用的10%计	按防水层费用的20%计	按防水层费用的20%计

拟建工业厂房的使用寿命为 50 年，不考虑 50 年后其拆除费用及残值。预计物价年均环比上涨 5%，基准折现率为 10%。

问题：

1. 已知拟建工业厂房寿命期内屋面防水保温工程方案一、方案三的综合单价现值分别为 330.84 元/m²、251.86 万元/m²，列式计算方案二的综合单价现值，并采用最小费用法确定屋面防水保温工程的最优方案。

2. 业主委托 7 名专家对三个方案的五个功能项目进行评价，其评价结果是方案一、方案三的功能指数分别为 0.4222、0.3060。试用价值工程理论优选最佳设计方案。

3. 业主选定了屋面工程的最佳设计方案后，对该工业厂房工程进行了施工招标，某施工单位投标报价中的屋面工程报价为 128.36 万元，其中：管理费为人材机费用之和的 10%，成本利润率为 5%，增值税税率为 9%。

试问：该施工单位在屋面工程的报价中，欲达到产值利润率 6%，则其成本中的人材机费用之和应降低多少万元？

（问题 2 计算结果保留 4 位小数，其他计算结果保留 2 位小数）

参 考 答 案

1.（本小题 6.0 分）

方案二：

$35+90+90×1.2×1.05^{15}×(P/F,10,15)+$ (1.0分)
$90×1.2×1.05^{30}×(P/F,10,30)+$ (1.0分)
$90×1.2×1.05^{45}×(P/F,10,45)$ (1.0分)
$=125+108×1.05^{15}×1.1^{-15}+108×1.05^{30}×1.1^{-30}+108×1.05^{45}×1.1^{-45}$ (1.0分)
$=218.81$（元/m²） (1.0分)
方案二最优，因其综合单价现值最小。 (1.0分)

2. (本小题9.0分)

(1) 方案二功能指数
$1-0.4222-0.306=0.2718$ (1.0分)

(2) 成本指数
成本合计：$330.84+218.81+251.86=801.51$（万元） (1.0分)
① 方案一：$330.84/801.51=0.4128$ (1.0分)
② 方案二：$218.81/801.51=0.2730$ (1.0分)
③ 方案三：$251.86/801.51=0.3142$ (1.0分)

(3) 价值指数
① 方案一：$0.4222/0.4128=1.0228$ (1.0分)
② 方案二：$0.2718/0.2730=0.9956$ (1.0分)
③ 方案三：$0.3060/0.3142=0.9739$ (1.0分)
优选方案一，因其价值指数最大。 (1.0分)

3. (本小题5.0分)

(1) 原人材机：$y×1.1×1.05×1.09=128.36$ (1.0分)
$y=101.96$（万元） (0.5分)

(2) 新利润：$128.36×6\%=7.70$（万元） (1.0分)

(3) 新人材机：$(128.36/1.09-7.7)/1.1=100.06$（万元） (1.5分)
人材机降低额：$101.96-100.06=1.90$（万元） (1.0分)

试题三 (20分)

某拟建年产8000m³预制保温外墙板的单层工业厂房项目，发、承包双方采用工程量清单计价方式签订了施工合同。

合同约定：承包范围包括一栋主厂房、厂区地下管网和2km厂区钢筋混凝土道路；合同工期100天，工期每提前1天，可获得提前工期奖2万元，工期每拖后1天，需承担逾期违约金1万元；工人日工资单价为120元，人工窝工补偿标准为日工资单价的50%；自有机械闲置补偿标准为台班费的60%；管理费和利润取人工费、材料费、机械使用费之和的10%；规费和税金取人工费、材料费、机械使用费、管理费、利润之和的11%；措施项目费取分部分项工程费的13%。

开工前承包商提交并经监理人审查批准的施工总进度计划如图A-1所示，其中K工作为厂区道路工程，其流水施工进度计划如图A-2所示。

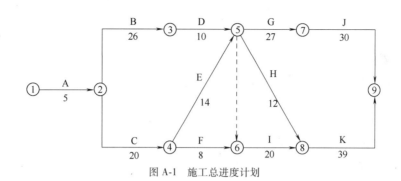

图 A-1　施工总进度计划

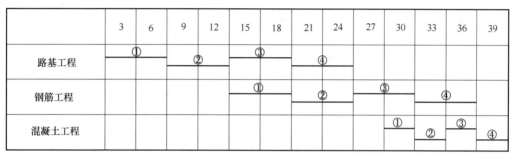

图 A-2　K 工作流水施工进度计划

注：路基为水泥土振动压实路基，路基完成后的养护时间为 6 天。

施工过程中发生了经监理人核准的如下事件：

事件 1：由于场外供电线路故障，导致工作 B 作业时间拖延 4 天，20 名工人和一台施工机械持续停工 4 天（台班费 800 元/台班）。

事件 2：因设计变更新增分部分项工程 L 工作，L 工作在 B 工作完成后开始、F 开始前完成，持续时间为 6 天。L 工作没有相同项目的综合单价，也没有类似项目的综合单价，承包人依据企业定额和造价管理部门发布的信息价格确定了 L 工作的单价，经双方协商一致，确定了完成 L 工作分部分项工程费中的人材机费用之和为 260 万元。

事件 3：由于机械租赁单位调度的原因，施工机械未能按时进场，使 C 工作的施工暂停 2 天，每停一天人员窝工 40 工日。

事件 4：为了缩短工期，经业主代表同意，承包人将原施工进度计划中 K 工作的异步距异节奏流水施工调整为等步距异节奏流水施工，因增加人员和施工机械导致额外发生 6.6 万元的费用。

上述事件发生后，承包人均及时向发包人提出了索赔要求。

问题：

1. 指出承包人索赔成立的事件，并说明索赔的内容和理由。
2. 事件 2 中，承包人编制 L 工作综合单价的依据还应包括哪些？
3. 事件 4 中，在答题卡上计算流水工期并绘制等步距异节奏流水施工横道计划。
4. 上述事件发生后，承包人可获得工期补偿多少天？该工程实际工期为多少天？

参 考 答 案

1.（本小题6.5分）

（1）事件1：索赔成立，索赔内容为工期索赔和费用索赔。 （1.5分）

理由：场外供电线路故障是发包人应承担的风险，并且B工作为关键工作。 （1.5分）

（2）事件2：索赔成立，索赔内容为工期索赔和费用索赔。 （1.5分）

理由：设计变更导致增项是发包人应承担的责任，且新增L工作为关键工作。（2.0分）

2.（本小题2.0分）

（1）变更工程的相关资料 （0.5分）

（2）计量规范 （0.5分）

（3）计价规范 （0.5分）

（4）报价浮动率 （0.5分）

3.（本小题7.5分）

（1）$K=3$ 天 （0.5分）

（2）$n'=6/3+6/3+3/3=5$ 个专业队 （1.0分）

（3）$T=(5-1+4)\times 3+6=30$（周） （1.0分）

（4）画图见答图A-1。 （5.0分）

(单位：周)

	3	6	9	12	15	18	21	24	27	30
路1	①		③							
路2		②		④						
钢1					①		③			
钢2						②		④		
混							①	②	③	④

答图 A-1

4.（本小题4.0分）

（1）工期补偿

① 事件1：4天 （0.5分）

② 事件2：4天 （1.5分）

合计：8天 （0.5分）

（2）实际工期：$5+(26+4)+10+27+30=102$（天） （1.5分）

试题四（20分）

某工程项目发包人与承包人签订了施工合同，工期5个月。分项工程和单价措施项目的造价数据与经批准的施工进度计划见表A-2；总价措施项目费用9万元（其中含安全文明施工费3万元）；暂列金额12万元。管理费和利润为人材机费用之和的15%，规费为人材机费用与管理费和利润之和的4.5%，增值税税率为9%。

附录 2020年全国一级造价工程师职业资格考试《建设工程造价案例分析》预测模拟试卷

表 A-2 分项工程和单价措施造价数据与施工进度计划表

分项工程和单价措施项目				施工进度计划（单元：月）				
名称	工程量	综合单价	合价/万元	1	2	3	4	5
A	600m³	180元/m³	10.8					
B	900m³	360元/m³	32.4					
C	1000m²	280元/m²	28.0					
D	600m²	90元/m²	5.4					
合计			76.6	计划与实际施工均为匀速进度				

1. 开工前发包人向承包人支付签约合同价（扣除总价措施费与暂列金额）的20%作为预付款，预付款在第3、4个月平均扣回。
2. 安全文明施工费工程款于开工前一次性全额支付；除安全文明施工费之外的总价措施项目费用工程款在开工后的前3个月平均支付。
3. 施工期间除总价措施项目费用外的工程款按实际施工进度逐月结算。
4. 发包人按每次承包人应得的工程款的85%支付。
5. 竣工验收通过后进行工程竣工结算，扣除工程实际总价的3%作为工程质量保证金。
6. C分项工程所需的甲种材料用量为500m²，在招标时确定的暂估价为80元/m²，乙种材料用量为400m²，投标报价为40元/m²。工程款逐月结算时，乙种材料当购买价超过投标报价的±5%以上时，超过部分的价格调整至C分项综合单价中。

该工程如期开工，施工中发生了经承发包双发确认的以下事项：
（1）B分项工程的实际施工时间为2~4月；
（2）C分项工程甲种材料实际购买价为85元/m²，乙种材料的实际购买价是50元/m²；
（3）第4个月发生现场签证零星工作费用2.4万元。

问题：

1. 合同价为多少万元？预付款是多少万元？开工前支付的措施项目款为多少万元？

2. 求C分项工程的综合单价是多少元每平方米？3月份完成的分部和单价措施费是多少万元？3月份业主应支付的工程款是多少万元？

3. 计算第3月末该工程项目的拟完工程计划投资、已完工程实际投资、已完工程计划投资及投资偏差、进度偏差分别为多少万元？说明投资增减和进度快慢情况。

4. 如果除现场签证零星工作费用外的其他应从暂列金额中支付的工程费用为8.7万元，则该工程实际造价为多少万元？发包人实际应支付的竣工结算款为多少万元？

（计算结果除综合单价保留2位小数外，其他均保留3位小数）

参 考 答 案

1.（本小题4.0分）
（1）合同价：①76.6万元；②9万元；③12万元。
(76.6+9+12)×1.045×1.09=111.171（万元） (2.0分)
（2）工程预付款：
(111.171−21×1.045×1.09)×20%=17.450（万元） (1.0分)

（3）预付措施款：

3×1.045×1.09＝3.417（万元） (1.0分)

2.（本小题 6.0 分）

（1）综合单价：

甲：500×(85−80)×1.15＝2875（元） (0.5分)

乙：(50−40)/40＝25%＞5%，超出 5%以上部分调价 (0.5分)

400×(50−40×1.05)×1.15＝3680（元） (0.5分)

材料总差：6555 元 (0.5分)

280+6555/1000＝286.56（元/m²） (0.5分)

（2）分部分项工程费和单价措施项目费：

32.4/3+(1000×286.56/3)/10000＝20.352（万元） (1.5分)

（3）应付工程款：

(20.352+6/3)×1.045×1.09×85%−17.45/2＝12.916（万元） (2.0分)

3.（本小题 6.0 分）

（1）三类参数：

① 拟完工程计划投资：

(10.8+32.4+28×2/3+9)×1.045×1.09＝80.721（万元） (1.0分)

② 已完工程计划投资：

(10.8+32.4×2/3+28×2/3+9)×1.045×1.09＝68.419（万元） (1.0分)

③ 已完工程实际投资：

(10.8+32.4×2/3+28.656×2/3+9)×1.045×1.09＝68.917（万元） (1.0分)

【评分说明：①、②、③的计算中，未取规费和增值税导致后续计算错误的，后续计算不再扣分】

（2）投资偏差：

68.419−68.917＝−0.498（万元） (1.0分)

（3）进度偏差：

68.419−80.721＝−12.302（万元） (1.0分)

（4）投资偏差为负，说明投资增加 0.498 万元 (0.5分)

（5）进度偏差为负，说明进度拖后 12.302 万元 (0.5分)

4.（本小题 4.0 分）

（1）实际造价：①76.6 万元；②9 万元；③2.4+8.7＝11.1（万元）

(76.6+9+11.1)×1.045×1.09＝110.146（万元） (1.0分)

（2）竣工结算总款：

110.146×(1−3%)＝106.842（万元） (1.0分)

（3）应支付合同价款累计：

17.450+3.417+[（110.146−3.417）×85%−（17.450/2）×2]＝94.137（万元）

(1.0分)

（4）竣工结算尾款：

110.146−110.146×3%−94.137＝12.705（万元） (1.0分)

【评分说明：(2)(3)(4)的竣工结算款合并计算结果正确的，合并计3分】

试题五（土建40分）

某剪力墙结构住宅，剪力墙厚200mm，标准层建筑平面由A1户型和B1户型组成，详见图A-3。客厅、餐厅、卧室楼板采用桁架混凝土叠合板，混凝土采用C30。

A1户型开间轴线尺寸为3600mm，进深轴线尺寸为4900mm，该楼板按单向板布置叠合板，叠合板的厚度取130mm，底板60mm，后浇叠合层70mm。

B1户型开间轴线尺寸为5700mm，进深轴线尺寸为4900mm，该楼板按双向板布置叠合板，叠合板的厚度取130mm，底板60mm，后浇叠合层70mm。

叠合板的参数详见表A-3。

叠合板、后浇混凝土定额详见表A-4。

叠合板的支座条件详见图A-4。

表A-3 叠合板参数表

编号	混凝土体积/m³	底板重量/t	桁架重量/kg	钢筋信息
DBD-67-3612-1	0.246	0.615	5.85	受力筋：三级钢筋 φ8@200 分布筋：三级钢筋 φ6@200
DBD-67-3615-1	0.308	0.769	5.85	
DBD-67-3620-1	0.410	1.026	5.85	
DBDS1-67-4915-22	0.349	0.873	8.96	跨度与宽度方向配筋均为三级钢筋 φ8@150
DBDS1-67-4918-22	0.432	1.081	9.09	
DBDS1-67-4924-22	0.582	1.455	9.09	

表A-4 叠合板、后浇混凝土定额

定额编号			1-14	1-31
项目			叠合板	后浇混凝土（叠合板）
			10m³	10m³
定额基价			29523.78	5159.55
其中		人工费	2307.46	708.51
		材料费	27155.91	4443.52
		机械费	60.41	7.52
名称	单位	单价/元		
综合工日	工日	113.00	20.42	6.27
预制混凝土叠合板	m³	2500.00	10.05	
预拌混凝土	m³	376.62		10.15
垫铁	kg	3.09	3.14	
电焊条	kg	8.47	6.10	
板坊材	m³	1900.00	0.091	
立支撑杆件	套	150.00	2.730	
零星卡具	kg	8.75	37.310	

(续)

钢支撑	kg	8.62	39.850	
塑料薄膜	m²	2.20		175.00
水	m³	7.85		18.40
其他材料	元		717.17	91.39
交流弧焊机	台班	103.98	0.581	
小型机具	元			7.52

注：1. 本消耗定额基价表中费用均不包含增值税可抵扣进项税额。
    2. 叠合板定额内容包括结合面清理、构件吊装、就位、校正、垫实、固定、接头钢筋调直、焊接、搭设及拆除钢支撑等。
    3. 后浇混凝土包括浇筑、振捣、养护等。

问题：

1. 根据施工图纸及技术参数，按《房屋建筑与装饰工程工程量计算规范》的计算规则，在表 A-5 中，列式计算该住宅工程分部分项工程量。

表 A-5　清单工程量计算书

序号	项目名称	计量单位	工程量	计算式
1	叠合板 DBD-67-3612-1	m³		
2	叠合板 DBD-67-3615-1	m³		
3	叠合板 DBD-67-3620-1	m³		
4	叠合板 DBDS1-67-4915-22	m³		
5	叠合板 DBDS1-67-4918-22	m³		
6	叠合板 DBDS1-67-4924-22	m³		
7	后浇混凝土（叠合板）	m³		

2.《建设工程工程量清单计价规范》中叠合板的清单项目编码为 010512001，后浇混凝土板的清单项目编码为 010505003，已知该工程的企业管理费按人工、材料、机械费之和的 15%计取，利润按人工、材料、机械费、企业管理费之和的 6%计取。按《建设工程工程量清单计价规范》的要求，结合消耗量定额基价表，列式计算叠合板、后浇混凝土板综合单价并补充填写表 A-6 分部分项工程量清单与计价表。

表 A-6　分部分项工程量清单与计价表

序号	项目编码	项目名称	项目特征描述	计量单位	工程量	金额/元	
						综合单价	合价
1		后浇混凝土板	1.70 厚现浇 2.C30				
2		叠合板	1.60 厚预制 2.C30				

3. 填写完成表A-7。

表A-7 叠合板综合单价分析表

项目编码		项目名称	叠合板	计量单位		工程量	
清单综合单价组成明细							

定额编号	定额名称	定额单位	数量	单价/元				合价/元			
				人工费	材料费	施工机具使用费	管理费和利润	人工费	材料费	施工机具使用费	管理费和利润
人工单价				未计价材料/元								
113.00元/工日												
清单项目综合单价/（元/m³）											
主要材料名称、规格、型号			单位	数量	单价/元	合价/元		暂估单价/元		暂估合价/元	
预制混凝土叠合板											
立支撑杆件											
钢支撑											
其他材料费/元											
材料费小计/元											

4. 假定某施工企业拟投标该工程，计算得出该工程的分部分项工程费为1275293.74元，措施项目费为219414.62元，其他项目费用为：暂列金额250000元，专业工程暂估价50000元（总包服务费可按4%计取），计日工60工日，每工日综合单价按150元计。若规费按分部分项、措施项目、其他项目费用之和的5%计取，增值税率按9%计，补充完成该工程的投标报价汇总表见A-8。

（上述各问题中提及的各项费用均不包含增值税可抵扣进项税额，所有工程量的计算结果保留小数点后3位，其余价格计算结果保留2位小数）

表A-8 投标报价汇总表

序号	项目名称	金额/元
1	分部分项工程量清单合计	
2	措施项目清单合计	
3	其他项目清单合计	
3.1	暂列金额	
3.2	材料暂估价	
3.3	专业工程暂估价	
3.4	计日工	
3.5	总包服务费	

(续)

序号	项目名称	金额/元
4	规费	
5	税金	
	合计	

参 考 答 案

1. (本小题 10.5 分)

工程量计算见答表 A-1。

答表 A-1　清单工程量计算书

序号	项目名称	单位	工程量	计算式
1	叠合板 DBD-67-3612-1	m³	0.738 (0.5 分)	3×0.246=0.738 (m³) (1.0 分)
2	叠合板 DBD-67-3615-1	m³	0.924 (0.5 分)	3×0.308=0.924 (m³) (1.0 分)
3	叠合板 DBD-67-3620-1	m³	1.230 (0.5 分)	3×0.410=1.230 (m³) (1.0 分)
4	叠合板 DBDS1-67-4915-22	m³	0.349 (0.5 分)	1×0.349=0.349 (m³) (1.0 分)
5	叠合板 DBDS1-67-4918-22	m³	0.432 (0.5 分)	1×0.432=0.432 (m³) (1.0 分)
6	叠合板 DBDS1-67-4924-22	m³	0.582 (0.5 分)	1×0.582=0.582 (m³) (1.0 分)
7	后浇混凝土（叠合板）	m³	5.165 (0.5 分)	(5.7-0.2)×(4.9-0.2)×0.07+(3.6-0.2)×(4.9-0.2)×0.07×3=5.165(m³) (1.0 分)

2. (本小题 9.0 分)

清单计价见答表 A-2。

答表 A-2　分部分项工程量清单与计价表

序号	项目编码	项目名称	项目特征描述	计量单位	工程量	金额/元	
						综合单价	合价
1	010505003001 (0.5 分)	后浇混凝土板	1.70 厚现浇，预制混凝土 2.C30	m³ (0.5 分)	5.165 (0.5 分)	628.95 (0.5 分)	3248.53 (0.5 分)
2	010512001001 (0.5 分)	叠合板	1.60 厚预制 2.C30	m³ (0.5 分)	4.256 (0.5 分)	3598.95 (0.5 分)	15317.13 (0.5 分)

后浇混凝土综合单价 = 5159.55/10×(1+15%)×(1+6%) = 628.95(元/m³)　　(2.0 分)

叠合板综合单价 = 29523.78/10×(1+15%)×(1+6%) = 3598.95(元/m³)　　(2.0 分)

3. (本小题 15.0 分)

完成的叠合板综合单价分析表见答表 A-3。

附录 2020年全国一级造价工程师职业资格考试《建设工程造价案例分析》预测模拟试卷

答表 A-3 叠合板综合单价分析表

项目编码	010512001001	项目名称		叠合板	计量单位		m^3	工程量		4.26	
清单综合单价组成明细											
定额编号	定额名称	定额单位	数量	单价/元				合价/元			
				人工费	材料费	机械费	管和利	人工费	材料费	机械费	管和利
1-14	叠合板	$10m^3$	0.1	2307.46	27155.91	60.41	6465.71	230.75	2715.59	6.04	646.57
人工单价			小计				230.75	2715.59	6.04	646.57		
113.00/工日			未计价材料/元				0.00				
清单项目综合单价/（元/m^3）							3598.95				

	主要材料名称、规格、型号	单位	数量	单价/元	合价/元	暂估单价	暂估合价
	预制混凝土叠合板	m^3	1.005	2500	2512.5		
	立支撑杆件	套	0.273	150	40.95		
	钢支撑	kg	3.985	8.62	34.35		
	其他材料费/元				127.79		
	材料费小计/元				2715.59		

4.（本小题5.5分）

补充完成的投标报价汇总表见答表 A-4。

答表 A-4 投标报价汇总表

序号	项目名称	金额/元
1	分部分项工程量清单合计	1275293.74（0.5分）
2	措施项目清单合计	219414.62（0.5分）
3	其他项目清单合计	311000.00（0.5分）
3.1	暂列金额	250000.00（0.5分）
3.2	材料暂估价	—
3.3	专业工程暂估价	50000.00（0.5分）
3.4	计日工	9000.00（0.5分）
3.5	总包服务费	2000.00（0.5分）
4	规费	90285.42（0.5分）
5	税金	170639.44（0.5分）
	合计	2066633.22（1.0分）

试题六（管道40分）

1. 某单位发包一化工非标设备制作安装项目，非标设备共40台，重量总计600t，其中封头、法兰等所有附件共计120t。由于结构复杂、环境特殊、时间紧迫，没有相应定额套用，经过调研，在编制招标控制价时，按照以下相关资料数据，确定该项非标设备制作安装的综合单价。

(1) 该项非标设备的筒体部分采用标准成卷钢板进行现场卷制后，与所有附件组对焊接而成。筒体部分制作时钢板的利用率为 80%，钢卷板开卷与平直的施工损耗率为 4%；标准成卷钢板价格按 0.5 万元/t。封头、法兰等附件均采用外购标准加工件，价格 0.8 万元/t。在制作、组对、安装过程中每台设备胎具摊销费为 0.16 万元，其他辅材费为 0.64 万元。

(2) 基本用工按甲、乙两个施工小组曾做过的相近项目的算术平均值为依据确定。甲组 8 人完成 6 台共耗用了 384 个工日；乙组 8 人累计工作 224 工日完成了 4 台。其他用工（包括超运距和辅助用工）每台设备为 15 个工日，预算人工幅度差按 12% 计，预算定额工日单价按 50 元计。

(3) 施工机械费用每台非标设备按 0.66 万元计。

(4) 企业管理费、利润分别按人工费的 65%、35% 计。

2. 换热加压站工艺系统安装如图 A-5 所示。

说明：

1. 管道系统工作压力为 1.0MPa。图中标注尺寸除标高以 m 计外，其他均以 mm 计。

2. 管道均采用 20# 碳钢无缝钢管，弯头采用成品压制弯头，三通现场挖眼连接。管道系统全部采用电弧焊接。

3. 蒸汽管道安装就位后，对管口焊缝采用 X 射线进行无损探伤，探伤胶片规格为 80mm×150mm，管道按每 10m 有 7 个焊口计，探伤比例要求为 50%。管道焊缝探伤胶片的搭接长度按 25mm 计。

4. 所有法兰为碳钢平焊法兰；热水箱内配有一浮球阀。阀门型号截止阀为 J41T-16，止回阀为 H41T-16，疏水阀为 S41T-16，均采用平焊法兰连接。

5. 管道支架为普通支架。管道安装完毕用水进行水压试验和水冲洗。

6. 所有管道、管道支架除锈后，均刷防锈漆两遍。管道采用岩棉管壳（厚度为 50mm）保温，外缠铝箔保护层。

工程量清单统一项目编码见表 A-9。

表 A-9 工程量清单统一项目编码

030801001	低压碳钢管	030804001	低压碳钢管件
030807003	低压法兰阀门	030810002	低压碳钢平焊法兰
030816003	焊缝 X 射线探伤		

问题：

1. 根据背景数据，计算碳钢非标设备制作安装工程的以下内容，并写出其计算过程：

（1）计算制作安装每台设备筒体制作时的钢板材料损耗率、需用平直后的钢板数量、需用标准成卷钢板数量、每台设备制作安装所需的材料费。

（2）计算每台该设备制作安装的时间定额（即基本用工）、每台设备制作安装的预算定额工日消耗量及人工费。

（3）计算出该设备制作安装工程量清单项目的综合单价及合价。

2. 按照《建设工程工程量清单计价规范》及其规定，以及表 A-9 给出的"工程量清单统一项目编码"，编制该管道系统（支架制安除外）的分部分项工程量清单项目，将相关数据内容填入答题卡"分部分项工程量清单表"中,并将管道和管道焊缝 X 射线探伤工程量的计算过程(其中 $\phi 89mm \times 4mm$ 无缝钢管长度工程量已给定为 **46.2**m,不需写出计算过程),分别写在答题卡"分部分项工程量清单表"的后面。

(计算结果均保留 2 位小数)

参 考 答 案

1.(本小题 10.0 分)

(1) ① 损耗率:(1−0.8)/0.8=25.00% (1.0 分)
② 平直钢板:(600−120)/40×1.25=15.00(t) (1.0 分)
③ 成卷钢板:15×1.04=15.60(t) (1.0 分)
④ 材料费:15.6×0.5+120/40×0.8+0.16+0.64=11.00(万元) (1.5 分)

(2) ① 基本用工:(384/6+224/4)/2=60.00(工日) (1.5 分)
② 工日消耗量:(60+15)×(1+12%)=84.00(工日) (1.0 分)
③ 人工费:84×50=0.42(万元) (1.0 分)

(3) ① 综合单价:0.42×(1+65%+35%)+11+0.66=12.50(万元) (1.0 分)
② 合价:40×12.5=500.00(万元) (1.0 分)

2.(本小题 30.0 分)

(1) 完成的分部分项工程量清单表见答表 A-5。 (18.0 分)

答表 A-5 分部分项工程量清单表

序号	项目编码	项目名称	项目特征	计量单位	工程量
1	030801001001	低压碳钢管	20#碳钢无缝钢管,$\phi 108mm \times 4mm$,电弧焊,水压试验水冲洗	m	16.70
	(0.5 分)		(0.5 分)		(0.5 分)
2	030801001002	低压碳钢管	20#碳钢无缝钢管,$\phi 89mm \times 4mm$,电弧焊,水压试验,水冲洗	m	46.20
3	030804001001	低压碳钢管件	DN100,成品压制弯头,电弧焊	个	4
4	030804001002	低压碳钢管件	DN80,成品压制弯头,电弧焊	个	14
5	030804001003	低压碳钢管件	DN80,三通,现场挖眼,电弧焊	个	2
6	030807003001	低压法兰阀门	DN100,截止阀 J41T-16,法兰连接	个	2
7	030807003002	低压法兰阀门	DN80,截止阀 J41T-16,法兰连接	个	9
8	030807003003	低压法兰阀门	DN80,止回阀 H41T-16,法兰连接	个	2
9	030807003004	低压法兰阀门	DN80,疏水阀 S41T-16,法兰连接	个	1
10	030810002001	低压碳钢平焊法兰	低压碳钢平焊法兰 DN100,电弧焊连接	片	3
11	030810002002	低压碳钢平焊法兰	低压碳钢平焊法兰 DN80,电弧焊连接	片	11
12	030816003001	焊缝 X 射线探伤	胶片,80mm×150mm,壁厚 4mm	张	12

【评分说明:多个项目合计得 0.5 分的,全部正确者得 0.5 分,错 1 项不得分。其他项目的分值分布参见"序号 1"】

(2) 计算过程 (12.0 分)

① 无缝钢管 $\phi108mm \times 4mm$：

S 管：0.5+1+0.6+4.7+(4.2-2)=9.00（m） (1.5 分)

R 管：4.7+0.5+1+0.3+(3.2-2)=7.70（m） (1.5 分)

小计：9+7.7=16.7（m） (1.5 分)

② $\phi89mm \times 4mm$ 蒸汽管道焊缝 X 射线探伤：

Z 管：0.5+0.8+0.3+0.6+4.7+(4.5-1.4)=10.00（m） (1.5 分)

焊口总数：(10÷10)×7=7（个） (1.5 分)

探伤焊口数：7×50%=3.5（个），取 4 个 (1.5 分)

每个焊口的胶片数：

0.089×3.14÷(0.15-0.025×2)=2.79（张）取 3 张 (1.5 分)

胶片数量：3×4=12（张） (1.5 分)

试题七（电气 40 分）

工程背景资料如下：

1. 图 A-6 所示为某综合楼底层会议室的照明平面图。

说明：

1. 照明配电箱 AZM 电源由本层总配电箱引来。

2. 管路为镀锌电线管 $\phi20mm$ 或 $\phi25mm$ 沿墙、楼板暗配，顶管敷设标高除雨篷为 4m 外，其余均为 5m。管内穿绝缘导线 BV-500 $2.5mm^2$。管内穿线管径选择：3 根线选用 $\phi20mm$ 镀锌电线管；4～5 根线选用 $\phi25mm$ 镀锌电线管。所有管路内均带一根专用接地线（PE 线）。

3. 配管水平长度见图 A-5 括号内的数字，单位为 m。

2. 照明工程的相关定额见表 A-10。

表 A-10 照明工程的相关定额

定额编号	项目名称	计量单位	安装基价/元			未计价主材	
			人工费	材料费	机械费	单价	损耗率（%）
2-263	成套配电箱嵌入式安装（半周长 0.5m 以内）	台	119.98	79.58	0	250.00 元/台	
2-264	成套配电箱嵌入式安装（半周长 1m 以内）	台	144.00	85.98	0	300.00 元/台	
2-1596	格栅荧光灯盘 XD-512-Y20-3 吸顶安装	10 套	243.97	53.28	0	120.00 元/套	1
2-1594	单管荧光灯 YG2-1 吸顶安装	10 套	173.59	53.28	0	70.00 元/套	1
2-1384	半圆球吸顶灯 JXD2-1 安装	10 套	179.69	299.60	0	50.00 元/套	1
2-1637	单联单控暗开关安装	10 个	68.00	11.18	0	12.00 元/个	2
2-1638	双联单控暗开关安装	10 个	71.21	15.45	0	15.00 元/个	2
2-1639	三联单控暗开关安装	10 个	74.38	19.70	0	18.00 元/个	2
2-1377	暗装接线盒	10 个	36.00	53.85	0	2.70 元/个	2
2-1378	暗装开关盒	10 个	38.41	24.93	0	2.30 元/个	2
2-982	镀锌电线管 $\phi20mm$ 沿砖混凝土结构暗配	100m	471.96	82.65	35.68	6.00 元/m	3
2-983	镀锌电线管 $\phi25mm$ 沿砖混凝土结构暗配	100m	679.94	144.68	36.50	8.00 元/m	3
2-1172	管内穿线 BV-$2.5mm^2$	100m	79.99	44.53	0	2.20 元/m	16

3. 该工程的人工费单价为 80 元/工日，管理费和利润分别按人工费的 50% 和 30% 计算。
4. 相关分部分项工程量清单项目统一编码见表 A-11。

表 A-11 相关分部分项工程量清单项目统一编码

项目编码	项目名称	项目编码	项目名称
030404017	配电箱	030404034	照明开关
030412001	普通灯具	030404036	其他电器
030412004	装饰灯	030411005	接线箱
030412005	荧光灯	030411006	接线盒
030404009	控制开关	030411001	配管
030404031	小电器	030411004	配线

问题：

1. 按照背景资料和图 A-6 所示内容，根据《建设工程工程量清单计价规范》和《通用安装工程工程量计算规范》的规定，分别列式计算管、线工程量，将计算结果填入答题卡，并编制该工程的"分部分项工程和单价措施项目清单与计价表"。

2. 设定该工程镀锌电线管 $\phi 20mm$ 暗配的清单工程量为 **70m**，其余条件均不变，要求上述相关定额计算镀锌电线管 $\phi 20mm$ 暗配项目的综合单价，并填入"工程量清单综合单价分析表"中。

（计算结果均保留 2 位小数）

参 考 答 案

1.（本小题 32.0 分）

（1）管

① N1：

三线 $\phi 20$：$(5-0.3-1.5)+1.5+2+3\times 9 = 33.70$（m） (2.0 分)

五线 $\phi 25$：$2+1.5+(5-1.3) = 7.20$（m） (2.0 分)

② N2：

三线 $\phi 20$：$(5-0.3-1.5)+4+3\times 6+2+3+3+(5-4)+2 = 36.20$（m） (2.0 分)

四线 $\phi 25$：$2+3\times 3+1.5+(5-1.3)+2+(4-1.3) = 20.90$（m） (2.0 分)

五线 $\phi 25$：$2+8+(5-1.3) = 13.70$（m） (2.0 分)

$\phi 20mm$ 合计：$33.7+36.2 = 69.90$（m） (1.0 分)

$\phi 25mm$ 合计：$7.2+20.9+13.7 = 41.80$（m） (1.0 分)

（2）BV-2.5mm²：$3\times 69.9+4\times 20.9+5\times (7.2+13.7)+(0.5+0.3)\times 6 = 402.60$(m) (3.0 分)

（3）填写完成的分部分项工程和单价措施项目清单与计价表见答表 1。 (17.0 分)

答表 A-6　分部分项工程和单价措施项目清单与计价表

序号	项目编码	项目名称	项目特征描述	单位	工程量	综合单价/元	合价/元	暂估价
1	030404017001	配电箱	AZM 照明配电箱，500mm×300mm×150mm（宽×高×厚），嵌入式安装 底边距地 1.5m	台	1	645.18	645.18	
			(0.5 分)		(0.5 分)		(0.5 分)	
2	030412005001	荧光灯	格栅荧光灯盘安装 XD-512-Y20×3，吸顶安装	套	24	170.44	4090.56	
3	030412005002	荧光灯	单管荧光灯安装 YG2-1 1×40W 吸顶安装	套	2	107.27	214.54	
4	030412001001	普通灯具	半圆球吸顶灯 JXD2-2 1×18W 吸顶安装	套	2	112.80	225.60	
5	030404034001	照明开关	双联单控暗开关安装 250V 10A 距地 1.3m 安装	个	2	29.66	59.32	
6	030404034002	照明开关	三联单控暗开关安装 250V 10A 距地 1.3m 安装	个	2	33.72	67.44	
7	030411006001	接线盒	暗装接线盒	个	28	14.62	409.36	
8	030411006002	接线盒	暗装开关盒	个	4	11.75	47.00	
9	030411001001	配管	镀锌电管 ϕ20mm 沿墙、楼板暗配	m	69.90	15.86	1108.61	
10	030411001002	配管	镀锌电管 ϕ25mm 沿墙、楼板暗配	m	41.80	22.29	931.72	
11	030411004001	配线	管内穿线 BV-500 2.5mm^2	m	402.60	4.44	1787.54	
			合　计				9586.87 (0.5 分)	

【评分说明：多个项目合计得 0.5 分的，全部正确者得 0.5 分，错 1 项不得分。其他项目的分值分布参见"序号 1"】

2.（本小题 8.0 分）

填写完成的工程量清单综合单价分析表见答表 A-7。

答表 A-7　工程量清单综合单价分析表

项目编码	030411001001	项目名称		配管 ϕ20mm		计量单位		m	工程量		70.00
清单综合单价组成明细											
定额编号	定额名称		定额单位	数量	单价/元				合价/元		
					人工费	材料费	机械费	管和利	人工费	材料费	机械费	管和利
2-982	镀锌电线管 ϕ20mm 沿砖、混凝土结构暗配		100m	0.01	417.96	82.65	35.68	377.57	4.72	0.83	0.36	3.78
人工单价				小计					4.72	0.83	0.36	3.78
80 元/工日				未计价材料费					6.18			

（续）

清单项目综合单价					15.87		
材料费明细	主要材料名称、规格、型号	单位	数量	单价/元	合价/元	暂估单价/元	暂估合价/元
	镀锌电线管 φ20mm	m	1.03	6.00	6.18		
	其他材料费			—	0.83		
	材料费小计			—	7.01		

【评分说明：参见2018年电气真题，多个项目合计得0.5分的，全部正确者得0.5分，错1项不得分】

附录 B 预测模拟试卷（二）

试题一（20 分）

某企业投资建设一个工业项目，该项目可行性研究报告中相关资料和基础数据如下：

（1）项目工程费用为 2000 万元，工程建设其他费为 500 万元（其中形成无形资产费为 200 万元），基本预备费 8%，预计未来 3 年的年均投资价格上涨率为 5%。

（2）项目建设前期年限为 1 年，建设期为 2 年，生产运营期为 8 年。

（3）项目建设期第 1 年完成项目静态投资的 40%，第 2 年完成静态投资的 60%，项目生产运营期第 1 年投入流动资金 240 万元。

（4）项目建设投资、流动资金均由资本金投入。

（5）除形成无形资产外，项目建设投资全部形成固定资产，无形资产按生产运营期平均摊销；固定资产使用年限为 8 年，残值率为 5%，采用直线法折旧。

（6）形成的各类资产中均不考虑进项税的影响。

（7）项目正常年份的产品设计生产能力为 10000 件/年，正常年份含税年总成本费用为 950 万元，其中项目单位产品含税可变成本为 550 元（其中进项税为 50 元），其余为固定成本（不含进项税）。项目产品预计含税售价为 1400 元/件，企业适用所得税税率为 25%，增值税为 13%，增值税附加为 10%。

（8）项目生产运营期第一年的生产能力为正常年份设计生产能力的 70%，第二年及以后各年的生产能力达到设计生产能力的 100%。

问题：

1. 列式计算该项目建设投资。
2. 分别列式计算正常年份的可变成本、固定成本和经营成本。
3. 列式计算项目生产运营期正常年份的所得税。
4. 分别列式计算项目正常年份产量盈亏平衡点和单价盈亏平衡点。

（前 3 个问题计算结果以万元为单位，产量盈亏平衡点计算结果取整，其他计算结果保留 2 位小数）

参 考 答 案

1.（本小题 4.0 分）

(1) 工程费：2000.00 万元

(2) 其他费：500.00 万元

(3) 基本预备费：$2500 \times 8\% = 200.00$（万元）　　　　　　　　　　　　　　　　（0.5 分）

静态投资：$2000 + 500 + 200 = 2700.00$（万元）

(4) 价差预备费

① $2700 \times 40\% \times (1.05^{1.5} - 1) = 82.00$（万元）　　　　　　　　　　　　　　（1.0 分）

② $2700 \times 60\% \times (1.05^{2.5} - 1) = 210.16$（万元）　　　　　　　　　　　　　（1.0 分）

小计：$82 + 210.16 = 292.16$（万元）　　　　　　　　　　　　　　　　　　　　（0.5 分）

建设投资：2000+500+200+292.16=2992.16（万元） (1.0分)

2. （本小题5.0分）

（1）可变成本：500×1=500.00（万元） (0.5分)

（2）固定成本：950-500-50×1=400.00（万元） (1.0分)

（3）经营成本

① 折旧：(2992.16-200)×(1-5%)/8=331.57（万元） (2.0分)

② 摊销：200/8=25.00（万元） (1.0分)

经营成本：950-50-331.57-25=543.43（万元） (0.5分)

3. （本小题6.0分）

（1）营业收入：1400/1.13×1=1238.94（万元） (1.0分)

（2）附加税：(1238.94×13%-50×1)×10%=11.11（万元） (1.5分)

（3）总成本：900.00万元

（4）利润总额：1238.94-11.11-900=327.83（万元） (2.0分)

（5）所得税：327.83×25%=81.96（万元） (1.5分)

4. （本小题5.0分）

（1）设产量盈亏平衡点为 x 件：

$1400x/1.13-(1400x/1.13-50x)×10\%-400×10000-500x=0$ (2.0分)

$x=5496$（件） (0.5分)

（2）设单价盈亏平衡点为 y 元/件：

$10000y-(10000y/1.13×13\%-50×10000)×1.1-400×10000-550×10000=0$ (2.0分)

$y=1024.67$（元/件） (0.5分)

试题二（20分）

某总承包企业拟开拓国内某大城市工程承包市场。经调查该市目前有A、B两个BOT项目将要招标。两个项目建成后经营期限均为15年。

经进一步调研，收集和整理出A、B两个项目投资与收益数据，见表B-1。资金时间价值系数表见表B-2。

表B-1 A、B项目投资与收益数据表

项目名称	初始投资/万元	运营期每年收益/万元		
		1~5年	6~10年	11~15年
A项目	10000	2000	2500	3000
B项目	7000	1500	2000	2500

表B-2 资金时间价值系数表

n	5	10	15
$(P/F, 6\%, n)$	0.7474	0.5584	0.4173
$(P/A, 6\%, n)$	4.2123	7.3601	9.7122

问题：

1. 不考虑建设期的影响，分别根据表 B-1 和表 B-2 列式计算 A、B 两个项目总收益的净现值。

2. 据估计：投 A 项目中标概率为 0.7，不中标费用损失 80 万元；投 B 项目中标概率为 0.65，不中标费用损失 100 万元。若投 B 项目中标并建成经营 5 年后，可以自行决定是否扩建，如果扩建，其扩建投资 4000 万元，扩建后 B 项目每年运营收益增加 1000 万元。

按以下步骤求解该问题：

（1）如果 B 项目扩建，计算其总收益的净现值；

（2）将各方案总收益净现值和不中标费用损失作为损益值，绘制投标决策树；

（3）判断 B 项目在 5 年后是否扩建？计算各机会点期望值，并做出投标决策。

（计算结果均保留 2 位小数）

参 考 答 案

1.（本小题 9.0 分）

（1）A 项目总收益净现值：$-10000+2000\times(P/A,6\%,5)+2500\times$
$(P/A,6\%,5)\times(P/F,6\%,5)+3000\times(P/A,6\%,5)\times(P/F,6\%,10)$ (3.0 分)

$=-10000+(2000+2500\times0.7474+3000\times0.5584)\times4.2123$ (1.0 分)

$=13351.73$（万元） (0.5 分)

（2）B 项目总收益净现值：$-7000+1500\times(P/A,6\%,5)+2000\times$
$(P/A,6\%,5)\times(P/F,6\%,5)+2500\times(P/A,6\%,5)\times(P/F,6\%,10)$ (3.0 分)

$=-7000+(1500+2000\times0.7474+2500\times0.5584)\times4.2123$ (1.0 分)

$=11495.37$（万元） (0.5 分)

2.（本小题 11.0 分）

（1）总收益的净现值为：$11495.37+[-4000+1000\times(P/A,6\%,10)]\times(P/F,6\%,5)$ (2.0 分)

$=11495.37+(-4000+1000\times7.3601)\times0.7474$ (1.0 分)

$=14006.71$（万元） (0.5 分)

（2）绘制的投标决策树见答图 B-1。 (4.0 分)

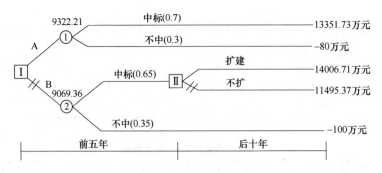

答图 B-1 投标决策树

（3）B 项目 5 年后扩建，因扩建的净现值较大。 (0.5 分)

①点：$13351.73\times0.7-80\times0.3=9322.21$（万元） (1.0 分)

② 点：14006.71×0.65−100×0.35＝9069.36（万元） (1.0分)
优选A项目投标，因其净现值的期望值较大。 (1.0分)

试题三（20分）

某工业厂房建设项目，发包方通过工程量清单招标确定某承包方为中标人，并按照《建设工程施工合同（示范文本）》（GF—2017—0201）签订了施工合同。

合同约定：承包范围包括一栋主厂房和800m的厂区道路工程；合同工期33周；工人日工资单价为120元，人工窝工补偿标准为日工资单价的50%；自有机械闲置补偿标准为台班费的60%；管理费和利润取人工费、材料费、机械使用费之和的10%；规费和税金取人工费、材料费、机械使用费、管理费、利润之和的11%；措施项目费取分部分项工程费的17%。

开工前承包方提交并经监理方审查批准的施工总进度计划如图B-1所示，其中G工作和J工作分别为道路工程的路基、路面工程，箭线下方括号外数字为持续时间（单位：周），括号内数字为完成该工作的施工人数。

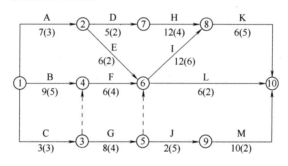

图B-1 施工总进度计划

开工前和施工过程中发生了如下事件：

事件1：由于受资源条件的限制，工作A、H、K需使用同一台甲施工机械（租赁费1200元/台班），工作F、L需使用同一台乙施工机械（台班单价为600元），为此部分工作的开始时间需做出调整，以便降低施工成本。

事件2：在G工作施工前，发包方通过设计单位将道路工程延长至1200m，因此增加的分部分项工程费为122.66万元。承包人及时调整了J、M工作的人员安排，未造成人员窝工。承包方及时提出了工期和费用的索赔要求。

事件3：F工作开始1周后发生了设计变更，因设计变更图纸报批及分部分项工程量增加使其持续时间延长1周。分部分项工程量的增加导致增加用工20个工日，增加施工机械5个台班，增加材料费1.2万元。承包人及时调整了I、K、L工作的人员安排，未造成该三项工作的人员窝工。承包方及时提出了工期和费用的索赔要求。

问题：

1. 针对事件1，哪些工作的开始时间需要调整？需要调整的工作分别在第几周初开始施工才能使施工机械在现场的闲置时间最短？

2. 针对事件1，如果调整后的施工进度计划经监理方审查批准后实施，通过列式计算说明施工机械在现场的闲置时间最短应为多少天？

3. 针对事件2和事件3，承包方提出的工期和费用索赔是否成立？说明理由。
4. 列式计算合同价款调整额为多少万元？（计算结果保留2位小数）

参 考 答 案

1.（本小题4.0分）

（1）A、D、E、H工作的开始时间需要调整   （1.0分）

（2）各工作开始时间

① A 工作在第3周初开始施工；   （0.5分）

② E 工作在第10周初开始施工；   （0.5分）

③ D 工作在第10周初开始施工，或第11周初开始施工；   （1.0分）

④ H 工作在第15周初开始施工，或第16周初开始施工。   （1.0分）

2.（本小题3.0分）

（1）甲机械闲置时间

① 在现场时间：33-2=31（周）   （0.5分）

② 使用时间：7+12+6=25（周）   （0.5分）

甲施工机械在场闲置时间为31-25=6（天）；   （1.0分）

（2）乙机械闲置时间

乙施工机械闲置时间为15-15=0，即：F工作完成后可以立即开始L工作。   （1.0分）

3.（本小题6.0分）

（1）事件2：工期索赔不成立，但费用索赔成立。   （1.0分）

理由：设计变更导致道路延长是发包方应承担的责任，但G工作总时差为4周，延长（1200-800)/(800/8)=4（周），未超出其总时差；G工作延长为4周后，J工作新的总时差为6周，延长（1200-800)/(800/2)=1（周），也未超出其总时差范围，对工期没有影响。

                                                                （3.0分）

（2）事件3：工期和费用索赔均成立。   （1.0分）

理由：设计变更是发包人应承担的责任，并且F工作为关键工作。   （1.0分）

4.（本小题7.0分）

（1）事件2：122.66×1.17×1.11＝159.30（万元）   （2.0分）

（2）事件3：[（20×120+5×600+12000)×1.1×1.17+4×2×120×50%+2×600×60%+1200×7]×1.11＝3.55（万元）   （4.0分）

合同价款调整额：159.30+3.55=162.85（万元）   （1.0分）

试题四（20分）

某工程项目，合同工期为4个月。有关工程价款及其支付条款约定如下：

1. 工程价款

（1）分项工程项目费用合计59.2万元，包括分项工程A、B、C三项，清单工程量分别为 $600m^3$、$800m^3$、$900m^2$，综合单价分别为 300 元$/m^3$、380 元$/m^3$、120 元$/m^2$。

（2）单项措施项目费用6万元，不予调整。

（3）总价措施项目费用8万元，其中，安全文明施工费按分项工程和单价措施项目费用之和的5%计取（随计取基数的变化在第4个月调整），除安全文明施工费之外的其他总价措施项目费用不予调整。

（4）暂列金额5万元。

（5）管理费和利润按人材机费用之和的18%计取，规费按人材机费和管理费、利润之和的5%计取，增值税税率为9%。

（6）上述费用均不包含增值税可抵扣进项税额。

2. 工程款支付

（1）开工前，发包人按分项工程和单价措施项目工程款的20%支付给承包人作为预付款（在第2~4个月的工程款中平均扣回），同时将安全文明施工费工程款全额支付给承包人。

（2）分项工程价款按完成工程价款的85%逐月支付。

（3）单价措施项目和除安全文明施工费之外的总价措施项目工程款在工期第1~4个月均衡考虑，按85%比例逐月支付。

（4）其他项目工程款85%的发生当月支付。

（5）第4个月调整安全文明施工费工程款，增（减）额当月全额支付（扣除）。

（6）竣工验收通过后30天内进行工程结算，扣留工程总造价的3%作为质量保证金，其余工程款作为竣工结算最终付款一次性结清。

施工期间分项工程计划和实际进度见表B-3。

表B-3 分项工程计划和实际进度表

分项工程及其工程量		第1月	第2月	第3月	第4月	合计
A	计划工程量/m³	300	300			600
	实际工程量/m³	200	200	200		600
B	计划工程量/m³	200	300	300		800
	实际工程量/m³		300	300	300	900
C	计划工程量/m²		300	300	300	900
	实际工程量/m²		200	400	300	900

在施工期间第3个月，发生一项新增分项工程D。经发承包双方核实确认，其工程量为300m²，每平方米所需不含税人工和机械费用为110元，每平方米机械费可抵扣进项税额为10元；每平方米所需甲、乙、丙三种材料含税费用分别为80元、50元、30元，可抵扣进项税率分别为3%、9%、13%。

问题：

1. 该工程签约合同价为多少万元？开工前发包人应支付给承包人的预付款和安全文明施工费工程款分别为多少万元？

2. 第2个月，承包人完成合同价为多少万元？发包人应支付合同价款为多少万元？截止到第2个月末，分析分项工程A的进度偏差。

3. 新增分项工程D的综合单价为多少元每平方米？该分项工程费为多少万元？销项税额、可抵扣进项税额、应缴纳增值税额分别为多少万元？

4. 该工程竣工结算合同价增减额为多少万元？如果发包人在施工期间均已按合同约定

支付给承包商各项工程款，假定累计已支付合同价款 **87.099 万元**，则竣工结算最终付款为多少万元？

（计算过程及结果以元为单位的保留 2 位小数，以万元为单位的保留 3 位小数）

参 考 答 案

1．（本小题 4.0 分）

（1）合同价

① 分部分项工程费：

600×300+800×380+900×120＝59.200（万元） (1.0 分)

② 单价措施项目费：6 万元

③ 总价措施项目费：8 万元

④ 其他项目费：5 万元

(59.2+6+8+5)×1.05×1.09＝89.500（万元） (1.0 分)

【评分说明：①②③④合并计算结果正确的，合并计 2 分】

（2）工程预付款：

(59.2+6)×1.05×1.09×20%＝14.924（万元） (1.0 分)

（3）安全预付款：

(59.2+6)×5%×1.05×1.09＝3.731（万元） (1.0 分)

2．（本小题 6.0 分）

（1）已完合同价款

① 200×300+300×380+200×120＝19.800（万元）

② [6+(8-3.26)]/4＝2.685（万元）

(19.8+2.685)×1.05×1.09＝25.734（万元） (2.0 分)

（2）应付合同价款

25.734×85%-14.924/3＝16.899（万元） (1.0 分)

（3）2 月末 A 分项工程进度偏差

① 拟完工程计划投资

600×300×1.05×1.09＝20.601（万元） (1.0 分)

② 已完工程计划投资

400×300×1.05×1.09＝13.734（万元） (1.0 分)

进度偏差：13.734-20.601＝-6.867（万元），即进度拖后 6.867 万元 (1.0 分)

【评分说明：①②和进度偏差合并计算结果正确的，合并计 3 分】

3．（本小题 4.5 分）

（1）D 分项工程的综合单价：

(110+80/1.03+50/1.09+30/1.13)×1.18＝306.91（元/m²） (1.0 分)

（2）D 分项工程费：

300×306.91＝9.207（万元） (0.5 分)

（3）税金

① 销项税：9.207×1.05×9%＝0.870（万元） (1.0 分)

220

② 进项税：(80/1.03×3%+50/1.09×9%+30/1.13×13%+10)×300=0.597（万元）
(1.0 分)
③ 增值税：0.87-0.597=0.273（万元）
(1.0 分)

【评分说明：销项税、进项税和增值税合并计算结果正确的，合并计 3 分；销项税计算错误的，不影响进项税和增值税的得分】

4. （本小题 5.5 分）

（1）实际造价

① 59.200 万元

② 6 万元

③ 8 万元

④ 其他费用

B 增量：100×380=3.800（万元） (0.5 分)

D 增项：9.207 万元

安全文明施工增加：(3.8+9.207)×5%=0.650（万元） (0.5 分)

小计：3.800+9.207+0.650=13.657（万元） (0.5 分)

(59.200+6+8+13.657)×1.050×1.090=99.408（万元） (1.5 分)

（2）合同价款增加：99.408-89.500=9.908（万元） (1.0 分)

或：(13.657-5)×1.050×1.09=9.908（万元）

【评分说明：（1）、（2）合并计算结果正确的，合并计 4 分】

（3）竣工结算款

99.408×(1-3%)-87.099=9.327（万元） (1.5 分)

试题五（土建 40 分）

某拟建工程为二层砖混结构，一砖外墙（240mm），层高 3.3m，平面图如图 B-2、图 B-3 所示。入户大门设计为门廊结构。

问题：

1. 计算该建筑工程的建筑面积。

2. 计算该工程的平整场地清单工程量。

3. 某施工单位承担此工程土建部分的施工。拟定的平整场地施工方案是在外墙外边线的基础上四周各放出 2m，按建筑物最大矩形面积进行平整。

已知该施工单位人工平整场地的定额见表 B-4。

表 B-4 人工平整场地定额

编号	项目	面积单位/m²	人工/综合工日	材料费	机械费
略	人工平整场地	100	7.89	0	0

人工单价为 60 元/工日，管理费取人工费、材料费、机械费之和的 12%，利润取人工费、材料费、机械费、管理费之和的 4.5%，不考虑风险。

列式计算平整场地清单项目的综合单价，并在答题卡上完成表 B-5 平整场地综合单价分析表。

表 B-5 平整场地综合单价分析表

项目编码	略		项目名称		人工平整场地		计量单位			m²
清单综合单价组成明细										
定额编码	定额名称	定额单位	数量	单价/元				合价/元		
				人工费	材料费	机械费	管和利	人工费	材料费	机械费	管和利
略	人工平整场地										
人工单价/（元/工日）			小计/元								
60			未计价材料/元								
清单项目综合单价/（元/m²）										
	主要材料名称、规格、型号			单位	数量	单价/元	合价/元	暂估单价/元	暂估合价/元	
	其他材料费/元										
	材料费小计/元										

4. 填写在答题卡中完成表 B-6 分部分项工程量清单与计价表。

表 B-6 分部分项工程量清单与计价表

序号	项目编码	项目名称	项目特征描述	计量单位	工程量	金额/元	
						综合单价	合价
1	略	平整场地	二类土，人工平整				

5. 若本工程要考虑综合脚手架清单量、垂直运输清单量、超高施工增加量，分别计算其工程量。

（计算结果保留 2 位小数）

参 考 答 案

1.（本小题 10.0 分）

（1）一层：

10.14×3.84+9.24×3.36+10.74×5.04+5.94×1.2＝131.24（m²） （2.0 分）

（2）一层门廊：【说明：二楼阳台视为门廊的顶板】

(3.36×1.5+0.6×0.24)×1/2＝2.59（m²） （2.0 分）

（3）二层：131.24（m²）（除阳台外） （2.0 分）

（4）阳台：(3.36×1.5+0.6×0.24)×1/2＝2.59（m²） （2.0 分）

合计：S＝131.24+131.24+2.59+2.59＝267.66（m²） （2.0 分）

2.（本小题 2.0 分）

平整场地清单工程量＝首层建筑面积＝131.24+2.59＝133.83（m²） （2.0 分）

3.（本小题 20.0 分）

（1）平整场地方案工程量：

（13.2+0.24+4）×(10.5+0.24+4)＝257.07（m²） (2.0分)

（2）方案综合单价：

60×7.89×（1+12%）×(1+4.5%)/100＝5.54（元/m²） (2.0分)

（3）清单综合单价：

＝(257.07×5.54)/133.83＝10.64（元/m²） (2.0分)

填写完成的平整场地综合单价分析表见答表 B-1。 (14.0分)

答表 B-1 平整场地综合单价分析表

项目编码		略		项目名称		人工平整场地		计量单位			m²
清单综合单价组成明细											
定额编码	定额名称	定额单位	数量	单价/元				合价/元			
				人工费	材料费	机械费	管和利	人工费	材料费	机械费	管和利
1-1	人工平整场地	100m²	0.0192	473.40	—	—	80.67	9.09	0	0	1.55
人工单价/（元/工日）			小计/元					9.09	0	0	1.55
60			未计价材料/元								
清单项目综合单价/（元/m²）								10.64			
主要材料名称、规格、型号				单位		数量		单价/元	合价/元	暂估单价/元	暂估合价/元
其他材料费/元											
材料费小计/元											

4.（本小题 2.0 分）

填写完成的分部分项工程量清单与计价表见答表 B-2。

答表 B-2 分部分项工程量清单与计价表（2.0分）

序号	项目编码	项目名称	项目特征描述	计量单位	工程量	金额/元	
						综合单价	合价
1	略	平整场地	二类土，人工平整	1m²	133.83 (0.5分)	10.64 (0.5分)	1423.95 (1.0分)

5.（本小题 6.0 分）

（1）该工程的脚手架清单量等于建筑面积，为 267.66m²； (2.0分)

（2）垂直运输清单量也等于建筑面积，为 267.66m²； (2.0分)

（3）超高施工增加量为 0，因为多层建筑超过 6 层时才考虑。 (2.0分)

试题六（管道 40 分）

1.某办公楼卫生间给排水系统工程设计如图 B-4 所示。

说明：

1. 图 B-4 为某办公楼卫生间，共三层，层高为 3m，图中平面尺寸以 mm 计，标高均以 m 计。墙体厚度为 240mm。

2. 给水管道均为镀锌钢管，螺纹连接，给水管道与墙体的中心距离为 200mm。

3. 卫生器具全部为明装。安装要求均符合《全国统一安装工程预算定额》所指定标准图的要求，给水管道工程量计算至与大便器、小便器、洗面盆支管连接处止。其安装方式为：蹲式大便器为手压阀冲洗；挂式小便器为延时自闭式冲洗阀；洗脸盆为普通冷水嘴；混凝土拖布池为 500mm×600mm 落地式安装，普通水龙头，排水地漏带水封；立管检查口设在一、三层排水立管上，距地面 0.5m 处。

4. 给排水管道穿外墙均采用防水钢套管，穿内墙及楼板均采用普通钢套管。

5. 给排水管道安装完毕，按规范进行消毒、冲洗、水压试验和试漏。

给水管道系统及卫生器具有关分部分项工程量清单项目的统一编码见表 B-7。

表 B-7 分部分项工程量清单项目统一编码

项目编码	项目名称	项目编码	项目名称
031001001	镀锌钢管	031001002	钢管
031001002	铸铁管	031003001	螺纹阀门
031003003	焊接法兰阀门	031004003	洗脸盆
031004006	大便器	031004007	小便器
031004014	给、排水附（配）件		

2. 某单位参与投标一碳钢设备制作安装项目，该设备净重 1000kg，其中：设备筒体部分净重 750kg，封头、法兰等净重为 250kg。该单位根据类似设备制作安装资料确定本设备制作安装的有关数据如下：

（1）设备筒体制作安装钢材损耗率为 8%，封头、法兰等钢材损耗率为 50%。钢材平均价格为 6000 元/t。其他辅助材料为 2140 元。

（2）基本用工：基本工作时间为 100h，辅助工作时间为 24h，准备与结束工作时间为 20h，其他必须耗用时间为工作延续时间的 10%。其他用工（包括超运距和辅助用工）为 5 个工日。人工幅度差为 12%。综合工日单价为 50 元。

（3）施工机械使用费为 2200 元。

（4）企业管理费、利润分别按人工费的 60%、40% 计算。

问题：

1. 根据图 B-4 所示的相关内容，按照《建设工程工程量清单计价规范》的规定，在答题卡上完成以下内容：

（1）计算出所有给水管道的清单工程量，并写出其计算过程；

（2）编制给水系统的分部分项工程量清单项目，相关数据填入答题卡"分部分项工程量清单表"内。

2. 根据背景 2 的数据，计算碳钢设备制作安装工程的以下内容，并写出其计算过程：

（1）计算该设备制作安装需要的钢材、钢材综合损耗率、材料费用。

（2） 计算该设备制作安装的时间定额（基本用工），该台设备制作安装企业所消耗工日数量、人工费用。

（3） 计算出该设备制作安装的工程量清单综合单价。

（计算结果均保留2位小数）

参 考 答 案

1.（本小题共27.0分）

（1）计算过程

① DN50：1.5+(3.6-0.2)=4.90（m） (1.5分)

② DN32：(5-0.2-0.2)+(1+0.45)+(1+3+1.9)=11.95（m） (1.5分)

③ DN25：(6.45-0.45)+(7.9-4.9)+(1.08+0.83+0.54+0.9+0.9)×3=21.75（m）

(2.5分)

④ DN20：(7.2-6.45)+[(0.69+0.8)+(0.36+0.75+0.75)]×3=10.80（m） (2.0分)

⑤ DN15：[0.91+0.25+(6.8-6.45)+0.75]×3=6.78（m） (1.5分)

（2）填写完成的分部分项工程量清单见答表B-3。 (18.0分)

答表B-3 分部分项工程量清单表

序号	项目编号	项目名称	特征描述	计量单位	工程数量
1	031001001001	镀锌钢管	室内给水管道 DN50 螺纹连接 消毒冲洗 水压试验	m	4.90
		(0.5分)	(0.5分)		(0.5分)
2	031001001002	镀锌钢管	室内给水管道 DN32 螺纹连接 消毒冲洗 水压试验	m	11.95
3	031001001003	镀锌钢管	室内给水管道 DN25 螺纹连接 消毒冲洗 水压试验	m	21.75
4	031001001004	镀锌钢管	室内给水管道 DN20 螺纹连接 消毒冲洗 水压试验	m	10.80
5	031001001005	镀锌钢管	室内给水管道 DN15 螺纹连接 消毒冲洗 水压试验	m	6.78
6	031003001001	螺纹阀门	DN50 螺纹阀门 J11T—10 螺纹连接	个	1
7	031003001002	螺纹阀门	DN32 螺纹阀门 J11T—10 螺纹连接	个	2
8	031004003001	洗脸盆	陶瓷洗脸盆普通冷水嘴（上配水）	组	6
9	031004006001	大便器	陶瓷手压阀冲洗阀蹲式大便器	组	15
10	030804013001	小便器	陶瓷延时自闭式阀冲洗挂式小便器	组	12
11	031004014001	给、排水附（配）件	普通水嘴	个	3
12	030804014002	给、排水附（配）件	地漏（带水封）	个	12

【评分说明：多个项目合计得0.5分的，全部正确者得0.5分，错1项不得分。其他项目的分值分布参见"序号1"】

2.（本小题13.0分）

（1）计算过程：

① 设备制作需要的钢材：750×1.08+250×1.5=1185.00（kg） (2.0分)

② 钢材综合损耗率：(1185-1000)/1000×100%=18.5% (2.0分)

③ 设备制作安装材料费：1185/1000×6000+2140=9250.00（元） (2.0分)

225

(2) 计算过程:

① 设工作延续时间为 x,则 $x=100+24+20+10\%x$,解得:$x=160$(小时/台) (2.0分)
② 设备安装的时间定额:$160/8=20.00$(工日/台) (1.0分)
③ 设备制作安装所消耗的工日数量:$(20+5)\times(1+12\%)=28.00$(工日) (2.0分)
设备制作安装人工费用:$28\times50=1400.00$(元) (1.0分)

(3) 设备制作安装的综合单价:
$1400+9250+2200+(1400\times60\%)+(1400\times40\%)=14250.00$(元) (1.0分)

试题七(电气 40 分)

某商店一层火灾自动报警系统工程如图 B-5 所示。

说明:

1. 管路均为钢管 $\phi15mm$ 沿墙、楼板暗配,顶管敷管高度为离地 4m,管内穿阻燃型绝缘导线 ZRN-BV1.5mm^2。
2. 控制和输入模块均安装在开关盒内,2 只输入模块之间连线、模块与警铃间连线不计。
3. 自动报警系统装置调试的点数按本图内容计算。
4. 配管水平长度见图示括号内数字,单位为 m。

火灾自动报警系统工程的相关定额见表 B-8。

表 B-8 火灾自动报警系统工程的相关定额

序号	项目名称	计量单位	安装费/元			主材	
			人工费	材料费	机械费	单价	损耗率(%)
1	区域报警控制箱	台	382.5	50.46	28.92	8000.00/台	
2	钢管 $\phi15mm$ 暗配	100m	516.27	77.06	18.72	8.00元/m	3
3	管内穿线 BV2.5mm^2	100m	25.00	23.00	0.00	2.20/m	16
4	点型探测器	个	24.23	2.17	1.11	240.00/个	
5	消防警铃	个	50.92	4.09	3.73	380.00/个	
6	短路隔离器	个	285.86	12.54	12.74	220.00/个	
7	模块单输入	个	138.89	5.52	6.23	140.00/个	
8	模块单输出	个	146.97	7.02	6.51	160.00/个	
9	火灾报警按钮	个	42.5	4.43	1.56	120.00/个	
10	暗装接线盒	10个	27.72	21.54	0.00	3.00元/个	2
11	暗装开关盒	10个	29.57	9.97	0.00	3.50元/个	2
12	自动报警系统调试64点以内	系统	1813.15	63.79	315.53		

人工单价为 85 元/工日,管理费和利润分别按人工费的 45% 和 35% 计算。表中的费用均不包含增值税可抵扣进项税额。

问题:

1. 按照图 B-5 和《建设工程工程量清单计价规范》的相关规定,列式计算配管、配线的工程量,并选用以下给定的统一项目编码,在答题卡上,编制"分部分项工程量清单及计价表"(不计算计价部分)。工程量清单统一项目编码见表 B-9。

表 B-9　工程量清单统一项目编码

项目编码	项目名称	项目编码	项目名称
030904009	区域报警控制箱	030904004	消防警铃
030411001	配管	030904008	模块（模块箱）
030411004	配线	030904003	按钮
030904001	点型探测器	030411006	接线盒
030904002	线型探测器	030905001	自动报警系统调试

2. $\phi 15mm$ 钢管暗配的清单工程按照 90m 计，其余条件按图 7-1 的设计要求。根据上述相关定额，计算"$\phi 15mm$ 钢管暗配"项目的综合单价，在答题卡上编制"工程量清单综合单价分析表"。

（计算结果均保留 2 位小数）

参 考 答 案

1.（本小题 32.0 分）

（1）$\phi 15mm$ 钢管

二线：7+5+5+8+5+4+7+4.5+2.5+(4-1.5)+(0.1+0.2)= 50.80（m）　　　（3.0 分）

四线：8+5+7+7+7+4+(0.1+0.2)+(0.1+2.3)= 40.70（m）　　　（2.0 分）

合计：50.8+40.7= 91.50（m）　　　（1.0 分）

（2）ZRN-BV1.5 阻燃导线

二线：[7+5+5+8+5+4+7+4.5+2.5+(4-1.5)+(0.1+0.2)]×2=101.60（m）　　　（2.0 分）

四线：[8+5+7+7+7+4+(0.1+0.2)+(0.1+2.3)]×4=40.7×4=162.80（m）　　　（2.0 分）

预留长度：(0.5+0.3)×4=3.20（m）　　　（2.0 分）

合计：101.6+162.8+3.2=267.60（m）　　　（1.0 分）

（3）编制完成的分部分项工程量清单及计价表见答表 B-4。　　　（19.0 分）

答表 B-4　分部分项工程量清单及计价表

序号	项目编码	项目名称	项目特征描述	单位	工程量	综合单价/元	合价/元
1	030904009001	区域报警控制器	火灾报警控制器 2N-905 壁挂式安装，500mm×300mm×200mm（宽×高×厚）	台	1	8767.88	8767.88
			（0.5 分）		（0.5 分）	（0.5 分）	
2	030411001001	配管	$\phi 15mm$ 钢管暗配	m	91.50	18.49	1691.84
3	030411004001	配线	管内穿线 ZRN-BV1.5mm² 阻燃绝缘导线	m	267.60	3.23	864.35
4	030904001001	点型探测器	智能型光电烟感探测器 JTY-GD-3001，吸顶安装	个	12	286.89	3442.68

227

(续)

序号	项目编码	项目名称	项目特征描述	单位	工程量	综合单价/元	合价/元
5	030904004001	消防警铃	警铃 YAE-1,明装	个	1	479.48	479.48
6	030904008003	模块(模块箱)	短路隔离器 HJ-175,装在火警报警控制器内	个	1	759.83	759.83
7	030904008002	模块(模块箱)	输入模块 HJ-1750B	个	2	401.75	803.50
8	030904008001	模块(模块箱)	控制模块 HJ-1825	个	1	438.08	438.08
9	030904003001	按钮	手动报警按钮 J-SAP-M-YA1,明装	个	1	202.49	202.49
10	030411006001	接线盒	暗装接线盒	个	12	10.20	122.40
11	030411006002	接线盒	暗装开关盒	个	5	9.89	49.45
12	030905001001	自动报警装置调试	16点,总线制	系统	1	3642.99	3642.99
			合计				21264.97 (1.0分)

【评分说明:多个项目合计得0.5分的,全部正确者得0.5分,错1项不得分。其他项目的分值分布参见"序号1"】

2.(本小题8.0分)

编制的工程量清单综合单价分析表见答表 B-5。

答表 B-5 工程量清单综合单价分析表

项目编码	030411001001	项目名称		配管 φ15mm 钢管暗配		计量单位		m	工程量		90.00
清单综合单价组成明细											
定额编号	定额名称	定额单位	数量	单价/元				合价/元			
				人工费	材料费	机械费	管和利	人工费	材料费	机械费	管和利
	钢管 φ15mm 暗配	100m	0.01	516.27	77.06	18.72	413.02	5.16	0.77	0.19	4.13
人工单价			小计					5.16	0.77	0.19	4.13
85 元/工日			未计价材料费/元					8.24			
			清单项目综合单价/(元/m)					18.49			
材料费明细	主要材料名称、规格、型号		单位	数量	单价/元		合价/元		暂估单价/元		暂估合价/元
	钢管 φ15mm		m	1.03	8.00		8.24				
	其他材料费						0.77				
	材料费小计/元						9.01				

【评分说明:评分说明参见2018年电气真题综合单价分析表,多个项目合计得0.5分的,全部正确者得0.5分,错一项不得分。】